김봉렬의
한국건축 이야기

이 땅에 새겨진 정신 3

김봉렬 글 · 이인미 사진

돌베개

김봉렬의 한국건축 이야기 3
— 이 땅에 새겨진 정신

김봉렬 지음

2006년 3월 31일 초판 1쇄 발행
2020년 11월 11일 초판 7쇄 발행

펴낸이 한철희 | 펴낸곳 주식회사 돌베개 | 등록 1979년 8월 25일 제406-2003-000018호
주소 (413-756) 경기도 파주시 회동길 77-20 (문발동)
전화 (031) 955-5020 | 팩스 (031) 955-5050
홈페이지 www.dolbegae.co.kr | 전자우편 book@dolbegae.co.kr

책임편집 윤미향·서민경 | 편집 박숙희·이경아·김희동·김희진
디자인 이은정·박정영 | 필름출력 (주)한국커뮤니케이션 | 인쇄·제본 영신사

ⓒ 김봉렬, 2006
ISBN 89-7199-235-2 04610
ISBN 89-7199-232-8 04610(세트)
이 책에 실린 글과 사진의 무단 전재와 복제를 금합니다.
책값은 뒤표지에 있습니다.

이 도서의 국립중앙도서관 출판시도서목록(CIP)은 e-CIP 홈페이지
(http://www.nl.go.kr/cip.php)에서 이용하실 수 있습니다.(CIP제어번호: CIP2006000693)

김봉렬의
한국건축 이야기
3

개정판 서문

참회와 사랑의 고백

건축은 시대의 모습을 담는 그릇이요, 깨달음과 생활이 만든 환경이며, 인간의 정신이 대지 위에 새겨놓은 구축물이다. 젊은 날, 이런 생각으로 한국의 역사적 건축을 바라보며 『한국건축의 재발견』이라는 거창한 이름으로 3권의 책을 낸 지 벌써 10년이 가까워온다. 그 사이에 많은 분들이 나의 책을 읽었고 결점들을 지적하곤 했다. 내용상 오류도 많았고, 편집이나 책의 체제가 불비한 점도 많았다.

그동안 너무나 많이 바뀌었고 달라졌다. 이 책은 월간 『이상건축』에 3년간 연재된 내용을 정리하여 출판한 것인데, 이 잡지는 누적된 경영상의 압박을 견디지 못해 건축계에서 사라져버리고 말았다. 건축이론과 비평을 무게 있게 다루었던, 보는 잡지가 아니라 유일하게 '읽는 잡지'가 폐간되었다는 아쉬움은 너무 크다. 뿐만 아니라, 『이상건축』에서 발간했던 『한국건축의 재발견』 시리즈도 절판돼, 서점에서 찾아볼 수 없어 원성도 꽤 일었다.

이 책에서 다루었던 옛 건축물들도 그 10년 동안에 너무 많이, 너무 자주 변해버렸다. 생명공학을 전공하는 한 친구는 1~2년을 주기로 새로운 이론과 분야가 출현해 그를 따라가기도 벅차다며, 변하지 않는 과거의 건축을 다루는 내 전공을 무척 부러워하곤 했다. "지나간 역사가 어디 변하랴?" 하여 한번 공부로 평생을 우려먹을 수 있지 않느냐는 야유 섞인 부러움이었다. 그러나 수많은 사찰과 건축문화재들이 중창불사라는 이름으로, 또는 문화재 복원이라는 명분으로 엉뚱하게 변해버린 새 건축 환경은 내 책의 내용을 틀린 것으로 바꾸어버렸다.

그러나 무엇보다도 변한 것은 세월이다. 이 책의 내용을 쓰던 시절에는 '신진, 소장' 학자라는 타이틀이 익숙했지만, 이제는 '중진'이 되었고 곧 '원로'가 될 것이다. 강력한 이론과 개념에서 출발한 건축만이 좋은 건축, 의미 있는 작업이라고 믿었던 시절이었다. 물론 아직도 혁명적 이론과 개념의 가치는 유효하다. 그러나 그것이 전부는 아니다. 주어진 조건들을 충실히 하나씩 풀어가는 성실함, 작은 성취에도 만족하고 즐거워하는 건강함, 일상적 필요에 따라 만들어지는 실용성, 무엇보다도 평범함 속에서 발견되는 아름다운 깨달음들. 대부분의 건축들이 가지고 있는 이 작고 소중한 가치들을 통해 새로운 건축의 모습을 엿보기도 한다.

이런 저런 필요에 의해 새롭게 개정판을 펴내게 되었다. 편집을 바꾸고, 내용도 현재에 맞추어 손을 보았다. 책의 제목도 『김봉렬의 한국건축 이야기』라는 다소 낯간지러운 이름을 가지게 되었다. 그러나 건축적 사고는 10년 전, 초판이 출간될 당시에 맞추어져 있다. 오히려 미진한 점을 더 보강해 당시의 생각을 부각시키려 노력했다. 이 책은 내 건축 여정의 끝이 아니라 또 다른 여정을 위해 정리해야 할 기행이기 때문이다.

어쩌면 이제까지 단거리 경주를 하듯이 건축과 역사를 대해왔는지 모른다. 오로지 결승점을 향해, 무엇인가 이루어야 한다는 목표를 향해 질주하듯 공부를 했고 생각을 했다. 미처 소화되지도 못한 생각들을 뒤로한 채, 글을 쓰고 책을 내기에 바빴다. 그래서 어느 정도 명성도 얻고, 사회적 지위도 얻었다. 이력서의 연구결과물 난을 채울 수 있는 묵직한 여러 줄의 경력도 얻었다. 모두가 눈에 보이는 목표들이었다.

그러나 나의 여정이 경기가 아니라 건강과 사색을 위한 산책이라면, 연구의 방법도 생각의 순서도 달라질 것이다. 두리번거리며 가끔 지나온 길을 뒤돌아보기도 하고, 다른 경주 코스를 어슬렁거리기도 하고, 때로는 질주하고 때로는 휴식하며, 건축과 역사라는 거대한 숲을 즐길 것이다. 심지어 한 발로 뛰어도 보고, 멀리 뛰어도 보고, 좁게 뛰어도 보고, 제자리 뛰기도 할 것이다. 그러면서 보이지 않았던 것, 보지 않으려 했던 많은 것들을 새롭게 보는 재미에 푹 빠지고 싶다. 그러면서 보여지는 것, 깨달아지는 것들만 정리해도 의미 있는 성과들이 쏟아지기를 기대하는 것 역시 또 다른 욕심일까?

초판본 출판기념회 때, 존경하는 한 선배께서 "이 책은 김봉렬의 지난 10년간의 성과이지만, 중요한 것은 앞으로 10년간 김봉렬의 노력이다. 난 그걸 지켜보겠다"고 격려와 질타를 주셨다. 지난 10년간, 개인적·조직적·사회적 온갖 핑계로 참 게으르게 살았다. 개정판을 내는 건 그 게으름에 대한 참회이며 새로운 결심이다.

이 중요한 정리를 새롭게 맡아주신 도서출판 돌베개 가족들에게 큰 은혜를 입었다. 이번에도 훌륭한 사진을 마련해준 이인미 씨께, 귀중한 추천사와 발문을 싣도록 해주신 승효상, 황지우, 최준식, 정기용 선생님들께, 한결같이 용기와 성원을 더해준 한국예술종합학교 건축과 교수님들께, 그리고 갈수록 더 큰 사랑으로 힘을 주는 내 가족들께 감사와 사랑을 드린다.

"세상의 모든 비밀과 모든 지식을 알고, 또 산을 옮길 만한 능력이 있을지라도 사랑이 없으면 아무것도 아니다." 쑥스럽지만 새삼스러운 깨달음이다. 건축에 대한 사랑, 역사에 대한 사랑, 이 땅에 대한 사랑, 그리고 이 세상과 사람들에 대한 사랑.

2006년 3월, 서리풀 마을에 떠 있는 13층 집에서
김봉렬

초판 서문

역사 속 건축의 이론과 실천

인류의 깨달음은 진보하는 것이 아니다. 인간의 지혜가 발전했다면, 철기시대 초기에 출현한 공자나 석가나 예수가 정보화시대에는 왜 나타나지 않는 것일까? 왜 우리는 아직도 이 원시시대의 성자들을 믿고 따르는 것일까?

기술은 발전했다고 한다. 그러나 건축은 집 짓는 기술이 아니다. 건축이란 집을 매개로 벌어지는 개별적인 깨달음의 과정이고, 집단적인 문화 활동이다. 따라서 역사 속의 건축에서 우리가 필요로 하는 것은 기술이 아니라, 과거의 건축인들이 고민했던 생각들이며, 그들이 도달했던 깨달음이며, 그들이 성취했던 실천의 결과와 행위들이다. 과거의 건축에서 중요한 것은 형태나 장식이 아니고, 심지어는 공간과 그 구성방식도 아니고, 지식이며 지혜이며 정신이다.

우리는 우리를 둘러싸고 있는 건물들 가운데, 거대한 기와지붕을 씌워 사찰 건축의 맥을 이었다고 자족하거나, 제국주의적 열주를 세워 종교의 숭고함을 재현했다는 강변, 완자살창을 달아 한국적 주거공간을 만들었다는 주장들이 얼마나 허황한지, 무의미한 노력인지를 식상하리만큼 겪어왔다. 그럼에도 불구하고 아직도 우리 곁을 떠돌고 있는, '우리 것은 좋은 것이여' 또는 '가장 한국적인 것이 가장 세계적이다' 라는 미망의 안개는 걷힐 줄 모른다.

심지어는 마당에 대한 신념들, 형태적 없음이라는 공간적 있음에 대한 과신들까지도 눈에 보이는 부분적 결과에 대한 집착이다. 중요한 것은 형태와 공간, 있음과 없음에 대한 세계관적 이해와 마당을 만들었던 실천적 과정이다.

전국에 남아 있는 건축물들을 외형만으로 본다면, 모두 그렇고 그런 기와집이나 초가집일 뿐이다. 그러나 그들을 누군가가 고민하고 해결하려고 했던 정신의 응집체로 본다면, 그 안에는 전혀 다른 세계가 등장한다. 그 집이 사찰이라면 불교적 가르침의 핵심인 중심성, 포용력, 정신성, 상징성을 읽어낼 수 있으며 서원이라면 성리학의 지침인 절제와 규범, 자연과 인간의 관계를 포착할 수 있다. 종교적 내용을 떠나서, 한국건축에 내포된 집합적 성격과 옥시모론oxymoron적 미학을 끄집어낼 수도 있다.

건축 속에 숨어 있는 과거의 정신들을 읽어낸다는 것이 현재의 삶과 건축에는 어떤 의미를 주는가? 첨단 기술사회·정보화사회로 진행할수록 기술과 정보의 개발이 핵심이 아니라, 그 엄청난 양의 정보를 선택하고 기술을 제어하고 조절할 수 있는 정신의 역할이 더욱 중요해진다. 현재도 그렇지만, 미래의 건축도 여전히 정신활동의 결집이며, 건축가란 세계에 대한 깨달음을 공간과 형태로 표현해내는 지식인이다. 아무리 영화로운 구조물도 결국은 썩고 무너져서 폐허로 변하지만, 그 안에 담겨 있던 정신과 생각은 끈질기게 이어져서 현재에 물음을, 때로는 답을 던지기도 한다.

이 책의 부제는 '이 땅에 새겨진 정신'이다. 주로 서원과 사찰이라는 유교와 불교의 건축물을 대상으로 다루고 있지만, 그들의 종교적 기능이나 개별 건물에 대한 설명이 아니다. 한국건축 전반에 흐르는 정신활동에 대한 궤적을 추적하고, 그 정신들이 어떻게 체계화되고 조직되어 건축물이나 공간으로 나타나는가에 대한 이론적 해석 작업이다. 이 작업을 통해서 건축인들에게는 전문적인 깨달음에 도움이 되기를, 일반인들에게는 한국문화 전체에 깔려 있는 정신활동의 중요함을 알리고 싶었다.

너무 힘이 들어간 것이 아닌가 생각되지만, 비틀거리는 현재를 추스르기 위해서 몸과 마음을 다시 정렬할 필요가 있다. 힘의 원천은 어디에나 있었다. 3권까지 심혈을 다해준 『이상건축』의 관계자들, 끝까지 성원을 보내주신 한국예술종합학교의 교수님들, 서초동의 가족들에게 감사를 드린다. 그리고 책을 통해 아들의 존재를 인정하며 눈을 감으신 어머님 영전에 고개를 숙인다.

"육신은 썩어 없어지지만 인간의 염원이 일생 계속되듯이, 한국건축의 정신들은 이 땅의 곳곳에 새겨져 영원한 현재로 다시 살아날 것이다."

1999년 가을, 일산 묘원에서
김봉렬

개정판 서문 **참회와 사랑의 고백**　4
초판 서문 **역사 속 건축의 이론과 실천**　7

1 집합이 건축이다　병산서원　12

무엇이 건축인가　15　|　집합적 건축으로서의 병산서원　18　|　병산서원 이야기　28
자연과 건축의 집합　34　|　영역군의 구성　37　|　건물군의 구성　39　|　건물의 구성　45
집합의 역사　52　|　주변의 건축, 건축적 원형　56

2 한국건축의 창조 과정　부석사　60

터잡기에서 디테일까지　63　|　창건과 중창에 얽힌 이야기들　66
체體, 정토신앙과 의상의 건축관　72　|　용用, 굴절된 구성 축과 지형　76　|　상相, 연속된 흐름을 위한 변주들　81
무량수전 배흘림기둥에 기대어 서서　90　|　죽령 방어선의 건축들　97

3 성리학의 건축적 담론　도동서원　102

유교적 건축이론의 전제　105　|　사림파와 향촌, 서원건축과 도동서원　115
도동서원의 성리학적 건축 담론　125　|　도동서원 낙수　139

4 불교적 건축이론　통도사　148

이론적 건축가는 누구인가?　151　|　불교적 건축관　154
통도사 창건과 자장의 조영관　162　|　건축 구성의 신비　168　|　건물군의 집합적 이론과 구성　172
통합을 위한 장치들　187　|　특징적인 건물들　193

5 최소의 구조, 최대의 건축 도산서당과 도산서원 204

건축가로서의 퇴계 이황 207 | 도산서당, 최소의 구조와 최대의 공간 211
원형과 증축의 질서, 도산서원 223 | 서원의 건물들 231 | 퇴계와 관련된 건축들 240

6 목구조 형식의 시대사 봉정사 246

동아시아 건축의 목구조 249 | 봉정사의 역사와 환경 255 | 구조 형식으로 본 건물들 266
또 하나의 봉정사, 영선암 278 | 주변의 건축 286

7 순환동선과 두 면의 유형학 안동의 재사들 290

건축의 유형과 유형학 293 | 재사건축 유형의 발생 298 | 영양 남씨들의 재실, 남흥재사 307
학봉 김성일을 위한 재실, 서지재사 314 | 진성 이씨의 휴양단지, 가창재사 319
입체적 공간을 위한 유형학적 요소 324 | 주목할 만한 재사건축들 330

부록

건축 읽기에 도움이 되는 용어해설 334 | 도면 목록 342 | 찾아보기 344

발문 드디어 완간되는 한국건축 연구의 집대성 최준식 353

1

집합이 건축이다
병산서원

무엇이
건축인가?

건축인들뿐 아니라 일반인들에게도 국내 건축 답사지로 가장 인기 있는 곳 중 하나가 바로 병산서원屛山書院이다. 낙동강변의 낭만적인 백사장과 잘 짜인 서원건축의 정결함에 매력이 끌리기도 하고, 인근 하회마을을 넘나드는 일거양득의 효과를 누릴 수 있다. 특히 동틀 무렵 서원과 하회를 잇는 산길을 넘어가면서 자욱이 피어오르는 물안개에 젖는 체험은 최고 인상적인 기억으로 남는다. 단체 답사는 물론이고, 여름이면 대학들의 디자인 캠프로 이용되는 등, 점차 한국건축의 메카로 자리잡아가고 있다.

그러나 이처럼 인기 있는 서원의 건물들은 그리 인상적이지 못하다. 이곳에는 국보나 보물로 지정된 건물이 하나도 없다. 단지 전체 경역境域이 사적 260호로 지정되어 있을 뿐이다. 서원의 중요한 건물인 강당은 1921년에, 사당은 1937년에 중창·중수된 매우 평범한 건물에 불과하다. 병산서원의 건축적 가치는 건물의 구조나 형태에 있지 않다는 말이다. 그렇다면 그 가치는 어디서 찾을 수 있을까? 바로 감동적인 자연환경과 환경에 대한 탁월한 대응, 범상한 건물들이 모여 이루는 공간의 긴장과 흐름, 그리고 단순한 구성이 엮어내는 다양한 장면들에서 건축적 가치를 찾아야 할 것이다.

건물인가, 건축인가

과연 한국의 '건축'은 무엇인가? 단적으로 그것은 '건물'을 말하는 것이 아니다. 한국건축에서 건물이란 하나의 방과 같이 무성격한 구성 단위이며 부분적인 요소일 뿐이다. 예를 들어 병산서원의 입교당立教堂 건물은 규모·형태·구성·구조 면에서 도동서원道東書院의 강당, 더 나아가 불교사찰이나 양반집의 사랑채와 큰 차이가 없다. 병산서원과 도동서원, 서원과 불교사찰이나 왕궁을 구별 짓는 건축적 기준은 건물에 있지 않다. 또 건물들은 불완전하다. 병산서원의 만대루晚對樓는 특정한 기능을 수용할 수 없을 뿐더러, 그것이 독립적으로 존재한다면 매우 기괴한 건물이 되고 만다. 여기서 한국의 '건축'을 다시 정의할 필요가 있다. 건물과 건물, 건물과 담장, 또는 어떠한 구성의 요소들이 모인 집합체만이 비로소 건축적 자율성을 가진다. 따라서 그 집합되는 방법을 바로 건축의 유형이라 할 수 있다. 강당이나 사당의 개별 건물을 포함한 부분적 요소들의 집합된 전체에서만이 병산서원의 건축적 개성과 가치를 찾을 수 있기 때문이다.

우리가 찾고자 하는 바가 '한국건축의 이론'이라면, 이는 곧 '집합성의 이론'이 될 것이다. 왜냐하면, 하나의 단위 건물을 짓는 행위는 다분히 인습적이고 보편적인 관습에서 출발하고, 여기에는 건축적 개념이나 이론이 끼어들 여지가 없다. 과거의 건축가들이 고심한 것은 건물과 건물, 또는 여타의 부분적 요소들을 무엇을 위해 선택하고 어떻게 조합하는가 하는 집합적 방법이었다. 우리가 감동하는 한국건축의 실례들은 가치 있는 집합 방법론에 바탕을 둔 것으로, 이를 곧 건축적 개념이나 이론이라 부를 수 있다. 물론 건축의 본질이 부분과 부분을 조합하여 하나의 통일된 전체를 만드는 것이라고 할 때, 모든 건축은 집합적이며 모든 건축에는 집합의 논리가 내재된다. 따라서 한국건축만이 집합적 성격을 갖는 것은 아니다. 단지 그 집합의 이론과 방법이 다른 문화권과 다르고, 더욱 중층적이고 유의하다는 점을 주목해야 하며, 그 집합의 범주가 매우 넓다는 점을 깨달아야 한다.

건물에서 집합으로

건축의 정의를 건물에서 집합으로 치환한다면, 한국건축의 역사와 이론의 많은 부분이 수정된다. 뒤의 봉정사鳳停寺 편에서 지적하겠지만, 구조 양식의 역사는 건물에 국한되기 때문에 '건축의 역사'가 될 수 없다. 건축의 형태는 개별 건물의 단독 입면을 지칭하는게 아니라, 건물과 건물들이 중첩되는 복합적인 형태를 의미하게 된다. 건축 내의 공간은 단위 건물의 내부를 지칭하는 것이 아니고 건물 사이, 또는 건물과 담장 등 부분 요소가 맺어지는 외부 공간과의 관계성을 의미한다. 건축의 구성이란 건물 내부의 칸살이가 아니라 배치 계획의 차원에서 작용하게 된다. 나아가 '건축의 역사'란 '집합의 역사'로 대체되어야 하고, 정확히는 '집합적 이론의 역사'로 기술되어야 할 것이다.

병산서원에 대한 이야기 역시 병산서원의 건물을 대상으로 하는 것이 아니라 집합적 관계와 이론, 방법에 대해 논의되어야 한다. 비록 병산서원이 집합이론을 설명하기에 가장 적합한 예는 아니지만, 집합이론의 많은 부분이 설명될 수 있으리라 기대한다. 또한 집합적 관점에서 본다면 병산서원의 많은 건축적 가치들이 새롭게 인식될 수 있을 것이다.

01_ 보통 건물에 기둥을 몇 개 세워, 몇 칸의 공간을 만드느냐에 따라 집의 규모를 계산하는데, 기둥과 기둥 사이를 하나의 단위로 삼으며 이를 칸(間)이라 불렀다. 칸은 들보와 도리가 걸리는 방향과 간격에 따라 정면 몇 칸, 측면 몇 칸으로 계산한다.

집합적 건축으로서의
병산서원

집합성의 정의

집합이란 부분과 부분이 모여 전체를 이루는 과정과 관계를 말하며, 집합적 성격이란 그 속에 내재된 질서를 의미한다. 일단 흔히 사용해온 '배치 계획'과 유사한 개념으로 생각할 수도 있겠다. 그러나 배치의 개념이 다분히 평면적이며 건물 위주의 배열을 의미한다면, 집합의 개념은 입체적이며 건물 혹은 부분 요소들의 관계를 의미한다. 또 배치 계획은 한순간에 설정된 인위적인 계획으로 특정 개인의 특정 시점의 생각을 반영하기 때문에, 끊임없는 첨가 혹은 삭제의 결과물인 역사적 건축에 적용하기에는 어려운 면이 많다. 따라서 배치형식의 중첩된 변화라는 시간적 집합의 개념이 필요하다.

집합의 개념에서 전체와 부분이란 매우 다양한 차원에서 정의될 수 있다. 병산서원의 경우 입교당 건물을 전체로 본다면 그 속의 대청과 방들은 부분이 될 것이며, 강당 영역을 전체로 본다면 건물들이 부분이 된다. 마찬가지로 병산서원 전 경역이 전체라면 각 영역들이 부분이며, 더 나아가 서원 주변의 자연환경까지로 차원을 확장하면 병산도, 낙동강도, 서원도 부분이 될 뿐이다. 따라서 부분 또는 요소들은 집합적 차원이 설정된 이후에 정의할 수 있다. 배치의 개념이 단일 차원이라면, 집합의 개념은 다차원적이며 중층적인 구조를 갖는다.

↗ **병산서원 전경** 화산 자락에 자리한 병산서원의 건축적 감동은 우선 뛰어난 자연환경에 신세를 지고 있다.

집합의 차원

병산서원의 건축적 감동은 우선 뛰어난 자연환경에서 출발한다. 절벽과 같은 앞산과 유연히 흐르는 낙동강, 땅과 강을 평면으로 연결해주는 넓은 백사장, 서원의 영역과 자연 사이의 경계를 이루는 휘늘어진 소나무 숲들…… 뛰어난 경치는 전국 곳곳에서 발견되지만, 자연이 주는 감동을 건축적 감흥으로 치환한 곳은 몇 되지 않는다. 그러기 위해서는 정교한 건축적 개념과 방법이 수반되어야 하기 때문이다. 결론적으로 주변의 자연은 병산서원이라는 인공적 장치가 존재함으로써 건축화되어 인간의 감성 속으로 스며오는 것이다. 흔히 말하는 '한국건축의 자연성'을 '자연환경에 순응한 건축'이나 '자연과의 조화' 정도의 일반적이고 소극적인 의미로 받아들여서는 안 된다. 자연을 해석하고 적극적인 경관으로 건축화하는 능동적인 가치를 발견해야 할 것이다.

병산서원이라는 건축과 자연환경과의 관계는 "자연의 문화화, 건축의 자연화"라는 명제로 대신할 수 있다. 이러한 의미에서 한국건축의 터잡기와 터닦기는 이미 건축의 절반에 해당하는 중요한 작업이다. 좋은 장소에 터를 정하고 그에 합당한 건축의 구성을 위한 터를 닦기 위해서는 모종의 규범이 필요하고, 그래서 등장한 이론이 풍수지리설이다. 풍수설은 귀에 못이 박이도록 들어 이제는 식상한 이야기가 되었지만, 근대건축의 기능론과 같이 매우 근본적인 이론이었음을 부정할 수는 없다. 단지 풍수설이 과거의 언어로만 표현되고 과거의 효용으로만 전달되었기 때문에 현재의 의미를 상실한 것이다.

한국건축은 여러 영역들의 집합, 즉 영역군으로 나타난다. 병산서원은 강당 영역-사당 영역-서비스 영역의 세 영역이 집합된 구성이며, 영역군의 차원에서 건축의 차별성이 극대화되어 표현된다. 병산서원과 도동서원, 도산서원陶山書院은 서로 다른 영역군의 집합 방식을 가지고 있다. 더 나아가 서원이라는 건축 유형과 궁궐, 사찰, 주택, 향교 등 다른 유형을 구별하는 기준도 영역군의 집합 방법에 달려 있다. 영역군의 차원에서는 각 건물군들이 구성의 요소가 된다. 병산·옥산玉山·도동서원의 건물군들에서는 구성상의 차이가 나타나지 않는다. 모두가 강당 영역-사당 영역-서비스 영역의 기본 요소들을 포함하며, 각 영역(건물군)들의 구성 역시 대동소이하다. 이들 세 서원의 차이는 각 요소 영역들이 어떤 관계로 구성되는가에 있다. 도동서원은 중심축 상에 강당과 사당 영역이 배열되어 있지만, 병산서원의 강당과 사당은 서로 다른 축선을 이루면서 구성된다. 사소한 차이인 것 같지만 각 영역에 부속된 외부 공간의 위치, 그리고 그 요소들 사이의 다른 관계가 근본적인 집합적 차이를 가져온다.

각 영역은 건물들의 집합, 다시 말하면 건물군이라 해도 좋다. 건물군의 차원이 오로지 건물들의 집합만을 의미하는 것은 아니다. 건물군의 차원은

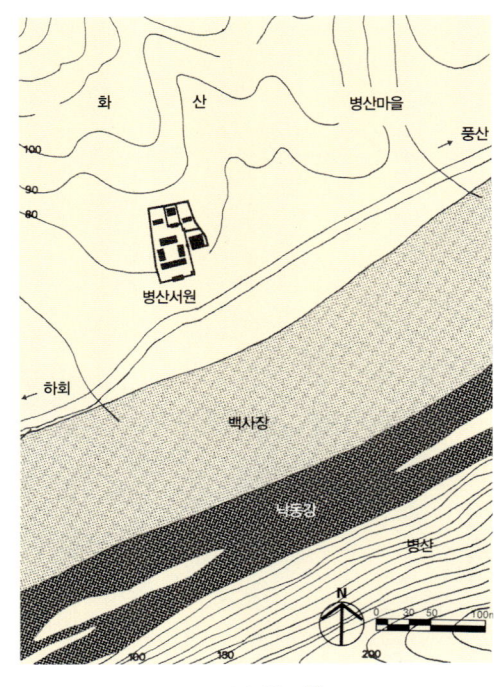

◁ 병산서원 지형도

건물들, 담장, 지면의 높낮이, 외부 공간의 형상과 관계 등 다양한 요소들로 구성된다. 이 차원에서야 비로소 건물과 외부 공간의 기능이 중심 주제로 떠오르며, 건축의 기능적 유형이 문제시된다. 서원의 강당 영역은 교육기능에 알맞은 기능군이고, 사찰의 불전 영역은 예불기능에 맞는 기능군으로, 각각의 건물과 외부 공간을 가진다. 물론 건물군의 차원에서 건축적 차별성이 부각되기도 한다. 병산서원의 강당군은 강당과 동·서재, 그리고 누각으로 이루어진다. 다른 세 건물의 구성 형식은 다른 서원들과 유사하지만, 병산서원의 만대루와 강당군과의 관계는 다른 서원들의 건물군 집합 방법과는 커다란 차이를 보인다. 그러나 몇몇 창조적인 예를 제외하고 건물군의 구성은 인습과 형식의 틀 안에서 반복된다.

건물군보다 하위의 차원은 건물의 차원, 즉 방들의 집합이다. 건물의 요소인 방이란 온돌방을 포함한 마루, 대청, 부엌, 창고 등 모든 단위 공간을 의미한다. 대청은 반쯤 개방된 공용 공간으로서, 온돌은 폐쇄적인 개별 공간으로서, 창고는 물건들의 공간으로서 각각 독자적인 건축적 성격을 갖는다. 기능 역시 단위 공간의 중요한 성격이기는 하지만, 단위 공간들의 건축적 성격이 어떻게 관계를 맺고 구성되는가가 건물 차원의 중심적 집합 방법이다.

집합적 차원의 구조가 곧 한국성

거꾸로 반복한다면 방들이 모여 건물이 되고, 건물들은 건물군으로, 건물군은 영역군 즉 건축으로, 최종적으로 건축과 자연이 관계를 맺음으로써 집합적 구조가 완결된다. 그러나 하위 차원의 기능과 성격은 항상 상위 차원의 집합적 성격에 의해 지배를 받는다. 다시 말하면 방이라는 단위 공간은 중성적이지만, 건물의 성격에 따라 기능을 부여받고 공간의 성격이 구성된다.

물론 모든 건축이 4차원의 집합 구조를 갖는 것은 아니다. 가난한 민중의 살림집은 건물군의 차원이 생략되어 건물과 영역이 곧바로 만나고, 정자 건축은 건물군과 영역군의 차원이 생략된 채 건물이 곧바로 자연과 관계를

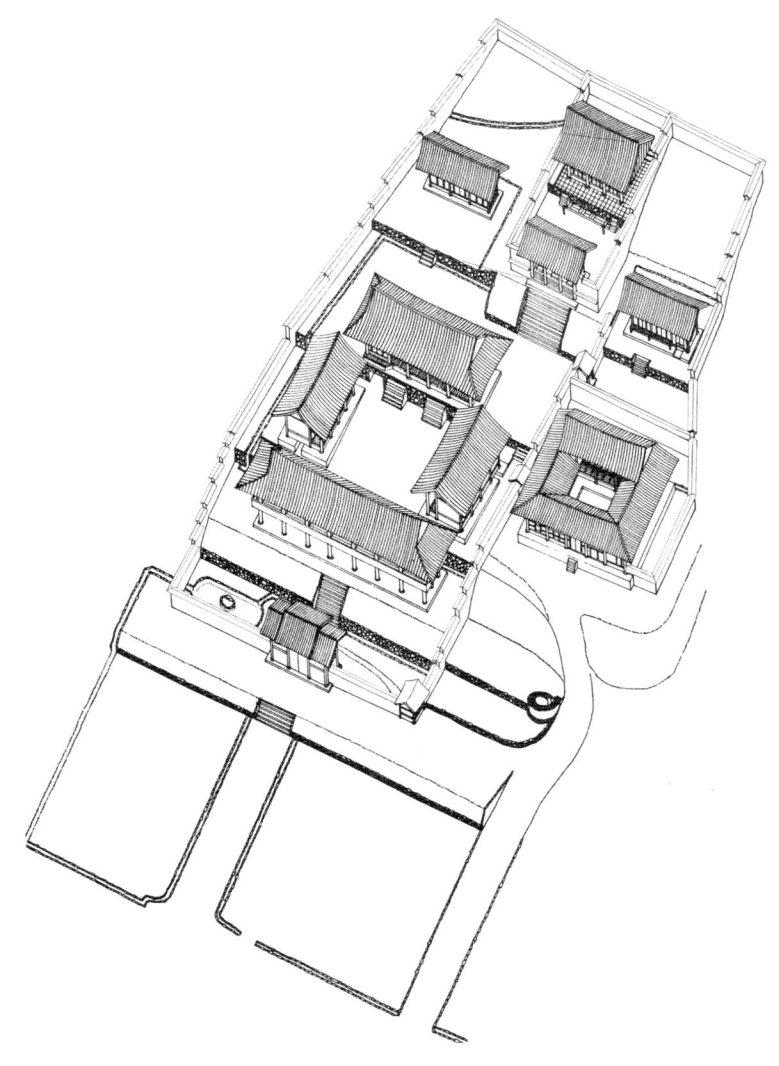

◥ **병산서원 투상도** 김봉렬 도면.

구축한다. 또한 대규모의 궁궐건축에는 건물군과 영역군 사이에 몇 단계의 차원이 더 추가되기도 한다.

보편적인 4개의 집합적 차원은 중국이나 일본의 건축, 더 나아가 현대건축과는 상이한 중층적 구조를 이루기도 한다. 예를 들어 일본의 살림집에는 영역군의 차원이 존재하지 않으며, 자연과의 관계도 그다지 밀접하지 않다. 현대건축의 경우에도 영역군의 차원까지 확장되지 않고 건물군의 차원이 곧 완결된 건축으로 마감되기도 한다. 집합적 관점은 다른 문화권과의 비교나, 현대건축이 갖고 있지 않은 한국적 가치를 인식하는 유용한 관점이기도 하다. 이러한 점에서 다시 한번 "한국건축은 곧 집합"이다.

집합의 요소는 허와 실의 중층적 반복

모든 차원의 집합 요소를 일률적으로 정의하기는 어렵다. 차원에 따라 전체와 부분의 관계가 달라지기 때문이다. 예컨대 개별 건물은 건물의 차원에서는 완성체인 동시에 건물군 차원의 부분 요소이다. 그러나 모든 차원의 구성 요소에는 반복되는 구성의 원리가 존재하는 바, 우선 "비워진 것과 채워진 것"(허虛와 실實)의 조합을 들 수 있다.

건물 차원의 요소인 방과 마루의 관계, 건물군 차원의 채와 마당의 관계를 고찰해보자. 두 상대적 요소들은 대립적인 성격을 갖는다. 방이 특정 용도를 위한 폐쇄적이고 차 있는 요소라면, 상대적으로 마루는 불특정 용도의 개방적이고 비워진 요소이다. 그러나 방과 마루가 집합하여 건물이 되면, 건물은 다시 폐쇄적이고 차 있는 요소로, 건물 사이에 만들어지는 마당은 개방적이고 비워진 요소가 된다. 여기서 부분과 전체의 정의는 집합 차원에 따라 달라지지만, 부분이 전체를 이루는 메커니즘의 구조가 일정하다는 것을 알 수 있다. 더욱 중요한 것은 최소의 부분 요소가 방과 마루, 또는 채와 마당이라는 한 쌍의 조합으로 존재한다는 사실이다. 마루가 수반되지 않는 방, 마당이 없는 건물이란 건축적 성격을 갖지 못하는 원자적 존재이기 때문이다. 물질의 최소 단위가 분자이듯이, 한국건축의 최소 요소는 방과 마루, 또는 채와 마당의 한 쌍이며, 이들을 쪼개버리면 한국건축의 최소한의 성질이 사라지고 만다.

모든 집합의 차원에서 구성 요소들은 허와 실의 조합으로 작용한다. 또 요소의 조합은 상위 차원의 차 있는 요소를 만들며, 그 차 있는 요소들 사이에 비워진 요소를 생성하도록 관계를 맺음으로써 다시 허와 실의 조합을 이

◣ **만대루 2층 누마루** 벽 대신 반듯하게 다듬은 기둥 사이로 병산과 낙동강의 주변 풍광을, 다른 한쪽으로는 서원의 내부 모습을 아우르고 있다.

◣ **만대루로 오르는 길** 서원 안으로 진입하는 과정은 상당히 폐쇄적이며 단절적이다. 그러나 중심부는 명확하게 방향을 지시하고 있다.

룬다. 이러한 중층적 반복관계는 자연스럽게 요소들 사이의 질서를 형성한다. 어느 요소는 오브제가 되기도 하고, 다른 요소는 스크린이 되기도 한다. 병산서원의 강당과 사당이 각 영역의 오브제라면, 동·서재와 사당 담장은 스크린이 된다. 그들의 관계를 맺어주는 것은 그 사이의 외부 공간들이며, 건물들 사이의 질서는 비워진 마당이 매개가 되어 얻어진 결과다. 병산서원 전체를 주변 자연과 맺어주는 매개체는 다름 아닌 만대루의 존재다. 만대루는 그 자체로 채워진 요소라 할 수 있지만, 건축과 자연의 관계 속에서 본다면 비워진 요소로 작용한다. 그림과 배경(figure and ground)의 관계가 역전되듯이 한 요소의 성격은 집합적 관계망 속에서 결정되기 때문이다.

집합적 형태

건축을 집합으로 정의한다면, 건축의 형태는 무엇인가? 단일 건물의 입면 형태는 건축의 형태가 아니다. 집합적 형태를 의미하며, 이는 요소들이 중첩된 형태군이라 할 수 있다. 앞건물과 뒷건물, 건물과 담장, 건물과 배경적 자연의 집합 모두가 형태로 정의될 수 있다. 이를 중첩적 장면 혹은 경관이라 불러도 좋다. 중요한 것은 한국건축은 단일 건물의 형태로 인식되는 것이 아니라 집합적 형태로 인식된다는 점이다.

집합적 형태를 얻기 위해서는 수평적 중첩뿐 아니라, 수직적 중첩도 필요하다. 그러나 한국의 건물들은 대부분 단층이어서 수직의 중첩성을 얻기가 매우 곤란하다. 때문에 건물의 층높이에 변화를 주거나 지형의 높낮이를 적절히 활용하는 방법을 생각할 수 있다. 평지에 세워진 경복궁景福宮은 층높이에 변화를 줌으로써 얻은 중첩적 형태이며, 층높이가 일정한 건물들의 향단香壇[02]은 지형의 높낮이로 이뤄진 집합적 형태이다. 특수한 권위 건축을 제외한다면, 층높이를 변경하는 데 막대한 기술과 재정이 요구되기 때문에 채택하기 어렵다. 보편적인 방법은 지형의 높낮이에 변화를 주는 것이다. 다시 말하면 터를 닦는 작업 자체에 벌써 집합적 형태의 구도가 내포되어 있고, 지

02_ 신령이나 부처, 조상에게 향을 피워 올리는 단.

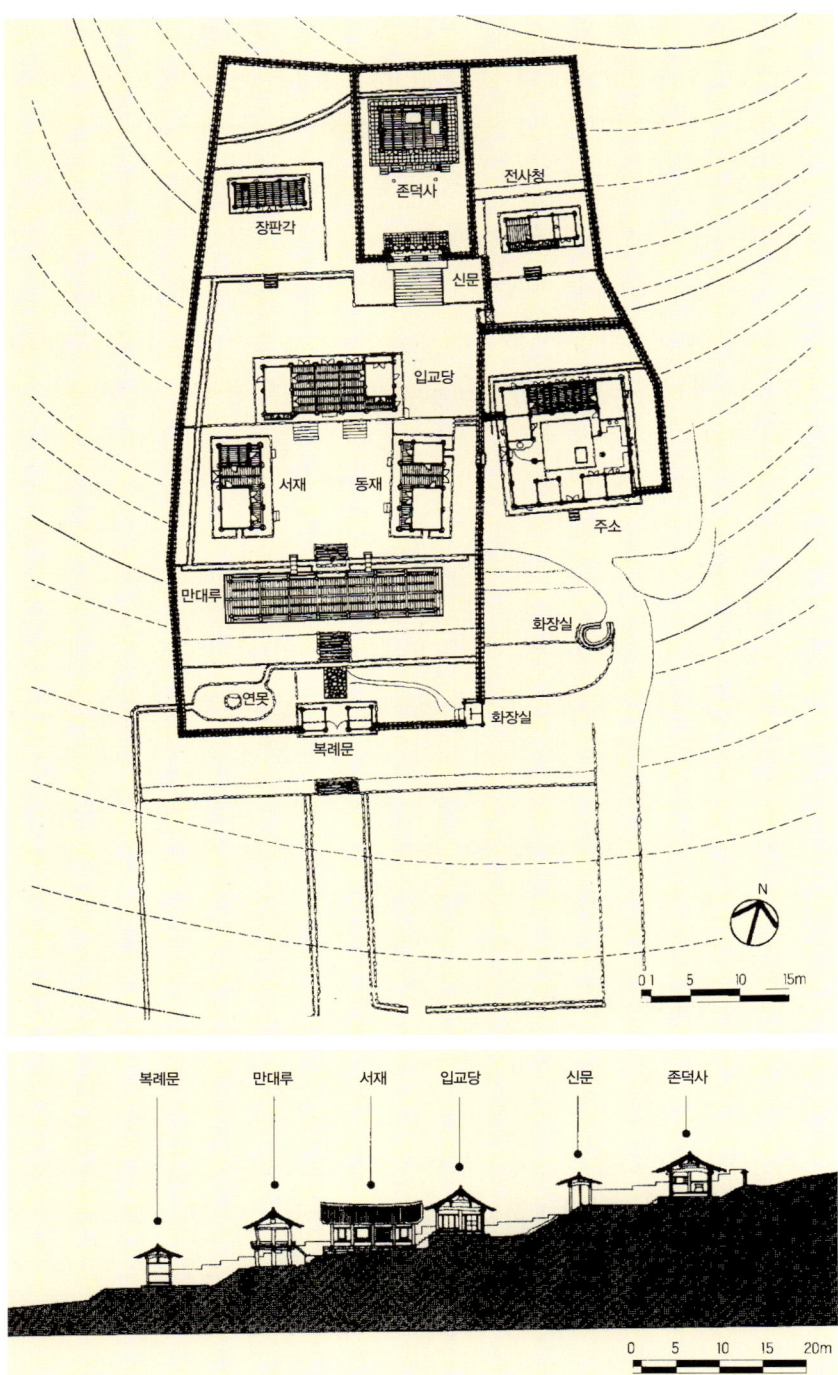

▷ **병산서원 배치도** 김봉렬 도면.
▷ **병산서원 단면도** 김봉렬 도면.

만대루에서 바라본 풍경

형은 형태를 지시한다.

　병산서원의 집합적 형태는 안에서 바깥으로 나타난다. 즉 외부에서 내부로 진입하면서 나타나는 형태는 매우 단절적이며 독립적이지만, 내부에서 외부로 향하는 형태는 연속적이며 중첩적이다. 아주 간단한 실험을 통해 입증할 수 있다. 대문을 통해 들어가면서 만대루 앞, 강당 앞, 사당 앞에서 나타나는 장면들에는 단일 건물의 고립된 형상만 등장한다. 반대로 사당문을 통해 바깥을, 강당 대청에서 바깥을, 만대루에서 바깥을 본다면 진입 때와는 전혀 다른 장면들을 목격할 것이다. 건물과 건물이 중첩되며, 아래로 내려다보는 시각 때문에 건물과 마당이 중첩되고, 다시 바깥의 자연경관이 중첩되는 장면이 연속적으로 펼쳐진다. 병산서원의 집합적 형태는 따라서 외향적이다. 안에서 바깥으로 향하는 건축 형태를 가진 것이다.

병산서원 이야기

류성룡과 병산서원

병산서원은 서애西厓 류성룡柳成龍(1542~1607)을 기념하기 위해 세운 서원이다. 서원의 성격은 매우 복합적이어서 고등 사립학교이자 유교의 종교시설이며, 지역사회의 사설 행정기구이기도 하다. 류성룡은 인근 하회마을에 있는 충효당忠孝堂의 주인이기도 하고, 풍산 류씨의 중흥조이기도 하다.

그는 학봉鶴峰 김성일金誠一[03]과 더불어 퇴계退溪 이황李滉(1501~1570)의 수제자로 수학하였고, 24세에 벼슬길에 올라 승문원, 예문관, 춘추관 등 주로 학예직 공무원의 요직을 역임하였다. 뛰어난 학문과 공정무사한 정치적 역량으로 당시 임금인 선조에게 발탁되어 40세 때 비서실장(도승지)을 거쳐 49세 때 드디어 부총리(우의정)로 등극하였고, 내무장관(이조판서)까지 겸임하게 되었다. 그러나 이때가 1590년으로, 임진왜란을 이태 앞 둔 해였다. 당시 무명의 지방 무신이었던 두 사람을 발탁하여 요직에 앉혔으니, 바로 권율權慄(1537~1599)과 이순신李舜臣(1545~1598)이다. 곧이어 발발한 임진왜란의 정국과 전쟁 수행의 막중한 임무를 감당한 이는 서애를 포함한 이 세 인물이었다.

임란이 발발한 직후 서애는 병조판서까지 겸하게 되고, 이어 영의정에 올라 군사와 정치를 총지휘하게 된다. 오랜 당쟁을 겪은 터라 조정에서는 그만큼 인재에 허덕였다는 이야기도 된다. 임진왜란의 말미에 정적들의 집요한 탄핵으로 서애는 모든 관직을 박탈당하고 고향 하회에 은거한다. 그는 하회 건너편 부용대芙蓉臺 아래에 옥연정사玉淵精舍를 짓고 저술과 휴양생활을 시

[03]_ 서애와는 동문수학한 평생의 지기이자 최대의 라이벌. 학봉은 임란 직전 일본에 사신으로 파견되어 정세를 살핀 후, 침략의 위험이 없다고 보고하여 전쟁의 간접적 책임이 있는 인물이다. 그러나 전쟁 발발 후 경상우도 초유사를 자원하여 일선에서 군대를 지휘하다가 순국함으로써 개인적인 업보를 지웠다.

↗ 병산서원 전경

작했다. 여기서 저술한 것이 유명한 『징비록』懲毖錄04이다.

서애는 일찍부터 관직생활을 했기 때문에 직계 제자는 많지 않다. 수제자로는 우복愚伏 정경세鄭經世(1563~1633)05가 특출할 뿐이다. 서애 당시 서애학파는 학봉파와 더불어 퇴계학파의 쌍벽을 이루었지만, 학봉이 많은 제자들을 양성하여 퇴계학파의 정통을 이루게 된다. 서애는 학자보다는 정치가로서 후학들의 신망을 얻었으며, 병산서원 역시 정경세 등의 제자들과 후손들, 그리고 풍산 일대의 연관 가문들이 연합으로 설립한다.

비록 서원은 서애가 세상을 뜬 후에 창건되었지만, 이 터는 서애 자신이 생전에 정한 곳이다. 병산서원의 조신은 풍악서당豊岳書堂이다. 고려 공민왕恭愍王이 안동 일대로 피난 왔을 때 왕의 후원으로 성장한 서당은 현재의 풍산읍 소재지에 있었다 한다. 그후 류씨 가문의 서당으로 유지되다가 1572년 서애가 인근의 지방관을 역임하던 시절, 병산동의 경승지인 현재의 병산서원

04_ 임진왜란 7년(1592~1598) 동안의 기사를 저술한 책. '징비'라는 말은 『시경』詩經 「소비」小毖 편의 '미리 징계하여 후환을 경계한다'는 구절에서 취한 것으로, 임란 이전의 대일 외교관계 및 임진왜란의 원인과 전황을 상세하게 기록하고 있다. 총 16권 7책이 전하며, 국보 제132호로 지정되었다.

05_ 서애가 상주부사였던 시절에 사사했던 인물로, 서애의 학풍을 이어받아 예학의 대가가 되었다. 그의 학문은 서애의 조카인 수암修巖 류진柳袗(1582~1635)에게 전수되었고, 다시 서애의 장손인 류원지柳元之에게 전해져 풍산 류씨 가문의 가학家學이 되었다.

자리로 이건하였다.06 이때 서애는 이건의 이유를 "읍내 도로변은 공부하기에 적당하지 않기 때문"이라고 밝혀07 교육 장소에 대한 이상적인 조건을 제시하였다. 그러나 서당은 임진왜란 때 불타버렸고, 서애가 세상을 뜬 직후인 1607년 다시 중건된다. 풍악서당이 서원으로 탈바꿈한 시기는 1614년 사당인 존덕사尊德祠를 건립하여 서애의 위패를 모신 이후이다.

병호시비와 서원의 역사

이후 병산서원은 뿌리 깊은 정통성 시비에 휘말려왔다. 1620년 서애의 위패는 안동 동쪽의 여강서원廬江書院으로 옮겨진다. 여강서원은 원래 퇴계의 위패를 봉안한 곳인데, 퇴계파들은 서애와 학봉의 위패를 함께 봉안함으로써 명실상부한 퇴계학파의 본산을 조성하려 했다. 당연히 중앙에 퇴계의 위패를 모셨지만, 문제는 서애와 학봉 중 누구를 앞선 순열로 모시는가였다. 이는 서애파와 학봉파의 자존심을 건 싸움이 되었고, '병호시비'屛虎是非라 불린 논쟁과 갈등은 아직까지도 지속되고 있다.08 학봉파와의 9년에 걸친 동거를 청산하고 서애의 위패는 1629년 다시 병산서원으로 옮겨진다. 이를 '복향' 複享이라 하며, 이때 서애의 조카인 수암修巖 류진柳袗(1582~1635)의 위패를 같이 모셨다. 지금도 사당 안에는 중앙에 서애의 위패가, 동쪽에 수암의 위패가 놓여 있다.

국가에서 인정하는 사액서원으로 승격된 시기는 매우 늦어 1850년대에 들어서였다. 이는 창건 후 200년간 병산서원의 정치적 위상이 높지 않았다는 사실을 반증한다. 라이벌인 호계서원虎溪書院이 1676년 사액된 점과 비교하면, 퇴계파의 정통성은 물론 정치적인 주도권도 학봉파가 장악했다. 이는 병산서원을 철저하게 견제한 결과로 보인다. 그러나 근세까지 당쟁의 주역에서 벗어나 있었던 역사가 서원의 건축을 더욱 짜임새 있게 만들었고, 또한 초기 교육기관으로서의 건강한 전통을 유지할 수 있었던 원인이 되었다. 건축적인 관점에서 매우 다행스러운 일은 19세기 후반 흥선대원군(1820~1898)의 대대

06_ 풍악서당의 내력에는 두 가지 설이 있다. 『서원총람』(안동군, 1978)에는 고려 공민왕의 후원설이 기록되어 있지만, 『영가지』永嘉誌(1608)에는 1551년 권경전 등에 의해 창건된 것으로 전한다. 그러나 두 책 모두 서애의 이건 기록은 일치한다.

07_ 『영가지』, 「서당」書堂 조條, 풍악서당豊岳書堂 편. 『영가지』는 옛 안동도호부의 읍지, 1602년 류성룡의 지시로 제자 권기權紀가 엮었다. 『동국여지승람』東國輿地勝覽, 『함주지』咸州誌 등을 참조하고 기타 자료들을 모아서 편집하였다. 이후 류성룡의 사망으로 한때 중단되었다가 신임 군수 정구鄭逑에 의해 완성되었다. 모두 18권 4책.

08_ 이병도, 『한국유학사』, 아세아문화사, 1987, p.278. 문제의 발단은 서애가 학봉보다 4살 아래지만, 벼슬은 영의정으로서 경상도지사에 불과했던 학봉보다 훨씬 높았던 데 있었다. 퇴계 위패의 동쪽이 높은 서열이었는데, 당연히 학봉파는 학봉의 위패를 높은 서열로 놓으려 했다. 이때 서애의 직계이며 당대의 예학자였던 정경세가 "연령 차이는 크지 않지만, 벼슬 차이는 현저하니 서애를 앞세워야 한다"는 명분을 내세워 학봉파를 굴복시키고 서애의 위패를 동쪽에 봉안하였다. 그러나 여강서원은 학봉파의 본거지인 동부 안동에 위치한 까닭에, 서원의 주도권을 학봉파가 장악하게 되었다. 치열한 갈등 끝에 서애의 위패를 다시 병산서원으로 옮겨오게 되었고, 학봉의 위패는 호계서원으로 옮겨졌다. 그러나 이때 발생된 양 파의 논쟁은 최근까지 뿌리 깊게 남아 이 지방에서는 유명한 시비거리가 되었다. 병호시비는 병산서원파와 호계서원파의 시비이다.

적인 서원철폐 당시 병산서원은 보존 대상 47개소에 들어 보존되었지만, 당쟁의 근원지였던 호계서원은 철폐되고 말았다는 것이다. 건축사적인 새옹지마라고나 할까.

병산서원은 일제강점기에 대대적인 보수가 행해졌다. 강당은 1921년에 고쳐 지었고, 사당은 1937년에 다시 지었다.09 1979년 사적으로 지정된 후 담장과 기단 등의 보수공사가 시행되어 현재에 이른다.

제도 및 조직과 기능

교육기관으로서 서원의 위상을 현재로 따지면, 사립전문대학 정도에 해당한다. 관학官學인 지방의 향교鄕校는 공립고등학교 정도이며, 대학교에 해당하는 기관은 서울의 성균관成均館이다. 학교건축의 마스터플랜을 위해서는 학사 계획(academic plan)을 수립한 다음 시설물 계획(facility plan)을 수행하는 것이 정상적인 설계의 과정이다. 과거의 교육기관인 향교나 서원건축은 대부분 고정된 형식을 따르기 때문에 개개의 시설물에 대한 정보는 많이 알려져 있지만 교육제도와 인원 규모, 조직 등에는 별 관심이 없었다. 그러나 내재적 기능인 학사 계획에 대한 이해 없이 시설물 계획을 이해하기는 어려운 일이다.

서원의 인적 구성은 교수진과 학생군 그리고 이들을 보조하는 하인인 서원노書院奴들이다.10 교수진은 원장院長(학장), 원이院貳(부학장), 강장講長(교무과장), 훈장訓長(학생과장), 재장齋長(사감), 집강執綱(훈육주임), 유사有司(총무), 장의掌議(평의회장) 등의 직책이 있다. 현재 대학의 보직과 다를 바 없는 조직이다. 병산서원의 경우 교수진은 10~20인 정도였던 것으로 보인다. 이들 모두가 서원에 상주한 것은 아니고, 원장과 원이, 유사 정도가 상주하면서 학생지도를 맡았다. 교수진이 사용한 시설은 강당의 두 방과 동재의 유사실로, 학생들은 평소에 강당을 이용할 수 없었다.

학생들의 입학 자격은 엄격했다. 1단계 과거에 합격한 생원이나 진사만이 입학할 수 있었고, 과거에 합격하지 못한 자는 당회의 승인을 얻어야만 했

09_ 이때의 공사 기록은 『입교당중수일기』立敎堂重修日記와 『존덕사중건일기』尊德祠重建日記로 전하고 있다. 강당과 사당을 다시 짓는 데 각각 5개월씩 걸렸고, 공사 조직과 공사비 내역이 기록되어 있다.
10_ 서원은 남자들만의 공간이기 때문에 비婢는 없다. 수노首奴, 묘지기, 정지지기, 고지기 등으로 각자의 역할이 분담되어 있다.

다.[11] 서원이 고시준비 학원으로 전락하는 것을 막고, 순수 학문 수양의 전당으로 유지하기 위한 기준이었다. 물론 이 기준은 서원이 건강한 교육기관으로서 역할한 16세기에나 통용되었던 순진한 기준이었다.

입학 후에는 정해진 수학기간이 없고, 철저하게 능력별 교육을 시행하였다. 따라서 입학 정원은 물론 전체 학생 수조차 일정하게 유지할 수 없는 문제를 안게 되었다. 어느 시대나 부도덕한 교육기관은 존재하게 마련이다. 능력별 졸업제를 악용하여 졸업을 계속 유보하면서 전체 학생 수가 수백에 달하는 서원들이 속출하였다. 예나 지금이나 악덕 사학재단에게는 학생 수가 곧 수입으로 인식되었기 때문이다. 학생들 또한 졸업을 서두르지 않는 경향도 나타났다. 서원에 적을 두면 세금과 공역의 의무에서 면제되었기 때문이다. 이러한 사이비 사학·사이비 학생들의 증가는 국가재정에도 큰 피해를 끼쳐, 1710년 전국의 서원 학생정원을 일괄적으로 사액서원은 20명, 비사액서원은 15명으로 제한하기에 이르렀다. 사실 일반 서원의 기숙사인 동·서재의 규모로 보아 수용 인원은 최대 20명 정도에 불과했다. 그러나 이러한 제한 역시 유림 세력들의 뿌리 깊은 관행으로 유명무실해졌다.

병산서원의 학생 수는 많을 경우 92명, 적게는 7명에 이른 적도 있었지만, 대체로 20~30명의 수준을 유지하였다. 학생들은 연령 제한이 없었기 때문에 16세 소년에서부터 45세 늦깎이까지 다양했다. 교수진의 연령은 대개 30~40대로 나타났다.[12] 서원의 학생이란 일방적인 피교육자가 아니었다. 대부분 이미 입신할 정도의 학문적 바탕을 가진 인격체였고 그들 스스로 서원을 운영하고 서로 교육하는 집단이어서 일종의 자치조직도 운영하였다. 이 조직의 우두머리가 재유사齋有司로서 동·서재 각 1명씩 2명이 서원 운영에 깊은 영향력을 행사하기도 하였다.

병산서원의 시설물들이 구성원의 변동에 적극 대응한 것은 아니었다. 오히려 시설 규모는 거의 변하지 않은 채 임기응변식으로 운영해왔다고 보는 편이 정확할 것이다. 강당과 동·서재 외에도 교육에 활용된 시설로는 장판각藏板閣을 들 수 있다. 서원의 명문도를 평가하는 기준 가운데 중요한 하나는

11_ 퇴계의 『이산원규』伊山院規에 정해진 규약.
12_ 이상의 통계는 1735년부터 1838년까지의 인원을 기록한 『병산서원입원록』屛山書院入院錄(하회 충효당 소장)을 분석한 결과이다.

> 병산서원의 장판각

얼마나 많은 목판을 소장하고 있느냐였다. 당시의 서적은 거의 필사본 아니면 목판본이었고, 필사본은 오자와 탈자가 많고 노력이 많이 들어서 학생들은 대개 목판본을 필요로 했다. 목판본의 원판인 목판은 서원의 가장 중요한 재산이었고 군소 신설 서원들은 명문 서원에 간청해 인쇄를 허락받을 정도였다. 이처럼 중요한 시설이었던 장판각은 소속 학생들도 쉽게 접근할 수 없도록 철저히 보안을 유지하였다. 병산서원의 장판각은 강당 뒤 깊숙한 곳에 위치한다. 강당의 대청 뒷문을 열면 쉽게 감시할 수 있는 비밀스러운 장소이기도 하다. 다른 큰 서원에는 장서각이 따로 있어 서적만을 별도로 보관하였는데, 이 도서관 시설들은 장판고藏版庫, 문집판고, 서고, 경판각經板閣, 어서실御書室, 경각經閣 등 다양한 명칭으로 불렸다.

자연과 건축의 집합

독자적인 입지

한국건축을 감상하는 첫 단계는 건축과 지형 환경과의 관계를 살펴보는 일이다. 이는 설계 과정의 첫 단계이기도 했다. 서원의 입지는 배후 마을인 하회로부터는 완벽하게 독립되어 있다. 병산서원이 비록 류성룡의 서원이기는 하지만, 씨족 마을인 하회만의 가문 서원은 아니었다. 전란 수습의 이름난 재상으로서 그의 영향력은 사후에 더욱 강화되어, 안동부 서쪽의 풍산 일대 사림 가문들의 연합 노력으로 서원이 창건되었다. 직계제자인 정경세가 주축이 되기는 했지만, 창건 멤버들과 이후 운영위원들은 이 지역 유림들을 총망라하여 조직되어왔다.[13] 서원의 운영에 주로 관여했던 씨족은 안동 권(금계동, 가곡동), 풍산 류(하회동, 가야동), 풍산 김(오미동), 선성 이(간동, 금수동), 순천 김(구담동), 진성 이(매곡동), 예안 남(새터) 등 4개 면에 걸친 7개 가문이다.[14] 따라서 이들 연합세력을 위한 독자적인 입지도 필요했던 터라 마침 서애의 연고가 있고 뛰어난 경치와 소작 마을을 소유한 병산동이 그 적지로 선택되었다.

이곳은 또 '꽃의 형국'으로 해석된다. 안동 일대의 조산祖山인 학가산鶴架山에서 시작한 지맥은 서원 뒤 화산花山에서 끝을 맺는다. 낙동강을 사이에 둔 앞의 병산은 일월산日月山계로 2개의 큰 지맥이 만나는 곳에 입지를 정했다. 학가산 일대를 뿌리로 보면, 풍천면 일대의 줄기부를 지나 화산에서 꽃을 피우고, 꽃의 수술에 해당하는 정혈(正穴 또는 花穴)은 바로 서원이 된다. 서원 동쪽의 너들대벽은 서쪽의 산세에 비해 높고 강렬하다. 강은 동에서 서로

13_ 「복향시제문」複享時祭文에 나타난 참례 인원 80명 가운데 풍산 류씨들은 3명밖에 되지 않고, 대부분은 서애 학맥의 동인東人파들과 인근 마을의 유림들이었다.
14_ 「병산서원기사」屛山書院記事 중 「향례취사개규통문」享禮聚士改規通文의 조직.

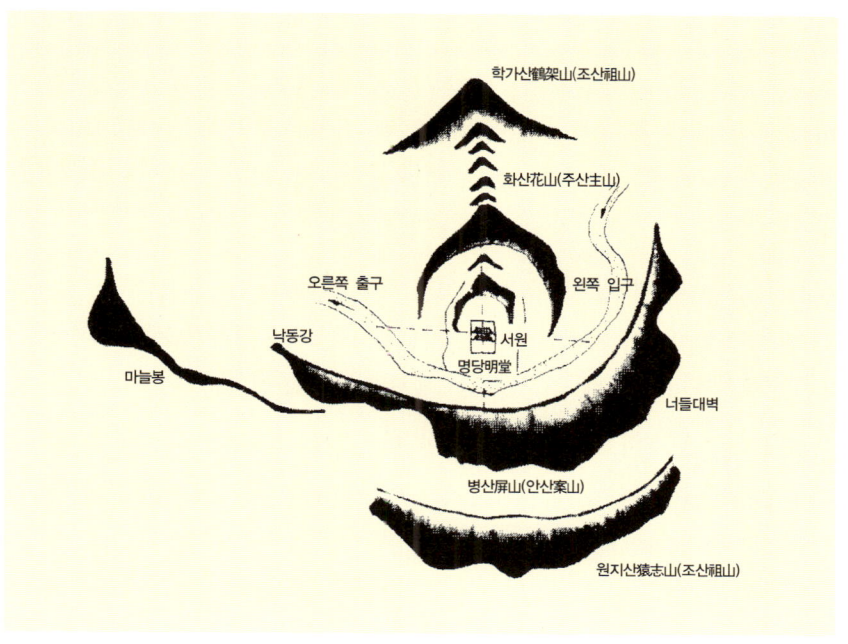

병산서원 풍수형국도 김봉렬 작성.

흐르는데, 입수한 물을 동쪽의 강한 산세가 급히 떠미는 이른바 '밀개형'의 형국을 이룬다. 때문에 강물이 실어오는 땅의 기운이 쌓일 틈이 없어서, 이곳은 양반 지주들이 살기에는 부적합한 곳이다. 또한 서원 앞의 명당자리가 좁아서 경작용으로도 부적당하다. 이러한 지리적 환경 때문에 병산마을에는 타성바지들이 거주했고, 그들 대부분은 서원을 관리하고 서원 토지를 소작하는 일에 종사하였다.

그러나 밀개형의 형국은 서원의 입지로는 최상으로 꼽힌다. 한적한 분위기는 교육환경에 적합함은 물론이고, 행정권(안동부)으로부터의 격리를 꾀할 수 있는 곳이다. 더욱이 밀개형의 형국은 유급하지 않고 빨리 졸업해야 하는 학생들에게 최선의 지리적 이점으로 작용했다.

원심적 건축의 경관구조

병산서원이 서 있는 위치에 주목할 필요가 있다. 뒤편 완만한 화산과 앞의 절벽 병산 사이에 자리하여 강변으로도, 산으로도 근접하지 않는 매우 중간적인 위치를 점한다. 앞면의 풍수형국도에서 보면 화산줄기가 끝나가는 곳에서 마치 꽃잎의 수술과 같이 솟아오른 병산서원의 모습을 볼 수 있다. 그러나 정면에서 보면 기다란 누각 만대루가 서원 내부는 물론 뒷산의 모습까지 가리고 있다.

　　병산서원의 외관은 뒤쪽 배경 없이 건축 단독의 외관을 갖는다. 이 자리에 만약 불교사찰이 자리했더라면, 뒷산과의 관계는 달라졌을 것이다. 많은 불교사찰들은 바깥에서 이미 내부의 구성이 암시되며, 중요한 불전들은 뒷산과 중첩되어 일체화된 경관으로 나타난다. 다시 말해서 불교건축의 외형은 암시적이며 자연과의 일체를 꾀하고 있는 반면, 병산서원을 위시한 유교건축은 폐쇄적이며 인위적이다.

　　그러나 내부에서의 경관구조는 역전된다. 병산서원 내부에서 바라보면 외부의 자연경관은 앞의 건물들과 중첩되면서 일체화된 경관으로 등장하지만, 사찰의 경우 내부에 조성된 마당과 앞의 건물들이 부각되는 반대의 구조를 갖는다. 이러한 차이는 자연환경과 건축물의 위치를 설정하는 차이에서 발생하며, 근본적으로는 유교와 불교라는 거대한 세계관과 자연관의 차이에 기인한다. 보통의 경우, 서원과 같은 유교건축은 안에서 바깥으로 향하는 원심적 경관구조를 지니는 반면, 불교건축은 밖에서 안으로 향하는 구심적 경관구조를 가진다고 볼 수 있다.

영역군의 구성

전체적인 비대칭과 부분적인 대칭성

병산서원은 강당군-사당군-주소廚所[15]의 세 영역으로 구성된다. 병산서원 건립 당시인 17세기는 예학禮學[16]이 절정에 달했고, 성리학의 성전인 서원들은 엄격한 좌우대칭과 중심축을 고수하는 건축 유형을 만들어냈다. 그러나 병산서원은 일반적인 서원의 구성과는 판이하다. 주요 특징은 강당군과 주소 영역이 나란히 놓이고, 그 사이 높은 위치에 사당군이 자리한다는 점이다. 이처럼 강당의 중심축과 사당의 중심축이 일치하지 않는 예로는 퇴계의 도산서원을 들 수 있다. 도산서원은 예학이 화석화되기 이전에 창건되었으니 이해할 만하지만, 병산서원은 예학의 대가인 정경세 일파에 의해 창건되었음에도 불구하고 비교적 자유로운 구성을 취한 점이 얼른 납득이 가지 않는다.

그 원인은 서애학파의 학문적 정신에서도 찾을 수 있지만, 우선 서원의 역사에서 찾아볼 수 있다. 앞서 살펴본 대로, 서애 사망 직후에 강당군과 주소만 서당으로 재건되었고 사당군은 7년 후에 건립되었다. 이미 강당군과 주소 사이에는 긴밀한 기능적·공간적 관계가 형성된 후에, 새로이 가장 높은 위계인 사당 영역을 삽입하기 위해서는 기존 영역들을 통합하여 새로운 질서체계로 재편할 필요가 있었다. 따라서 평면적으로는 기존 영역 사이의 중심이 되고, 단면적으로는 가장 높은 위치인 현재의 지점에 사당군을 세웠다. 기존의 질서를 파괴하지 않으면서도, 새롭게 통합·확장된 집합체계를 이룩한 묘안이라 할 수 있다.

15_ 서원 하인들의 거처 겸 서비스 공간.
16_ 인간이 살아가는 데 있어 반드시 지켜야 할 도덕규범인 예禮의 본질과 의의, 내용의 옳고 그름을 탐구하는 유학儒學의 한 분야. 고려 말기 『주자가례』朱子家禮가 도입되었으며, 조선 중기에 이르러 성리학이 지배 이념이 되면서 예학은 정점을 이루었다.

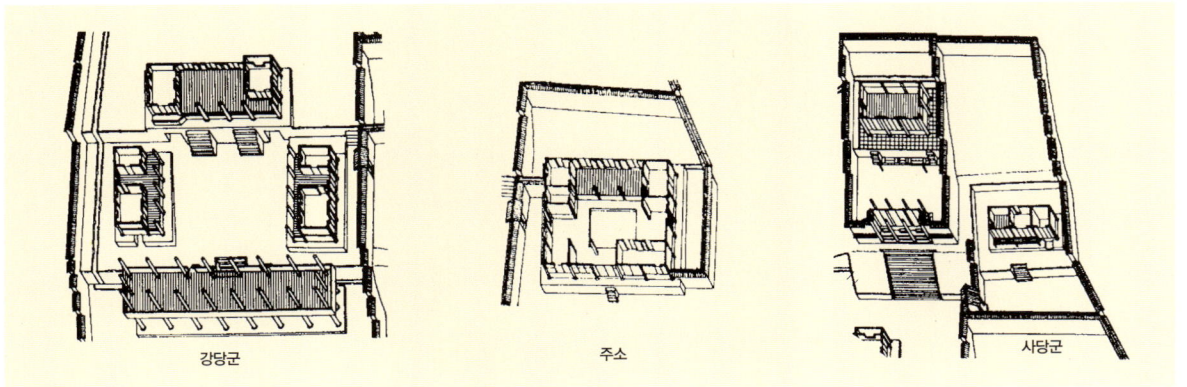

강당군 　　　　　 주소 　　　　　 사당군

　　강당군-주소의 관계와 사당군의 영역적 관계는 강당 동쪽과 사당군 앞에 위치한 마당에서 절묘하게 맺어진다. 즉 수직적으로는 기존 영역의 레벨에 속하면서도, 평면적 위치는 사당군에 속하여 신구新舊 영역의 매개체로 기능하고 있다. 이 마당은 평소에는 강당군과 주소 사이의 서비스 동선으로 사용되지만, 제사 때에는 제례를 위해 참가자들이 도열하는 의례용 공간으로 탈바꿈한다. 이 공간은 장소뿐 아니라 기능으로도 통합성을 띠고 있다.

　　체험적으로는 거의 느낄 수 없지만, 세 영역의 중심축은 완전한 평행을 이루지 않는다. 정밀하게 측량한 결과를 살펴보면 3개의 중심축들은 뒤쪽으로 갈수록 오므려지며 그 최종적인 지향점은 바로 뒤편 멀리 있는 화산의 정상부가 된다. 이른바 "미묘한 어긋남"이라고나 할까. 그러나 어긋남에는 분명한 이유가 있고, 그것은 건축이 자연과 집합되는 방법론의 출발이었다.

　　전체 영역군은 비대칭의 형상으로 구성되었다. 그러나 세 영역은 모두 개별적으로 거의 완벽한 대칭을 이룬다. 전체의 구성은 건축가의 관심사이며 숨겨진 집합체계이지만, 일반 사용자들에게 각 영역의 구성은 체험적인 공간이 된다. 이 엄격한 예학자들에게 비대칭의 일상공간은 허용되지 않는다. 좌우와 상하의 위계가 뚜렷한 강당군이나 신성한 영역인 사당군은 말할 것도 없고, 하인들의 공간인 주소마저도 사대부 살림집인 뜰집[17] 유형을 차용해 좌우대칭으로 구성하였다. 영역군으로서 병산서원이 갖는 가장 뛰어난 점은 바로 대칭적인 부분들을 비대칭적으로 집합시켰다는 것이다.

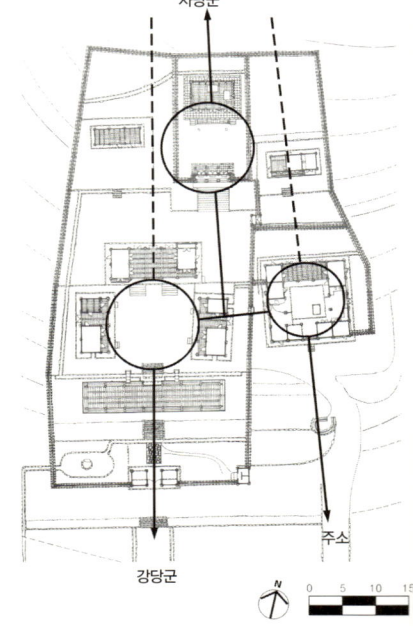

■ 영역군의 집합 　김봉렬 도면.
⌐ 영역군의 집합 방법 　김봉렬 도면.

17_ 용마루가 네모꼴을 그리고 가운데 좁은 안마당이 있는 집으로, ㅁ자집이라고도 한다.

건물군의
구성

강당군의 형이상학

병산서원은 강의장인 입교당을 중심으로 좌우에 동재와 서재를, 그리고 전면에 기다란 만대루를 배치하였다. 위상적인 관계로만 보면 서원건축의 보편적인 강당군 구성 유형이다. 동재에는 상급생들이, 서재에는 하급생들이 기숙하며 자습을 하고, 보름에 한 번 정도 열리는 강회講會 때에는 강당의 대청에 모인다. 이때를 위해 강당 앞에는 좌우 2개의 계단이 놓여졌다. 동재생들은 동쪽 계단을, 서재생들은 서쪽 계단을 통해 강당에 오르게 할 정도로 계단의 이용 행태까지 엄격하게 규정하였다. 아침에 기상할 때부터 밤에 잘 때까지, 긴장된 수양생활의 피로를 풀기 위해 마련된 곳이 전면 누각인 만대루이다. 이곳에 올라 앞산과 강물을 바라보며 지친 몸과 산만한 정신을 가다듬었으리라.

여기까지는 매우 일반적인 구성이다. 그러나 유형적인 원칙만으로 이처럼 형이상학적인 공간이 만들어지지는 않는다. 마당을 감싸고 있는 1차적인 요소들은 강당과 동·서재의 툇마루, 그리고 완벽하게 뚫려 있는 만대루의 누각이다. 선형적인 이들 공간은 공간적 띠(spatial layer)를 형성하며 마당을 감싼다. 경건한 공간을 구성하기에 매우 적절한 요소를 선택한 것이다. 그렇다고 인위적인 회랑回廊이나 열주列柱를 사용하지는 않는다. 기능적으로도 극히 필요한 요소들을 공간적인 장치로 활용했을 뿐이다. 마당의 3면을 감싸다가 전면 만대루를 통해 완전히 개방하는 수법은 하나의 공간에 긴장과 이완을

◸ **강당과 동재의 어긋남** 강당과 동재는 직각으로 놓이지 않고 살짝 어긋나면서 벌어져 있다. 강당과 동재 사이의 벌어짐은 다음에 나타날 사당마당을 암시하면서 유인하는 장치가 된다.

◺ **사당 문과 제례용 마당** 암시와 유인 끝에 서원에서 가장 상징적인 사당 문과 그 앞 제례용 마당이 등장한다.

↗ 강당 동쪽 옆을 돌아 들어가면 사당으로 오르는 계단이 나온다.

함께 불어넣고 있다. 팽팽히 조여진 공간적 긴장감은 만대루의 프레임 안으로 빠져나가면서 발산되는 것이다.

　이 영역을 엄격하면서도 평온하게 만드는 또 하나의 원인은 적절히 구사된 스케일에서도 찾을 수 있다. 동재와 서재의 매우 축소된 규모를 보라. 이들의 높이는 철저하게 강당에 복속되며, 그 규모는 마당의 크기에 맞추어 조절되어 있다. 그러면서도 전면 만대루는 무한히 길게 느껴지도록 배열하였다. 축소와 연장, 유한과 무한의 스케일들이 교차되면서 강당 마당에 복합적인 성격을 부여한다.

　대칭적인 동재와 서재는 기하학적으로는 대칭이 아니다. 강당과 서재는 직각의 관계를 유지하지만, 동재는 안으로 벌어진 채 놓여졌다. 또 서재와 강당은 모서리가 서로 물려 있지만, 동재는 강당과 모서리가 떨어져 있다. 결과적으로 서재와 강당은 닫힌 관계이지만, 동재와 강당 사이는 열린 관계를 맺는다. 물론 사람들의 동선을 강당 동쪽, 예의 사당 앞마당으로 유인하기 위한 장치들이다. 강당군과 사당군의 관계는 두 마당의 공간적 연속으로 맺어진다. 이러한 비틀림에는 역시 명확한 이유와 의도가 담겨 있다.

분산된 사당군

사당군의 구성 역시 다른 서원과는 차별적이다. 사당군은 사당 건물의 독립 영역, 전사청典祀廳 영역, 그리고 이들을 통합하는 앞마당으로 이루어진다. 전사청과 사당이 왜 독립된 영역으로 분리되었는지 의문을 가져봄직하다. 전사청은 사당에 올릴 제사상을 준비하는 곳으로 매우 밀접한 기능적인 관계를 가지며, 일반적으로 사당과 한 울타리 안에 배치하기 때문이다. 병산서원의 경우는 비기능적으로 구성된 셈이다. 반면 전사청을 주소廚所의 중심축에 맞추어 배치함으로써 다른 기능에 충실하고 있다. 전사청에 올라올 음식은 주소에서 마련한다. 따라서 전사청과 주소의 기능적 관계 역시 밀접하다. 제사 의례에 따르면, 전사청은 주소와 사당 사이의 매개적 역할을 해야 하고, 병산서원의 경우는 전자와의 관계를 더욱 중요하게 여긴 셈이다. 그러나 그 관계란 주소의 하인들 작업을 감독하고 지휘하기 위한 수직적 관계다.

사당군은 어차피 유교의 종교적 의례 기능을 위한 곳이다. 물리적으로 편리하다고 해서 종교적인 기능이 만족되는 것은 아니다. 종교적 기능의 핵심은 종교적 의례를 신성하게 행할 수 있는 건축적 무대를 구성하는 것이다. 동선의 경제성이나 효율적인 배열이 문제되는 것은 아니다. 제사 의례에서 사당 신문 앞의 마당은 가장 중요한 장소가 된다. 제사 때 집례를 맡은 임원들은 신문 안마당에 들어가지만, 일반 학생들은 이 마당에 서서 참관하게 된다. 앞마당과 안마당을 연결하는 것은 신문 앞의 계단이다. 지금과 같이 널찍하고 재미없는 일률적인 계단은 1970년대 보수한 결과다. 의례에 따르면 장로들은 동쪽을, 연소자들은 서쪽 계단을 이용하도록 분리되었을 것이다. 어설픈 보수 결과 신문의 전면 초석이 뿌리까지 노출되어 계단 위에 얹혀져버렸다. 이 영역에서 가장 유쾌한 장면은 전사청 문 앞에 서서 장판각 쪽을 바라보는 경관이다. 사당 앞의 경사진 축대가 꺾어지면서 장판각 쪽으로 공간의 흐름을 유도하고, 그 가운데 백일홍이 서 있다. 이 부분은 서원의 후원이라 해도 좋을 것이다.

↗ 사당 앞 계단과 관세대
↘ 전사청으로 들어가는 편문과 경사진 화단의 백일홍

주소, 서비스군

주소는 ㅁ자형의 건물군인 동시에 건물이다. 안동 지방의 고유한 뜰집 형식을 원용하여 서원 서비스에 적합하게 계획되었다. 3칸 대청이 마당의 전면과 맞닿아 있고, 양쪽에 방을 들였다. 여기에는 평소에 관리인들인 묘지기, 장무, 정지지기[18] 들이 거주하였고, 봄가을의 향사享祀 때는 인근의 참여자들을 위한 숙소로도 제공되었다. 거주인의 낮은 신분 때문에 서원의 담 밖에 내놓은 배치이지만, 마을 쪽에서 바라보면 서원과 대등한 모습으로 나타난다.

다른 서원에서는 이런 용도의 건물을 고직사庫直舍, 교직사校直舍, 주사廚舍라고도 부른다.[19] 비록 주소의 외형과 형식이 사대부의 살림집을 닮았지만, 기능적인 구성은 전혀 다르다. 우선 정상적인 가족이 살지 않으므로 사랑채가 없고 안마당은 부엌을 위한 작업마당과도 같다. 특히 장독대까지 안마당으로 들어와 있어, 이 집의 용도를 확연하게 한다. 방은 3개만 있고, 오히려 2개의 커다란 부엌, 창고와 헛간 등 작업과 저장 공간이 면적의 대부분을 차지한다.

18. 김봉렬, 『병산서원-그 건축적 이해』, 한샘주거환경연구소, 1989, p.40. 묘지기는 사당을 관리하고, 장무는 서원 총무인 유사를 보좌하고, 정지지기는 유생들의 식사를 책임진다. 이들의 신분은 모두 노비층이지만, 학생인 유생들에 대한 영향력은 꽤 컸던 것으로 전한다.

19. 주소, 주사廚舍는 부엌이 있어 취사를 하는 곳. 고직사庫直舍는 창고지기가 사는 곳, 교직사校直舍는 서원지기가 사는 곳이라는 뜻이다.

▸ **주소 안마당과 대청** 안동 지방의 고유한 뜰집 형식을 원용하여 서원 서비스에 적합하게 계획되었다.

건물의 구성

허와 실의 매트릭스, 입교당

입교당은 서원의 중심 건물인 강당이다. 원래의 명칭은 숭교당崇敎堂이었고 명륜당이라고도 불렸다. 칸살이 구성은 당시의 일반적인 서원 강당의 전형을 따랐다. 양쪽에 온돌방을 들이고 가운데 3칸은 대청으로 개방한다. 동쪽 방 명성재明誠齋는 서원의 원장실에 허당하고, 서쪽 방 경의재敬義齋는 부원장 이하 교무실에 해당한다. 좌측 또는 동쪽을 우위에 두는 동양적 질서가 방의 배열에도 나타난다. 대칭적인 구성이지만, 명성재 앞에는 툇마루를 두어 방이 줄어들었다. 원장 혼자 사용하기에는 충분한 규모이면서, 원장실의 권위를 높이는 역할도 한다.

예전의 교육은 철저하게 자습 위주였다. 선생이 과제를 내주면 학생들은

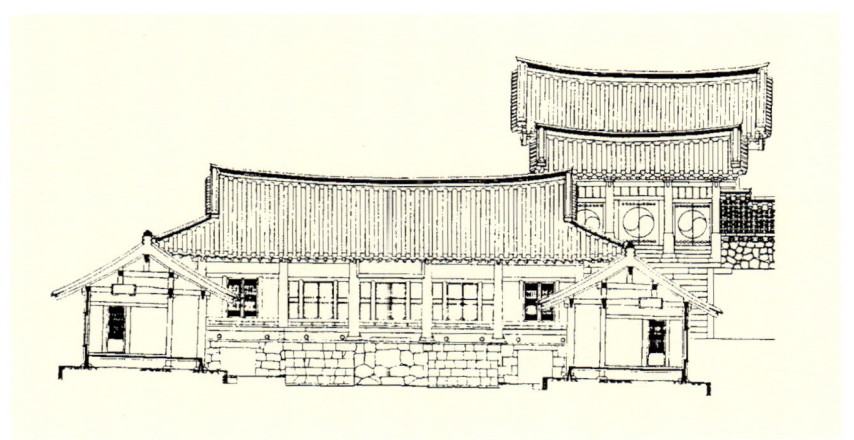

↗ **입교당과 사당의 집합적 형태** 김봉렬 도면.

스스로 공부하여, 보름에 한 번씩 열리는 강회講會 때 교수진 앞에 불려나가 공개 구술시험을 치른다. 여기서 합격하면 다음 과제를 부여받지만, 떨어지면 같은 과제로 다시 유급하게 된다. 강회가 열리는 공간이 바로 강당의 대청이고, 서원건축 가운데 가장 핵심적인 공간이 된다. 원장은 대청 가운데 앉고 동재생들은 대청 동쪽에, 서재생들은 서쪽에 앉는다. 당연한 이야기지만 대청의 규모는 학생들의 정원에 맞추어져 있다. 강회 때 원장석에 앉아 앞쪽 병산을 내다보는 경관이야말로 병산서원 최고의 장면일 것이다. 만대루의 높이와 위치도, 동·서재의 스케일도, 이 지점에서의 경관에 맞추어져 있기 때문이다.

입교당은 1.8m의 높직한 기단 위에 놓여 있다. 기단 전면의 양 끝에는 과장되어 보일 정도로 커다란 아궁이가 뚫려 있다. 물론 바로 위의 온돌방들을 난방하기 위한 시설이다. 그러나 보통의 경우 아궁이를 건물 측면에 두어 눈에 띄지 않게 하거나 전면에 있더라도 잘 보이지 않도록 처리하는 데 비해, 이처럼 과장된 형태에는 특별한 의도가 있으리라 짐작된다. 게다가 아궁이 바로 옆에는 육중한 계단의 괴체가 놓여 있다. 따라서 기단의 형태는 허-실-허의 순열로 구성된다. 바로 위 벽체 부분은 반대로 방-대청-방의 실-허-실의 순열이다. 허와 실의 조합이 집합의 기본 구성 요소라는 점은 이미 말했지만, 입교당은 수평적인 반복 조합 말고도 아래위가 허-실의 조합을 이룬다. 입교당의 형태는 완벽한 허와 실의 매트릭스로 구성된다. 집합의 원리가 입면 형태에도 적용된 예다.

동재와 서재의 형식

동재와 서재의 구성은 대칭적이다. 따라서 마당을 중심으로 각각 서향과 동향으로 배치되었다. 두 건물의 용도가 학생들의 기숙사임을 상기한다면, 일조의 조건은 매우 불리하다. 불교사찰의 경우 대웅전 앞 좌우의 승방들이 대칭으로 배치되더라도 각 승방에 낱개채를 달아 실재 거실들은 모두 남쪽을

─ **입교당 서측면** 2개의 서로 다른 창문이 이색적이다.
─ **입교당의 대청** 교수진과 학생들이 모여 앉아 강회를 벌이던 곳이다.
↙ 서측 들창에서 보이는 마늘봉
─ 원장실에서 동재와 만대루를 감시한다

향하도록 배열된다. 서원에는 이러한 적극적인 방법이 고려되지 않는다. 성리학적 수양이 어느 정도의 육체적 고통을 인내하는 수련 과정이라 하더라도, 이러한 형식적 배열은 예학의 명분론에서 그 이유를 찾아야 할 것이다.

두 건물 각각은 크고 작은 2개의 방과 가운데 1칸 마루로 구성된다. 강당 쪽의 작은 방은 학생회장격인 유사有司[20]의 독방이거나, 서적을 보관하는 장서실이다. 2칸 큰 방은 학생들이 단체로 기거하는 방이다. 물론 좌고우저의 원리를 좇아 동재에는 상급생들이, 서재에는 하급생들이 기거한다. 향교라면 동재는 양반 자제들이, 서재는 서민 자제들이 이용하도록 명문화되어 있다. 비록 2칸이라 하더라도 방은 매우 좁다. 계산해본 결과 방 하나에 촘촘히 누워서 잘 수 있는 한계는 10명이었다. 결국 서원에서 수용할 수 있는 학생 수는 20명에 불과했다는 말이 된다. 한때 90여 명에 달했던 입학생들을 다 어디에 수용했을까 하는 의문이 남는다. 완전 기숙을 하는 경우는 그다지 많지 않았고 가까운 거리에서는 통학을 했다고 전하며, 그외의 학생들은 서원 마을에서 하숙을 했다고 한다. 지금 대학의 거주환경과 매우 흡사하다.

20_ 단체의 사무를 맡아보는 직무나 사람을 일컬으며 집사執事라고도 한다.

↙ **동재와 서재의 형식적 관계** 서재의 마루에서 바라본 풍경.
↙ **동재와 서재의 일상적 관계** 동재의 창을 통해 본 풍경.

□ **만대루 2층 누마루에서 강당인 입교당 쪽을 바라본 모습** 강당 건물인 입교당은 가르침을 바로 세운다는 의미로, 서원에서 가장 중요한 위치에 자리한다.

병산서원의 절정, 만대루

만대루가 있기 때문에 병산서원이 있다. 7칸의 매우 좁고 기다란, 이 간단하고도 괴이한 건물에 병산서원의 집합적 질서가 축약되어 있기 때문이다. 누각의 명칭은 두보杜甫(712~770)의 오언율시 「백제성루」白帝城樓의 "푸른 절벽은 오후에 늦게 대할 만하니, 백제성 계곡에 모여 진하게 노니네"에서 빌려왔다.[21] 석양 녘 만대루에 올라 푸른 병산을 바라보는 정경에 딱 들어맞는 시구다.

앞서 말한 대로 만대루는 인공적인 서원건축과 자연 사이의 매개체다. 현재는 만대루 앞에 대문채가 있지만, 원래는 만대루 동쪽에 조그맣게 자리했던 것을 이건하였다.[22] 과거에는 서원의 물리적인 경계 역할도 했음을 알 수 있다. 만대루는 비록 서원의 경역 안에 위치하지만, 그 시각적 소속을 외부로

21_ 강도한산각江渡寒山閣 성고절새루城高絶塞樓 취병의만대翠屛宜晚對 백곡창심유白谷倉深遊. 또한 주희朱熹가 경영한 무이정사武夷精舍에 만대정晚對亭이라는 정자가 있었다.
22_ 『입교당중건일기』立敎堂重建日記, 1921년의 일이다.

병산서원 강당에서 만대루를 통해 낙동강을 바라보다 서원 앞으로는 낙동강이 흐르고 강 건너에는 병산이 병풍처럼 펼쳐져 있다.

취급하기도 한다. 병산서원의 재미있는 규정 가운데 과거 급제자들의 환영잔치에 대한 대목이 있다. "서원 출신 급제자들이 귀향하면 광대패들이 유희를 벌이는데, 절대 서원 안으로 들어오게 하지 말고 만대루 바깥에서 연희를 벌이게 하라"는 규정이다.[23] 유희는 벌이되 서원 바깥에서 일어나며, 서원 안의 유생들은 만대루를 객석으로 삼아 바깥의 놀이를 즐기는 구도가 된다. 즐길 것은 다 즐기면서 서원의 도덕성을 유지하려는 묘한 장치다.

만대루의 길이는 강당군의 전면을 뒤덮을 만큼 길다. 현재는 7칸이지만, 안마당의 크기가 더 컸다면 9칸, 11칸도 되었을 것이다. 만대루 평면의 비례를 따지는 일은 무의미하다. 이 건물은 자체로서의 존재 목적이 없기 때문이다. 한때 만대루 위층에 방을 들이기도 했지만,[24] 곧 시행착오로 밝혀져 철거되고 말았다. 만대루는 텅 비어 있어 아무 기능도 갖지 않는 것이 존재 이유다.

[23] 『병산서원기사』屏山書院記事(1717년) 가운데 「원사절목」院事節目의 규정.
[24] 『입교당중건일기』. 만대루의 동서 두 칸씩에 장판각과 장서실을 설치했다.

아래층에서 본 만대루와 입교당의 관계 만대루 밑을 통해 마당으로 들어서면 맞은편에 강당 건물인 입교당이 자리한다.

만대루는 외부 경관에 대한 시각적 틀(picture frame)이다. 만대루 위에 올라 자연을 음미하는 것도 일품이지만, 강당 대청 가운데 원장 선생의 자리에 꼭 앉아보아야 한다. 외부 자연경관을 수평적으로 나누고 있을 뿐 아니라, 경치를 수직적으로도 나누고 있다. 만대루의 마루 면과 지붕 사이로는 낙동강의 흐름만이 포착된다. 지붕 위로는 병산이 독립된 배경으로 나타나고, 마루 밑 아래층으로는 대문간이 들어온다. 정확한 계산을 통해 사람의 통행과 강물의 흐름 그리고 산의 우뚝함을 도자화하도록 한다. 만대루는 그러한 위치, 그러한 높이로 서 있는 타자를 위한 존재다. 만대루 자체만 보면 공허한 건물이지만, 자연과 인공의 관계 속에서 비어 있음으로 가득 찰 수 있는 프레임이다.

만대루 위에서 앞의 병산을 쳐다보면 7칸의 프레임으로 나누어지는, 문자 그대로 7폭의 병풍산(병산)이 된다. 눈을 돌려 강당을 쳐다보면, 역시 하나의 액자 속에 들어오는 그림과 같이 손에 잡힐 듯 가깝게 강당이 서 있다. 시각적인 거리를 단축시키는 힘은 바로 프레임의 착시에서 발생한다.

집합의 역사

한국건축사는 변화의 연속

한국을 포함한 동양의 건축은 수천 년간 크게 변하지 않았다고들 한다. 이러한 인식은 중국에는 중국의 건축 양식, 한국에는 한국의 건축 양식처럼 단 하나의 양식이 존재했다는 정체론으로 확대된다. 물론 건물만을 대상으로 삼으면, 양식적 정체론은 타당하게 보인다. 중국 한漢나라 대에 생성된 목조건축의 구조 시스템이나 공포栱包의 형식은 2천년 후인 청淸나라 대에도 큰 변화가 없이 지속되었고, 여말선초의 봉정사 대웅전이나 조선 말 경복궁 사정전思政殿의 형식은 바뀌지 않았다. 로마네스크-고딕-르네상스로 이어지는 서양건축사의 역동적인 양식사적 전개가 동양의 건축, 특히 한국건축사에는 나타나지 않는 듯하다. 무발전적인 정체성이야말로 한국건축사 수용에 가장 커다란 허탈감으로 작용해왔다. 도대체 우리의 선조는 2천 년간 무엇을 한 것일까?

그러나 건축의 정의를 건물에서 집합으로 바꾸어놓으면, 그러한 정체론 역시 거대한 허위의식임이 드러난다. 기하학적 질서에 충실한 황룡사皇龍寺의 건축과 유기적 질서의 통도사通度寺 건축은 전혀 다른 유형이며, 상반되는 건축적 개념이다. 신라시대 경주의 도시 계획과 도시건축의 이론은 조선 후기 신도시 수원에는 더 이상 적용되지 않는다. 물론 경주의 성문이나 수원의 성문은 유사한 형태와 구조를 이루지만, 수원화성과 도시의 전체 구조는 경주와는 비교할 수 없을 정도로 발전적이며 역동적이다. 집합으로서의 건축사

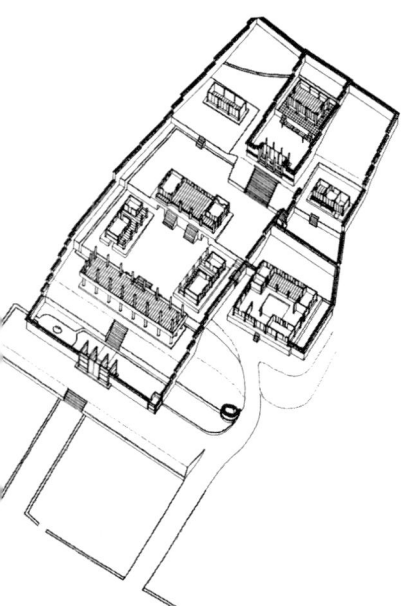
병산서원 외부 공간 조직도 김봉렬 도면.

를 재구성하면, 확연히 구분되는 시대적 양식들을 발견할 수 있다. 뿐만 아니라 궁궐과 사찰, 서원 등 건축 유형 사이의 형식적 차이, 지역문화에 따른 지역적 차이도 확연히 드러난다. 한국의 건축을 집합체로 인식해야 하는 현재적 요구가 여기에도 있다.

서원건축사의 전개 과정

서원건축의 집합 형식 역시 많은 변화를 겪어왔다. 크게 세 시기로 구분한다면, 각 시기마다 뚜렷한 대표 형식을 갖게 되고, 대표 형식은 다시 지역적 변화와 함께 학파적 또는 개별적으로 변용한다. 또한 그 집합 형식들은 정치·사회적으로 복잡하게 구성된 서원제도의 변화에 직접적으로 대응하는 것이다.

서원제도의 변화과정은 대략 보급기(16세기)-발전기(17세기)-침체기(18~19세기 초반)-정리기(19세기 후반)의 네 시기로 구분된다.[25] 서원제도사를 총체적으로 이해하기 위해서는 조선시대 전반의 정치사와 향촌사회사 그리고 성리학의 전개과정을 먼저 이해해야 하기 때문에 이 자리에서는 생략하기로 하자. 단지 나타난 물체적 형식으로서의 세 가지 시기적 유형을 지적할 수 있다. 이를 간략히 초기 형식-중기 형식-후기 형식으로 이름 붙인다. 초기 형식은 서원 보급기에, 중기 형식은 발전기와 침체기에, 후기 형식은 정리기에 대응한다고 할 수 있다.

초기 형식에 해당하는 서원의 건축들은 거의 남아 있지 않다. 물론 임진왜란의 피해 때문이다. 퇴계가 직접 경영했던 이산서원伊山書院, 퇴계학파의 본거지이며 최대 규모였던 여강서원 등은 흔적도 없이 사라졌다. 다만 한국 최초의 서원인 소수서원紹修書院(백운동서원白雲洞書院)이 남아 있어서 그 대강만을 짐작할 뿐이다. 소수서원만으로는 단정하기 어렵지만, 초기의 건축은 형식이라 부르기 어려울 정도로 자유스러웠던 것 같다. 물론 서원이 갖추어야 할 최소의 기능인 강당-사당-숙사-장판각 등은 구비되었지만, 이들 간의 유기적 질서를 찾아내기는 무척 어렵다. 확실한 것은 서원의 제도가 비록

25_ 민병하, 「조선시대의 서원교육」, 『대동문화연구』 17집, 성균관대학교 대동문화연구소, pp.236~238. 송긍섭은 「이퇴계의 서원교육론 고찰」(『퇴계학연구』 2집)에서 창업기-정초기-변화 전기-변화 후기로 나누고 있으나 민병하의 분류와 유사하다.

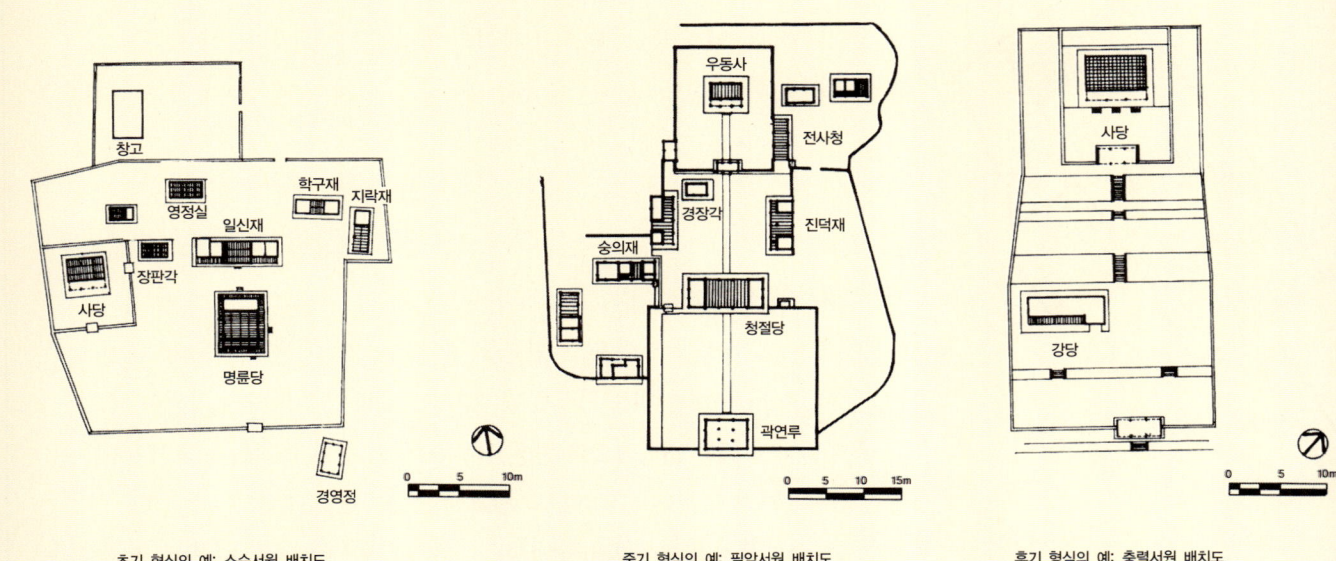

초기 형식의 예: 소수서원 배치도   중기 형식의 예: 필암서원 배치도   후기 형식의 예: 충렬서원 배치도

▷ 서원건축의 전개 과정 김봉렬 도면.

중국의 예를 규범으로 삼았지만, 건축 형식은 중국의 원형과는 무관하다는 사실이다. 매우 규범적이고 기하학적으로 구성된 중국 서원의 형식과 소수서원을 비교하는 것은 무의미하다. 소수서원의 경우, 강당을 중심으로 숙사들이 배열되고 그 뒤 한편에 사당이 위치하는 것으로 보아, 초기 서원이 제사기능보다 교육기능을 우선시했다는 점은 명확하다. 병산서원의 경우에도 초기에는 강학 공간만이 마련되고 후에 제사 공간이 부가되는 순서를 이미 밝힌 바 있다.

중기 형식들은 현존하는 유명 서원들의 전형이라 해도 무방하다. 병산서원을 위시하여 도산서원, 옥산서원, 도동서원 등이 여기에 속한다. 중심축 선상에 누각과 대문, 강당, 사당을 일렬로 세우고 필요 시설들을 여기에 부가하는 형식이다. 중기의 형식은 다양한 지역별 변형들이 존재한다. 특히 충청·호남권의 서원들은 영남의 형식과는 대조적이다. 장성 필암서원筆巖書院의 경우, 중심축의 위상은 지켜지지만 동·서재가 강당의 뒤에 붙음으로써 사당 영역과 강당 영역이 하나로 통합된다. 그렇다고 호남권 서원들의 교육기능이 약했다고 단정할 수는 없다.

이러한 소위 전당후재형前堂後齋型은 서원건축뿐 아니라 이 지방의 향교건축에도 보이는 일반적인 유형이기 때문에, 하나의 지역적 전통으로 보아야 할 것이다. 왜 이러한 형식이 정착되었는지 명확하게 대답하기는 어렵다. 단 대체적으로 이 지방의 지형이 영남과 같이 경사지가 많지 않아 평지를 선호했으며, 기호학파의 학문적 성향이 영남학파와는 달랐다는 데서 그 원인을 찾고 있다. 영호남 할 것 없이 중기 형식들은 서원건축의 집합적 형식을 대표하는 것으로서, 성리학과 예학의 절대적인 규범이 형상화된 것들이다.

후기 형식은 강학기능이 거의 소멸되고 향사기능만 남았던 시기, 서원의 부정적인 역기능이 한창일 때의 형식이다. 교육기관으로서의 역할이 거의 없으므로 동·서재가 필요 없고 강당도 약화된다. 대신 문벌과 지역사회 주도권을 위한 향사기능은 확대되어 사당이 서원의 중심적 위치로 부상한다. 또 흥선대원군의 서원철폐를 겪을 때, 그 명맥을 부지하기 위해 많은 편법들이 고안되었다. 강당 부분을 철거하고 단순한 사당으로 남았던 예, 사당 부분을 없애고 강당만으로 서당의 이름을 걸어 철폐를 면한 예, 또는 강당을 다른 곳으로 옮겨 강당과 사당을 분리·유지했던 예들이다. 그 결과 서원건축은 형식적 완결성이 사라지고, 집합적 질서도 해체되어버렸다. 대원군의 실각 후 많은 서원들이 재건되었지만 이미 기능과 사회적 필요성 그리고 유형으로서의 생명을 잃어버린 후여서, 건축적으로 주목할 대상은 나타나지 않았다.

병산서원은 서원건축사상 형식적 운동이 가장 활발할 때 지어졌고, 당대의 규범만을 맹종한 것이 아니라 여러 부분의 변화를 통해 독자적인 건축으로 완성되었다는 점이 부각된다. 또한 집합적 관점에서 본다면, 4세기에 걸친 서원건축의 전개과정도 역동적인 역사로 재구성할 수 있다는 가능성을 확인한다.

주변의 건축,
건축적 원형

병산서원과 관계되는 주변의 건축은 서애의 고택인 하회 충효당, 서애가 경영했던 원지정사遠志精舍와 옥연정사, 그리고 서애의 장형인 류운룡柳雲龍(1539~1601)의 양진당養眞堂과 겸암정사謙菴精舍 등 하회마을 전체의 건축으로 확대된다. 또 봉정사 부근의 숭실재崇室齋(금계재사金溪齋舍)는 류씨 가문의 재실로 병산서원과도 깊은 관계가 있다. 풍산 류씨들의 건축은 별도로 다루어야 할 만큼 양적 규모와 질적 깊이가 있기 때문에 모두 생략하고, 류성룡이 직접 건축한 원지정사와 옥연정사만을 살펴보기로 한다.

병산서원의 축도, 원지정사

원지정사는 하회마을 북쪽, 옛 풍남초등학교 뒤편에 자리잡았다. 서애가 34살 때 벼슬에서 잠시 물러나 은거하던 곳이고, 노후 병이 들었을 때 약을 들며 정양靜養한 뒤 완쾌한 곳이다. 정사 1동과 누각인 연좌루燕座樓 1동으로 이루어진 간단한 구성이다. 정사와 연좌루는 직각으로 배치되어 있고, 두 건물 모두 화천花川[26] 건너편 부용대를 향하고 있다.

    정사 건물은 2칸 방과 1칸 마루의 3칸 건물이고, 연좌루는 2×2칸의 작은 누각이다. 두 건물의 스케일은 매우 축소되어 있어서 마치 모형 건물 2동을 배치한 인상이다. 연좌루의 높이는 1층 1.3m, 2층 2.0m로 갓을 벗고도 허리를 굽혀야 겨우 들어갈 수 있는 정도다. 류성룡 개인을 위한 스케일 조정임

[26]_ 하회마을 앞을 흐르는 낙동강 줄기의 별칭.

연좌루 위에서 본 풍경

원지정사와 연좌루

을, 그리고 서애의 소박한 선비정신을 느낄 수 있는 장소다. 정사 건물은 마치 병산서원의 동재나 서재를 보는 것 같다. 3칸 중 1칸을 대청으로 할애하고, 전면에 툇마루를 달아 역시 허와 실의 대비, 그리고 축소된 스케일을 보완할 수 있는 공간적 깊이를 확보했다. 연좌루는 국내에서 가장 작은 규모의 누각일 것이다. 그러나 거기에 담겨 있는 경관과 의미는 결코 작지 않다. 현재는 무분별하게 심어진 수입종 미루나무들 때문에 경관이 가려 있지만, 이 작은 누각에 오르면 화천과 부용대, 그리고 멀리는 원지산의 경관이 한눈에 들어온다. 병산서원이 추구하고 있는 경관 끌어들이기와 프레임의 구조가 이미 여기에 존재하고 있다. 아무런 수사와 가식이 없는 연좌루에서 투명한 공간으로 가득한 병산서원 만대루의 원형을 본다.

    원지정사는 비록 규모는 작지만, 수학과 휴식이라는 유교적 수양의 기초 기능을 충실히 포용하고 있다. 병산서원의 기능은 여기에다 향사享祀의 의례만 추가된다. 원지정사와 연좌루의 기묘한 집합은 입교당과 만대루로 집합된 병산서원을 연상케 한다. 실체와 허체의 결합, 엄격한 수양과 이완된 여유의 공존, 인공의 공간에 자연경관을 끌어들이기 등 서애가 사랑했던 공간과 장소의 개념이 후진들에 의해 병산서원에 전수된 것은 아닐까?

『징비록』의 산실, 옥연정사

옥연정사는 하회마을에서 화천을 건너 부용대 쪽 나루터 바로 위에 있다. 부용대를 사이에 두고 동쪽에 옥연정사, 서쪽에 겸암정謙菴亭이 자리한다. 겸암정은 서애의 친형인 류운룡이 경영하던 건물로 옥연정사와 마찬가지로 휴양과 독서를 위한 시설이다. 하회 류씨들의 2대지주인 류운룡·류성룡 형제와 관련된 건축들은 항상 하나의 쌍으로 사이좋게 존재한다. 양진당-충효당의 쌍, 빈연정사賓淵精舍-원지정사의 쌍, 겸암정-옥연정사의 쌍, 그리고 거리는 멀리 떨어져 있지만 화천서원花川書院-병산서원의 쌍. 실상은 양쪽 후손

옥연정사 입구를 통해 보이는 경관
울창한 나무들이 바로 앞의 백사장과 화천의 경관을 차단하고 고적한 수양 공간을 형성한다.

들이 치열하게 벌여왔던 내적 경쟁과 외적 단합의 표상들이다.

옥연정사는 절벽 위 숲 속에 한적하게 자리잡았다. 울창한 나무들은 바로 앞의 백사장과 화천의 경관을 차단하고 고적한 수양 공간을 형성한다. 물론 마음만 먹으면 나무들 사이로 유장한 강변의 경치를 선택하여 볼 수도 있다. 이곳은 임진왜란 최고의 기록문학인 『징비록』의 산실이기도 하다. 전쟁이 끝난 후 고향에 은거하여 전쟁의 참상과 위정자들의 실책을 반성하고 비판하는 '과거를 징계하고 앞날을 삼간다'는 취지의 책이다. 서애는 퇴계의 수제자로 인정될 만큼 뛰어난 학자로 출발하여 명名정치가이자 전략가로서의 자질을 발휘하고, 은퇴 후에는 사회비평가이자 문학가로서의 풍모를 보여준다. 조선시대 지식인들의 이상이었던 통합적 인간의 전형을 그의 생애에서, 그의 건축에서, 다시 한번 확인할 수 있다.

절벽 위 좁은 대지에 터를 잡았고, 건물들 앞을 지나는 폭넓은 통로 양쪽에 대문을 달아서 통로를 마당으로 전용하는 수법을 보여주기도 한다. 건물은 정사 2동과 행랑채 2동으로 이루어졌다. 2채의 정사는 서로 엇물려 있는데 앞쪽의 것이 서애가 사용하던 곳이고, 옆의 것은 제자들의 정사로 짐작된다. 안쪽 행랑채는 앞뒤에 툇마루가 배치되어 2줄로 배열된 겹집의 모습을 갖추고 있다. 앞의 행랑채도 감독하고, 안쪽 정사 건물의 시중도 들 수 있는 묘안으로 구성된 건물이다.

2

한국건축의 창조 과정
부석사

터잡기에서
디테일까지

"한국건축은 어떻게 만들어지는가?" 현명한 사람이라면 이 근원적인 질문에 대해 어설픈 답변을 유보할 것이다. 이런 종류의 질문을 받을 때마다 물어본 이에게 되물어볼 수밖에 없다. "왜 '건축은 무엇인가?'라고 물어보지 않지요?" 한국건축도 대지 조건을 분석하고, 기능을 위한 프로그램을 짜며, 개념을 세우고, 배치 계획에서부터 인테리어까지 각 단계를 계획하고, 디테일을 구상하고 시공하는, 이른바 건축적 프로세스를 조금도 벗어나지 않는다. 최소한의 상식적인 깨달음만 있다면 앞서와 같은 근원을 건드리는 질문이 성립할 수 있을까. 한국건축은 무슨 마법의 결과가 아니라 보편적인 '건축'이기 때문이다.

한국건축 베스트 원

1988년부터 한 5년간, 한 주방가구업체는 건축계에 이색적인, 그러면서도 매우 중요한 공헌을 했다. 전국의 건축과 교수와 건축가 30여 명을 매달 한 번 초청하여 전국의 유명한 한국건축물들을 답사할 기회를 주었다. 이 모임을 계기로 건축학자들은 '한국건축역사학회'[01]를, 건축가들은 '서울건축학교'[02]를 결성하여 건축계에 의미 있는 바람을 일으키게 된다.

답사 일정 중 어느 날 저녁에 '한국건축 베스트 10'을 뽑은 적이 있다. 생각하면 우스꽝스러운 이벤트였지만, 그 과정 속에서 한국건축의 정체성이나 자신들의 건축관을 드러내기 위함인지라 분위기는 꽤 진지했다. 그 멤버

[01] 1989년 창립된 한국건축역사학회는 건축역사, 이론, 비평 등 건축 담론의 생성과 연구를 전공하는 교수, 학자, 건축가들의 연구단체이다. 월례학술토론회와 춘·추계 학술대회를 개최하며, 비중있는 논문들을 다루는 학술지도 발간하고 있다.

[02] 1995년 건축의 미래를 고민하던 일군의 건축가들은 변화의 핵심이 곧 교육에 있다고 판단하여, 기존 국내 건축 대학들의 기술지향적 교육체제를 극복하고자 사설 건축학교를 실험하기 시작했다. 철저하게 건축가를 양성할 목적으로 세워진 '서울건축학교'는 1:1 설계지도와 수준높은 이론 강의, 전국적 규모의 워크샵 등 신선한 교육 내용으로 일대 쇄신의 바람을 일으켰다. 2005년 한국예술종합학교와 통합하여 계절 워크샵 및 건축가들 유대에 주력하고 있다.

▷ **안양루와 범종각** 왼쪽에 자리한 안양루와 오른쪽에 자리한 범종각이 2개의 엇갈린 축선을 이루고 있다.

들은 자타가 인정하는 실력가들이어서 당연히 다양한 의견이 제시되었지만, 가장 높은 점수를 받은 건축물이 바로 영주의 봉황산(태백산) 부석사浮石寺였다. 그런데 부석사를 꼽은 이유는 서로들 달랐다. 어떤 이는 부석사를 둘러싼 자연경관의 웅장함을 꼽았으며, 지형을 적극적으로 이용한 구성의 뛰어남을, 무량수전無量壽殿과 안양루安養樓가 중첩된 빼어난 장면을, 무량수전의 정제된 구조적 아름다움을 꼽는 이들도 있었다. 그만큼 부석사는 다양한 건축적 측면에서 평가되는 대상으로 인식되었다.

이 3권의 책에 담긴 25개 장 가운데 가장 먼저 씌어진 것은 부석사 편이었고, 그 이유 역시 부석사가 갖는 건축적 측면의 복합성 때문이었다. 이 절이 터를 잡고 단청으로 마지막 공정을 마무리하기까지의 건축적 과정을 이해하는 것은, 과거의 건축가들이 무엇을 중요하게 생각했고 어떤 방법을 선택하여 그 개념을 구현했는가를 이해하는 첫걸음이 되리라.

건축의 체·용·상

계획에서부터 시공까지 건축 실천의 과정을 동양적인 인식론으로 환원하자면 체體·용用·상相의 삼대三大로 개념화할 수 있다. 삼대론은 동양적 사유의 가장 근저에 깔리는 개념이며, 굳이 서양정신과 비교하자면 플라톤적 이원론에 해당할 수 있다. 이는 육대六大[03]로 발전하는 불교적 인식에도 적용되며, 이기론理氣論적인 성리학의 근원이 되기도 한다. 건축 계획의 과정을 굳이 삼대론을 통해 살펴보려고 하는 이유는 건축을 만드는 인간과 만들어진 건축물이 서로 분열되지 않고, 자아와 대상이 동일화되는 통일된 세계로서 한국건축을 이해하기 위해서다.

'체'는 모든 사물과 현상의 근본이다. 그것은 본질이며 주체이고 몸이다. 더 구체적으로 말하자면, 한 시대 또는 특정한 문화권의 건축적 원리(principles)를 의미한다. 이는 한 시대의 사회적 정신이기도 하고, 근원적인 건축적 인식이기도 하다. '상'은 체가 나타나는 현상이며 가시적인 결과다. 건축적인 범주에서는 형태와 공간으로 나타나는 각 건축물의 개성이며, 다른 건축물과 구별되게 하는 차연差延(difference)이다. 그러면 '용'이란 체가 상으로 나타나게 하는 작용이며 움직임이다. 이는 다시 지역적 문화의 편차 혹은 주어진 대지의 조건, 또는 특수한 요구 때문에 선택되는 변용(adaptation)이다.

부석사와 같은 종교건축의 계획 과정은 교리와 신앙체계가 요구하는 건축적 원리(體)가 건축가의 해석 특히 지형적 해석을 통해 설정·변용된 전체를 구성하고(用), 섬세한 시각적 조작과 요소들의 선택 그리고 적절한 디테일을 구사하여 공간과 형태의 상(相)을 구현하게 된다. 그리고 이들은 매우 조직적인 그물 속에서 서로 작동하는 관계를 형성한다.

03_ 불교의 한 종파인 진언종에서는 지地·수水·화火·풍風·공空·식識 등 우주에 무한히 채워진 이 6원소를 만물을 구성하는 근본실체根本實體로 보았다. 이와 비슷하게 고대 그리스 철학에서는 지수화풍의 4원소를 우주 만물의 구성 원소로 보았다.

창건과 중창에 얽힌
이야기들

의상과 화엄학의 정치사회사

부석사는 신라의 고승 의상義湘(625~702)이 창건한 사찰이다. 한국 사찰들의 창건에 주로 등장하는 인물들은 고구려의 아도화상阿道和尙, 백제의 마라난타摩羅難陀, 신라의 자장慈藏과 원효元曉, 의상 그리고 신라 말의 도선국사道詵國師로 역사상 지명도가 매우 높은 승려들이다. 특히 의상의 인기는 가장 높아서 그가 창건했다는 사찰이 줄잡아 100여 개소가 넘지만, 대부분은 사찰의 유구한 역사를 자랑하기 위해 나중에 가식된 것이다. 기록에 따르면 의상이 창건한 사찰은 양양 낙산사洛山寺와 부석사뿐이고, 유명한 화엄십찰華嚴十刹[04]마저도 대부분 의상의 제자들에 의해 창건되었다고 한다. 더욱이 낙산사는 임진왜란과 한국전쟁, 그리고 2005년의 큰 산불로 여러 차례 불에 타버려서 의상의 체취를 느낄 수 있는 곳은 부석사가 유일하다.

　의상은 삼국 통일 직후 분열되었던 세 나라 백성들을 하나로 묶기 위한 새로운 사회사상과 통치이념이 필요하던 찰나에 등장한다. 그는 통일과 융합을 원리로 삼는 화엄華嚴사상을 수입함으로써 종교지도자로서뿐 아니라 새로운 정치세력의 강력한 자문 역으로 지위를 쌓았다. 의상에 대한 여러 측면의 평가 가운데 한 가지는 그가 매우 정치적인 인물이었다는 점이다.[05] 의상은 비록 크게 융성하진 않았으나, 진골계층의 가문에서 태어나 20세를 전후해 출가한 것으로 전한다. 의상은 젊은 시절 두 차례에 걸쳐 당나라에 유학을 시도하였다. 첫 시도는 650년, 아직도 세 나라가 대립하던 시기에 과감히 고

[04]_ 신라시대의 승려인 의상이 당唐나라에 가서 지엄智儼에게 『화엄경』華嚴經을 배우고 돌아와 불교 화엄종을 전교傳敎하기 위해 창건한 10개 사찰.

[05]_ 김두진, 『의상-그의 생애와 화엄사상』, 민음사, 1995, p.27. 의상이 출가한 황복사는 김춘추 등 사륜계(비 태자계) 왕실세력의 원찰이었고, 청년 의상이 동세대인 사륜계 세력과 가까워진 것은 필연적이었다. 입당이나 귀국 동기는 물론 귀국 이후에도 왕권을 배경으로 활동하였다.

구려를 통해 중국으로 건너가려고 밀입국하였으나 곧 고구려 군에게 붙잡혀 신라로 호송되었다. 이때 동행한 동료가 바로 원효대사였다. 굳이 고구려를 거치는 육로를 택한 이유도 정치적 첩보활동에 목적이 있지 않았나 싶다.[06] 10년 후인 661년, 백제 멸망 직후에 경주에 왔던 중국의 사신을 따라 드디어 중국 유학의 꿈을 이루게 된다. 왕권의 비호가 없었다면 불가능했을 국가의 공식 유학생이었던 것이다.

선묘낭자와 부석사 창건

의상이 도착한 곳은 당시 중국의 중요한 무역항이었던 양저우揚州였고, 주 정부의 융숭한 대접을 받으며 한 고관의 집에 유숙하게 된다. 그 집에는 어여쁜 낭자가 있었으니 그녀의 이름은 선묘善妙. 부석사 창건에 중요한 역할을 한 인물이다. 의상과 선묘, 두 남녀 사이에는 국경과 나이와 종교적 신분을 초월한 애절한 사랑이 싹텄다. 그들의 관계가 어느 정도까지 깊었는지는 알 수 없지만, 670년 당나라의 신라 침공 계획을 입수한 의상이 급거 귀국할 때, 동반 귀국이 좌절된 선묘는 바다에 투신하여 이루지 못한 세속의 사랑을 마감하였다.[07]

의상이 귀국한 후 양양에 관음도량인 낙산사洛山寺를 창건하고, 경주에서는 황복사皇福寺에 머무르면서 문무왕의 고문으로 활약한 것 같다. 또한 676년 왕명에 의하여 태백산(정확히는 소백산)에 부석사를 창건하고 드디어 화엄의 교학을 펼치기 시작하였다. 『송고승전』宋高僧傳에는 창건 당시의 사정이 전해지는 바, 의상이 자신의 교학을 펼치기에 적합한 곳을 마침내 발견하였는데, 이곳에는 이미 다른 종파의 무리(권종이부權宗異部) 500명이 둥지를 틀고서 부석사 창건을 방해하고 있었다. 이때 선묘낭자가 용으로 변신하여 공중에서 거대한 바위를 떨어뜨렸고 이 불가사의한 광경을 목격한 기존의 무리들이 항복하여 부석사의 창건이 이루어진다.

이 설화의 사실성 여부와는 관계없이 당시 의상의 정권 내적 위치나 그

06_ 『송고승전』에 전하는 「석의상전」釋義湘傳에는 의상과 원효의 입당 시도에 얽힌 유명한 일화가 전한다. 두 사람이 고구려 국경을 넘기 전날, 큰 비를 맞아 망가진 무덤 안에서 밤을 보내게 된다. 밤중에 갈증을 못 참아 겨우 구한 물을 마시고 잠을 이루었으나, 아침에 일어나보니 그것은 해골이 썩은 물이었다. 이 극적인 체험을 겪고 원효는 그의 일생을 좌우할 결심을 하게 된다. "온 세상은 마음에 달려 있고 모든 이치는 지식에 달려 있으므로, 마음 밖에 법이 없거늘 어찌 다른 곳에서 구하겠는가? 나는 입당하지 않겠다." 동료의 깨달음에도 불구하고 의상은 유학길을 강행하였다.

07_ 『송고승전』에는 선묘가 용으로 변신하여 의상의 귀국 배편을 보호한 것으로 기록되어 있다.

의 화엄교학의 내용을 본다면, 부석사 창건은 통일 직후 신라에 있어서 매우 정치적인 사건으로 해석될 수 있다. 비록 통일전쟁에서 승리는 하였지만 이후 신라 왕권의 영향력은 소백산맥 이남을 벗어나지 못했으며, 특히 당시에는 백제와 고구려 유민들의 반항이 아직 수그러들지 않았던 혼란기였다. 그리고 부석사의 입지가 옛 신라와 고구려의 국경 관문이었던 죽령 일대를 경영할 수 있는 곳임을 되새겨본다면, 부석사의 창건은 바로 신라 국경의 중요한 전략적 거점을 확보한 것으로 해석될 수 있기 때문이다. 의상이 귀국 직후 동해안의 국경 지점에 낙산사를 창건한 사실도 역시 같은 맥락에서 해석할 수 있고, 부석사 창건을 방해한 권종이부는 다름 아닌 고구려 부흥세력이 아닐까 추정된다. 정치·군사적 관점에서 본다면, 소백산맥의 연봉들이 중첩되어 전개되는 장엄한 파노라마를 볼 수 있는 부석사 입지 선택의 또 다른 이유를 이해할 수 있을 것이다.

▽ 부석사 선묘각
◁ 부석사 서쪽의 뜬 돌

신림에 의한 중흥

창건에 지대한 도움을 준 선묘낭자와 관련하여 무량수전 서쪽에 뜬 돌(부석浮石)이 놓여 있고, 동쪽에 조그마한 선묘각이 세워졌다. 또한 무량수전 본존불 아래로부터 앞마당 지하에 돌로 만든 용을 묻어 영원한 수호신으로 삼았다고 전하며, 일제 때 행한 발굴에서 허리가 잘린 석룡의 몸체가 앞마당에서 출토되었다는 기록이 있다.[08] 현재 보는 바와 같이 대석단을 쌓은 기본 구조가 완성된 시기는 9세기 후반 경문왕景文王 시기(861~874)라고 추정된다. 대석단의 수법이 이 시기에 세워진 원원사遠願寺나 망해사望海寺 등과 유사하고, 무량수전 앞의 석등도 이 시기에 만들어졌기 때문이다. 또 9세기 후반은 의상의 법손인 신림神林과 그 후예들이 주축이 된 부석사 중심의 화엄교파가 신라 정부의 적극적인 후원으로 일세를 풍미할 때이기도 했다. 부석사의 대석단은 막대한 인력이 소요되는 대역사이며, 변방 첩첩산중의 사찰이 자체적으로 수급하기에는 턱없는 공사였기에 정권의 후원 없이는 불가능한 것이었다. 그렇

08_ 김보현 외, 『부석사』, 대원사, 1995, p.17. 김보현의 견해에 따르면, 선묘 설화는 화엄교학이 종파적 체계를 갖추는 9세기 중엽에 완성된 것으로 추정하며, 이를 통하여 화엄종의 발상지로 부석사의 입지를 굳히려는 의도였을 것이다.

안양루와 무량수전의 두 모습 또 다른 안대를 향하여 축을 굴절시킴으로써 입체적인 중첩의 효과를 얻는다. 안양루 좌측 대석단 아랫단에 법당이 있었다.

다면 창건 당시의 모습은 어떠했을까? 비록 부석사를 창건하였다고는 하지만, 기록에 따르면 의상은 부석사에만 머물지 않고 태백산과 소백산 일대의 여러 곳에 초막과 토굴을 마련하여 제자들에게 화엄강론을 열었다고 전한다. 이 기록들을 근거로 하여 부석사가 지금과 같은 대가람을 구성하였다면, 의상이 여기에 머물지 않고 수천 제자들을 거느리고 여러 곳을 전전하지는 않았을 것이다. 초창 당시 부석사는 초막 몇 채로 이뤄진 매우 청빈한 수도원의 모습이었을 것으로 추정된다. 다시 말하면, 창건주 의상은 부석사 가람의 자리를 잡았으며, 그 법손 신림 대에 이르러 대가람의 건축적 틀을 완성했다고 할 수 있다.

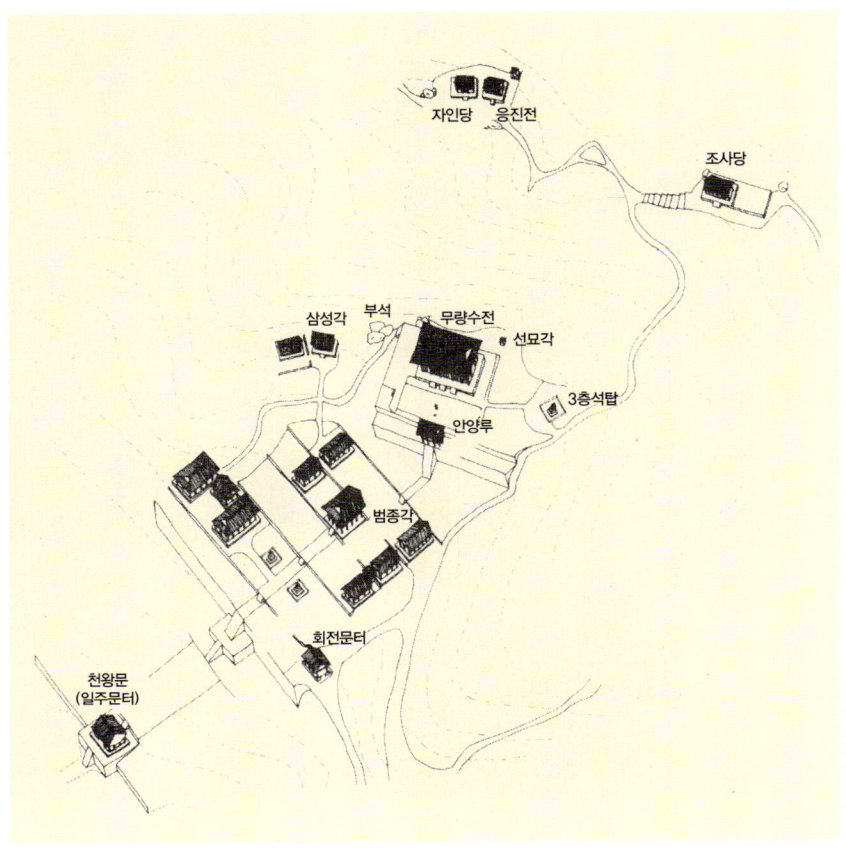

부석사 투상도　김봉렬 도면.

중창과 건축적 특성

고려 초기에는 원융圓融대사가 이곳의 주지를 맡으면서, 대장경을 출간하고 무량수전을 중창하는 등 전성기를 맞이하게 된다. 사찰 동쪽 언덕 위에 원융 대덕 비석이 남아 있고, 여기서 원융은 의상의 화엄관과 건축관을 해석하고 있어서, 부석사 가람구조의 비밀을 해석하는 데 매우 중요한 실마리를 제공한다. 고려 말인 1377년에 원응圓應국사가 조사당祖師堂을 중건하고 그 전해에 무량수전을 중건했다는 기록이 발견되었다. 조사당이 이때 중건된 것은 확실한 사실로 받아들일 수 있지만, 무량수전은 목조 수법상 적어도 조사당보다 150년 정도 앞선 것으로서, 중수重修(대대적인 수리) 사실을 중건重建(다시 지음)으로 잘못 기록하였다는 것이 학계의 정설이다. 그렇다면 무량수전은 적어도 13세기 초기의 건물이 된다.

조선시대에도 역시 수차례에 걸쳐 크고 작은 건물들의 중수와 중건이 반복되었다. 지금은 없으나 기록에 등장하는 건물로는 만월당滿月堂과 같은 승방들, 만세루萬歲樓, 조사당 앞에 자리하였다는 취원루聚遠樓 등이 있었다. 일제강점기인 1916년 무량수전과 조사당에 대한 해체수리가 있었다. '최고의 목조건축'이라는 무량수전의 건축역사적 위상은 이때 자리매김하여, 초등학교 교과서에도 등장하는 유명 건축이 된다. 해방 후인 1967년 대대적인 정비와 함께, 동쪽 골짜기 옛 절터에 흩어져 있던 한 쌍의 3층석탑을 옮겨와 범종각梵鐘閣 좌우에 세웠고, 3구의 불상을 모셔와 뒷산 자인당慈忍堂에 안치하였다. 1977년에는 사역 정화불사를 벌여 일주문一柱門[09]과 천왕문天王門,[10] 그리고 승방들을 지었다. 이때 세워진 일주문과 천왕문의 위치에 대해서는 논란이 있다. 천왕문 자리는 원래 일주문이 있었던 곳이었는데 천왕문을 잘못 세웠고, 일주문을 당간지주幢竿支柱[11] 바깥에 세움으로써 절 입구에 있어야 할 당간지주의 위치가 절 안에 세워지는 잘못을 범했다는 것이다.[12]

부석사는 창건 당시의 정치사회적 여건 속에서 매우 중요한 역할을 수행했을 뿐 아니라, 해동 화엄종華嚴宗의 최고 사찰이라는 종교적 중요성도 갖는다. 그러나 우리에게 더욱 중요한 것은 희귀한 고려시대의 목조건축을 두 채씩이나 가지고 있다는 희소성과 함께, 터를 선정하고 정리하는 안목부터 거대한 자연에 대응하여 종교적인 감동의 장소를 구현한 건축적인 구성의 뛰어남에 있다.

구성의 기법 가운데 큰 특징들로는 첫째, 대지 전체가 여러 단의 석단으로 나뉘어 구축되어 있는 점이다. 둘째, 범종각까지의 구성 축과 무량수전의 축이 분리 굴절되어 있다. 셋째, 무량수전을 비롯한 여러 구성 요소에서 치밀한 시각적 조정이 이루어졌다. 이 특징적 기법들은 각각 교리적인 이유와 지형적 해석, 그리고 부석사 자체의 건축적 개성에서 출발하고 있다.

09_ 사찰에 들어서면서 접하는 첫번째 문. 네 기둥을 세우고 지붕을 얹는 일반 가옥 형태와는 달리, 일직선상의 두 기둥 위에 지붕을 얹는 형태이다.
10_ 불국정토의 외곽을 맡아 지키는 신인 사천왕四天王이 안치된 전각.
11_ 절에서 기도나 법회 등이 있을 때 당幢을 달아 두는 기둥을 당간이라 하며, 당간을 지탱하기 위해 세운 2개의 받침대를 당간지주라 한다.
12_ 김보현 외, 앞의 책, p.65. 건축 부분을 집필한 배병선의 지적이다.

체體,
정토신앙과 의상의 건축관

바로 위 제목 '의상의 건축관'에서 의상이란 특정인을 지칭하는 것이 아니라, 의상과 그 후계자들 그리고 부석사의 건축적 구성에 참여한 익명의 승려들 모두를 일컫는다. 종교건축에 있어서 교리적 해석과 의례의 지시는 건축 구성의 가장 근본이 되는 원리요, 규범이다. 예컨대 로마네스크양식[13]과 고딕양식[14]으로 지은 교회의 건축적 차이는 근본적으로 초기의 아우구스투스 교부철학과 중기에 발생한 아퀴나스의 스콜라철학의 차이에 기인한다. 즉 지상과 천상의 이원론적 신국관神國觀은 어두운 로마네스크 공간을 비추는 한줄기 빛의 형상으로 상징화되며, 스콜라철학의 연역·논리적 구조는 과학적인 고딕 공간의 구성으로 구현된다. 동양도 마찬가지여서 유교건축과 불교건축의 근본적인 차이, 그리고 불교건축 가운데에서도 여러 종파적 유형의 구성은 역시 교리가 지시하는 세계관과 신앙체계가 가지는 인식론적 구조와 특별한 의례에 필요한 기능적 요구들 때문에 발생한다. 따라서 부석사의 건축적 구성에 작용된 의상류의 신앙체계는 건축적 원리 이전의 프로그램으로 작용하기 때문에, 가장 기본적인 구성의 이유가 될 것이다.

정토신앙[15] 근거론과 화엄경 근거론

부석사의 구조, 특히 입구에서부터 깊숙한 곳에 중심을 설정하고 여러 개의 큰 석단들로 전체 대지를 나누어 구성하는 독특한 구성 방법을 해석하는 데

[13] 10~12세기에 유럽 전역에서 발달한 미술·건축양식으로, 아치형의 석조 천장과 이를 받치는 창문 없는 두꺼운 벽 그리고 굵은 기둥을 특징으로 한다. 교회 출입문이나 창을 성서 속 인물이나 동물을 표현한 프레스코화로 장식하였으며, 내부는 어둡지만 중후한 느낌을 자아낸다.

[14] 12세기 이후 로마네스크양식에 뒤이어 나타난 미술·건축양식. 고딕양식의 두 가지 특징으로는 스테인드글라스(색유리)와 첨탑 건축양식을 들 수 있다. 로마네스크양식의 투박함에서 벗어나 얇은 벽, 많은 창, 가늘고 높은 기둥 등 고도로 발달된 건축을 선보였다.

[15] 불교에서 부처나 미래에 부처가 될 보살菩薩이 사는 청정한 국토를 정토淨土라 하는데, 서방정토인 극락세계에서 다시 태어나고자 하는 염원을 담아 아미타불을 염송하는 신앙을 정토신앙이라고 한다.

는 크게 두 가지 주장이 대두해왔다. 첫째는 정토신앙淨土信仰의 체계에 의거하여 아미타불을 주존主尊으로 삼고 삼배구품三輩九品의 교리에 따라 전체 영역을 9개의 단으로 구성했다는 설이고,[16] 둘째는 『화엄경』, 「입법계품」入法界品의 『십지론』十地論[17]을 근거로 10개의 단으로 구성했다는 설이다.[18] 부석사의 기록 어디에도 건축 구성의 근거를 밝힌 내용은 전하지 않기 때문에 두 학설 모두 현재의 해석에 불과하다. 때문에 형성 당시 시점의 정황으로 보아 어느 설이 선택되었을 가능성이 높은가를 살펴보아야 한다.

『화엄경』 근거론은 부석사가 화엄종의 으뜸 사찰이었다는 점, 전체 석단이 10단이라는 점, 그리고 「입법계품」의 최종 단계인 34품의 주인이 비로자나불이 아닌 아미타불인 점에 착안하고 있다. 이 해석을 내부에서 검증하자면 충분히 납득이 가지만, 외부적으로 전제해야 할 두 가지 사실을 간과하고 있다는 점에서 의문을 갖는다.

첫째는 종파적 교리와 신앙의 체계를 혼동하고 있는 점이다. 즉 의상이 비록 사상적으로는 화엄학의 대가였지만, 부석사에 투영된 신앙은 아미타 정토신앙을 근거로 하고 있다는 점이다. 부석사 창건 당시는 화엄학이 막 수입된 시점으로 아직 신라에는 화엄학이 일반화되지도, 화엄학의 복잡 난해한 교리가 이해되지도 않을 때였다. 또한 화엄사상이 화엄종이라는 종파로 체계를 잡은 때는 훨씬 후대인 9세기 말로 보는 것이 정설이다. 따라서 아직 전파되지도 않은 추상적인 화엄사상보다는 당시 일반화되었던 정토신앙을 부석사 창건의 근거로 삼았다고 보는 시각이 타당하다. 특히 의상이 최초로 창건한 낙산사가 관음신앙의 도량임을 상기한다면, 의상 자신은 관음신앙이나 아미타신앙의 실천수행법을 화엄사상 전파를 위한 수단으로 삼았을 것이라 짐작할 수 있다. 의상의 제자들에 의해 창건된 소위 '화엄십찰' 중에서도 범어사梵魚寺는 미륵신앙의 사찰임을 상기한다면, 종파와 신앙이 결코 한 쌍이 아님을 이해할 수 있다.

둘째는 부석사 전체를 이루고 있는 석단 구성의 문제이다. 현재의 천왕문부터 석단이 구성되었지만, 무량수전의 기단까지 석단의 수는 보기에 따라

16_ 김봉렬, 「極樂淨土信仰과 淨土系寺刹의 伽藍構造」, 대한건축학회 논문집, 4권 4호, 1988. 8. 이 주장은 일찍이 고익진에 의해 불교학계에 제기되었으며 김두진 등 다수의 불교학자들이 지지하고 있다. 여러 가지 정황으로 미루어 필자는 아직까지 이 설을 지지한다.

17_ 『화엄경』의 10가지 교리를 뽑아 별도로 만든 책으로, 보살이 가져야 할 10가지 마음가짐, 행해야 할 10가지 행위, 수행의 공덕을 중생에게 돌리는 보살의 10가지 행위, 보살의 10가지 수행 단계 등을 내용으로 한다. 고려·조선시대 승과僧科의 시험과목 가운데 하나였다.

18_ 이 학설은 이원교가 박사학위논문 「傳統建築의 配置에 대한 地理體系的 解釋에 관한 硏究」(서울대학원, 1993)에서 주장하였고, 배병선도 앞의 책을 통해서 지지하고 있다.

9단에서 12단까지 셈할 수 있는 매우 가변적인 구성이다. 따라서 석단이라고 부를 수 있는 기준과 사찰 경역을 설정할 필요가 있다. 우선 현재 천왕문은 원래 일주문터로 잘못 중건되었음을 지적한 바 있다. 따라서 천왕문이 위치한 석단에 교리적 의미를 부여할 필요가 없다.[19] 또한 회전문터 앞의 좁은 석단은 대석단을 오르기 위한 일종의 계단참으로 보아야 하기 때문에 역시 제외되어야 한다. 그렇다면 회전문터부터 무량수전까지 석단은 아무리 많아야 9단을 넘지 못한다. 결국 10지론을 대입한 10단 구성론은 무리가 있다.

정토신앙 근거론을 따른다면 석단 구성의 해석은 비교적 쉬워진다. 우선 회전문터부터 무량수전의 기단까지는 총 9개의 단으로 구성된다. 또 이들은 회전문(터)-범종각(루)-안양루라는 결절점들에 의해 각 3개씩의 작은 단으로 나뉜다. 이 3-3-3의 구성은 곧 『무량수경』無量壽經에서 말하는 삼배구품설三輩九品說의 구조와 대응된다.[20] 구품왕생의 최고 단계인 상품상생의 경우는 무량수전의 내부를 뜻하며, 내부에 들어가면 곧 서쪽에 앉아 동쪽을 바라보고 있는 아미타여래를 만나게 되어 진정한 극락왕생의 염원을 이루게 되어 있다.

극락세계의 건축화

구성 형식상 부석사의 또 한 가지 특징은 주존인 아미타불이 독특한 방향으로 앉아 있다는 점이다. 즉 통상적 방향인 무량수전의 정면 남쪽을 향해 앉아

[19] 1849년에 발간된 『順興邑誌』에는 "······범종각 아래에는 좌5 우6실을 가진 회전문(또는 조계문)이 있고(又有五六堂室有廻轉門曹溪門), 그 앞에 4, 5장 높이의 대석단이 있다. ······ 또 대석단 아래 수십 보 떨어진 곳에 일주문이 있고 거기서 1리 떨어진 곳에 영지가 있다······"고 기록되었다. 여기서 회전문과 조계문은 별도의 문이 아니라, 하나의 문을 부르는 2개의 이름임에 주목할 필요가 있다. 즉 회전문이란 양쪽에 긴 날개채를 가진 솟을대문의 형상에 부여되는 이름이며(청평사 회전문의 예), 조계문이란 사찰의 본격적인 경역 속으로 들어가는 선문이라는 의미상의 명칭이다. 일주문은 사찰의 시작을 예고하며, 본격적인 영역은 중문을 경계로 형성된다. 현 천왕문이 일주문 자리라면, 부석사의 교리적 영역의 시작은 회전문 자리인 대석단 위부터 시작된다.

[20] 삼배구품三輩九品 또는 삼품삼생설三品三生說이란 현세에서의 근기에 따라 극락세계에 왕생하는 9단계의 방법을 말한다. 이는 상중하 3품으로 크게 나누고 다시 각 품은 상중하 3생으로 구분된다. 예컨대 하품하생자下品下生者는 오역죄五逆罪와 십악업十惡業을 저질러 지옥에 떨어질 자이지만, 임종 시에 나무아미타불 열 번만 부르면 극락세계에 왕생할 수 있다. 상품상생자上品上生者는 세 가지 신심信心과 계행戒行과 수양공덕修養功德을 잘 닦은 사람으로서, 이런 사람들은 극락에 왕생할 때 아미타보살이 친히 영접하는 최상의 단계이다.

◢ 부석사 대지 종단면도   김봉렬 작성.

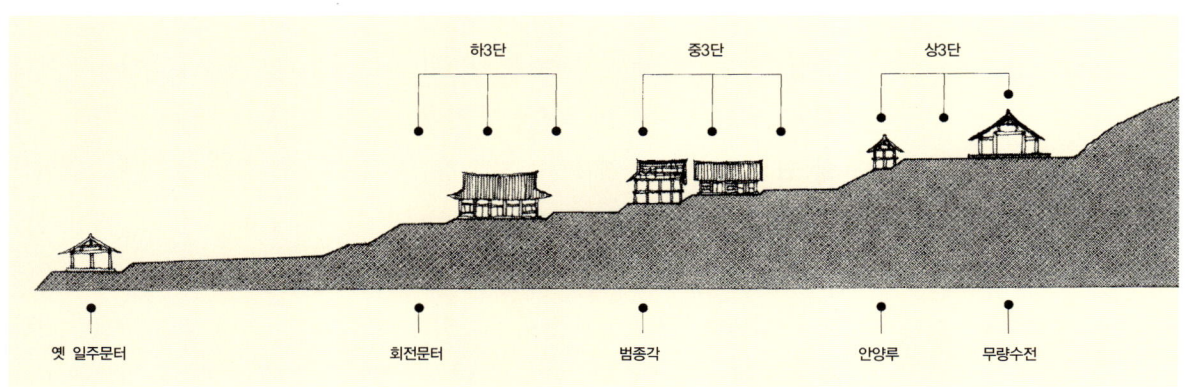

있지 않고, 건물 서쪽 끝에 앉아 동쪽 측면을 바라보고 있는 구도다. 이처럼 건물의 축과 불상의 축이 직각으로 놓인 경우는 흔치 않기 때문에 여기에는 특별한 교리적 의미가 있다고 여겨왔다. 아미타불이 주인인 극락세계는 우리가 사는 곳, 즉 사바세계의 서쪽에 있기 때문에 서방정토라고도 불린다. 더욱 주목할 것은 무량수전 동쪽 언덕 위에 놓인 3층석탑의 존재이다. 또한 무량수전의 전면에는 석탑이 없고 석등만 놓여 있는 것에도 주목해야 한다. 결론부터 말하면, 동쪽의 3층석탑은 무량수전의 아미타불과는 무관한 독립체이며, 아미타불과 대비되는 석가모니불의 상징이라고 할 수 있다. 무량수전의 아미타불은 의상이 말한 일승一乘 아미타불로서 매우 특별한 존재이다. 일반적인 아미타불은 관음-대세지보살이라는 좌우협시불을 대동하는 데 반해 일승아미타는 좌우협시불이 없다. 또한 그는 열반에 들지 않기 때문에 사리묘를 뜻하는 탑을 세우지 않는다.[21] 의상이 추구했던 정토는 내세의 것이 아니라 동시대에 이룩되는 현실정토임을 드러낸다.[22]

종합하면, 극락세계를 상징하는 무량수전 내부에는 서방정토의 주인인 일승 아미타불이 앉아 3층석탑으로 상징되는 동쪽 사바세계를 바라보며 극락왕생자들을 맞이하는 구도이며, 무량수전 앞마당 역시 교리를 따라 탑을 세우지 않고 광명극락을 뜻하는 석등으로 밝히고 있는 구도이다. 모든 구성이 정토사상의 구도를 따르고 있다.

그렇다고 예의 화엄사상 근거론이 전혀 틀린 것은 아니다. 예컨대 주위 형국을 둘러싸고 있는 봉우리들의 이름이 화엄경에 근거한 점, 제7단에 놓인 안양문의 존재, 안양루 아래에 있던 법당(대적광전으로 추정)의 문제 등등을 해석하는 데 많은 실마리를 제공하고 있기 때문이다. 부석사의 구성이 어느 신앙체계를 따랐는가에 지나치게 매달릴 필요는 없다. 오히려 의상이 의도한 바는 화엄과 정토사상의 융합에 있었다는 것이 정확한 해석일 것이다. 중요한 점은 당시 승려들은 건축 구성의 원리를 교리와 신앙의 체계에서 찾으려 했다는 사실이다. 그리고 석단 구성은 곧 건축 구성의 큰 틀을 완성한 것으로, 가장 근본적인 건축적 원리가 되었다는 점이다.

21_ 원융국사비圓融國師碑, 부석사 소재.
22_ 김두진, 앞의 책, p.241.

용用,
굴절된 구성 축과 지형

부석사 가람배치는 크게 두 부분으로 이루어지는데 각각 일주문부터 범종각을 거쳐 안양루 앞까지와, 안양루와 무량수전으로 이루어지는 부분이다. 안양루의 안양安養이란 서방 극락세계를 일컫는 다른 말이기도 하다. 다시 말해서 안양루가 두 세계를 구분짓는 관문인 것이다. 더욱 특징적인 것은 안양루의 아랫부분과 윗부분의 배치 축이 하나의 선을 이루지 않도록 어긋나 있고, 두 축은 약 30도 정도 굴절되어 있는 점이다. 이렇게 분리·굴절된 축의 구성에 대해 많은 의문과 해석이 있어왔다. 시각적 효과를 위해서라는 해석부터, 우연의 결과라는 해석까지 다양한데, 그 가운데 가장 설득력이 있었던 것은 범종루 밑에서 보이는 장면, 즉 안양루와 무량수전이 사각 방향으로 중첩되면서 일체를 이루는 극적인 장면을 연출하기 위해서 축을 굴절시켰다는 해석이었다.

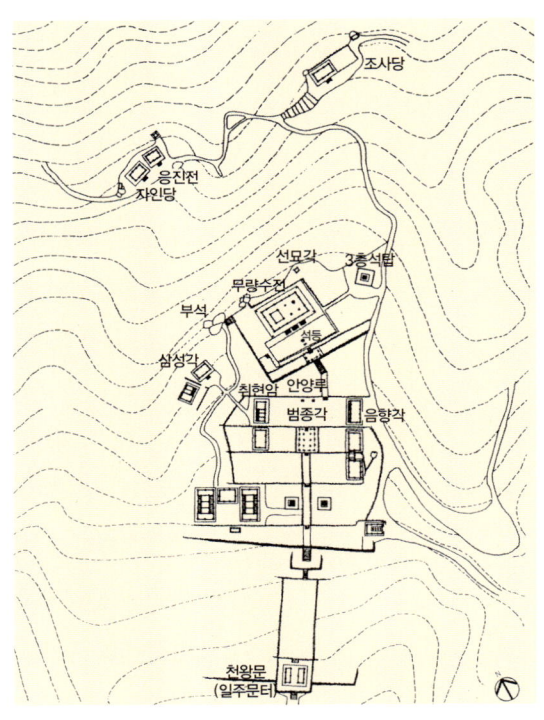

▶ **부석사 배치도**   김봉렬 도면

이는 현상적으로는 매우 설득력을 가진다. 하지만, 부석사를 조성할 당시에는 내부 승려들의 수도처였을 뿐이지 일반 다수의 신도가 접근하기에는 교통이 너무 불편한 곳에 자리했고, 관람객의 눈을 즐겁게 하기 위해 구성의 축을 굴절시키는 모험을 했다는 점은 납득하기 어렵다. 무엇인가 필연적인 이유가 있지 않았을까?

23_ 이원교, 「전통건축의 배치에 대한 지리체계적 해석에 관한 연구」, 서울대학교 대학원 박사학위논문, 1993.

두 개의 안대를 위해 분절된 축

1980~1990년대까지 건축연구실 자군당을 운영했던 최종현 선생과 그의 동지들은 지형의 체계, 특히 산맥과 형국의 생김새가 건축 배치에 지대한 영향을 미친다는 주장을 해왔다. 그 핵심 이론은 건물마다 고유한 안대案帶(바라보는 산 또는 봉우리)를 가지는데, 이 안대의 위치와 형상에 따라 건물의 배치가 결정된다는 가설이었다. 이 주장은 기존의 풍수지리설과는 차원이 다른 이야기였다. 풍수설은 과거의 환경적 패러다임으로 하나의 추상적·전문적인 지식체계였지만, 자군당 측의 가설은 쉽게 수긍할 수 있는 매우 건축적인 내용이었다. 그러나 그 가설을 증명하기 위해서는 구체적인 사례와 공식적인 연구 발표가 필요했다.

이 바람은 이원교의 논문[23]으로 현실화됐다. 이 박사는 이 논문에서 몇몇 사례들을 분석하고 있는 바, 그 가운데 가장 명쾌한 것이 부석사가 처한 지리체계를 해석한 부분이다. 결론부터 말하자면, 안양루 아랫부분의 안대와 무량수전의 안대가 서로 다르며, 그 두 안대의 시각 축이 30도 정도 꺾여 있기 때문에 굴절된 두 개의 축선이 부석사 전체 가람의 기준이 되었다는 예증이다. 이 해석을 실재로 증명하는 일은 간단하다. 범종루 위에 올라보면 멀리 대자연의 파노라마가 정면으로 펼쳐지며, 그 수많은 소백산맥의 연봉 가운데 가장 높은 도솔봉을 향해 범종각이 달려가고 있는 듯하다. 반면 무량수전 앞에서 정면으로 보이

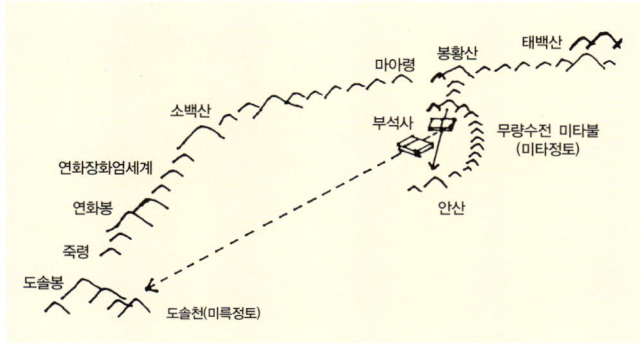

↗ **부석사 광역 지세도 및 2개의 안대**
이원교 작성.

↘ **부석사 지리체계 개념도** 이원교 작성.

범종각과 소백산맥의 연봉들 자연이라는 가장 넓은 정원을 향해 달려가는 부석사의 주축이다.

는 것은 동쪽의 작은 산줄기를 따라가다 돌출되어 있는 작은 봉우리다. 이 봉우리는 취원암(승방) 뒤의 은행나무에 가려 보이지 않을 정도로 낮지만, 무량수전의 안산案山을 이루는 중요한 봉우리다.

   도솔봉과 안산이라는 2개의 안대를 가져 축이 굴절되었다고 하더라도 여전히 의문은 남는다. 그 사실은 현상일 뿐 왜 하필 2개의 안대를 가져야 하는가는 설명하지 못하기 때문이다. 이 점을 이 박사는 교리적인 차원으로 해석한다. 무량수전과 안산으로 이루어지는 관계는 미타정토를 상징하며, 나머지 축과 도솔봉과의 관계는 미륵정토를 상징한다는 것이다. 또 이 가설을 정당화하기 위해 신라 중대에 벌어졌던 미타-미륵정토 논쟁을 원용하고 있다.

24_ 풍수지리설에서 집터나 묏자리의 맞은편에 있는 산을 이르는 말.

■ **무량수전의 안대에서 바라본 모습**
축을 굴절시키지 않았다면 안양루와 무량수전은 이처럼 평면적으로는 중첩된 이상한 모습이었을 것이다.

부석사 아래위 두 절 사이의 입체적인 중첩

그러나 옛 기록을 복원해보면 다른 해석이 가능해진다. 『순흥읍지』順興邑誌에는 안양루 아래에 법당이 있었다고 했고, 겸재 정선의 《교남명승첩》嶠南名勝帖에도 법당이 뚜렷이 그려져 있다. 그 위치는 안양루 대석단 아래, 범종각과 직선상에 놓이는 풀밭이다. 법당 건물의 흔적은 없어졌지만, 아직도 남아 있는 한 쌍의 괘불대掛佛臺는 법당 중심 정면에 놓였던 구조물이다. 또한 괘불대 앞마당에는 과거 석등을 놓았던 흔적이 남아 있다. 법당의 정확한 이름은 기록에 남아 있지 않다. 단지 부석사가 화엄종찰임에 근거해 비로자나불을 모시는 대적광전일 것으로 추론할 뿐이다. 과거 법당이 존재했을 때의 부석사 모습을 상상해보면, 부석사는 법당을 중심으로 삼는 아래쪽 절과 무량수전을 중심으로 하는 위쪽 절로 구성되었을 것이다. 아래쪽 절은 도솔봉을 안대로, 위쪽 절은 안산을 안대로 삼아 각각의 영역을 형성하게 된다.

굴절된 축이 하나의 선을 구성하지 않고 두 개로 나뉜 이유도 설명된다. 즉 아래 축은 법당을 종착점으로 삼아 형성되고, 다시 법당 옆을 비껴 설정되는 안양루-무량수전 축을 따라 위쪽에 있는 절로 오르는 복합적인 구조를 갖는다. 말하자면, 산문을 거쳐 장대한 계단과 누각 밑을 지나 정점에 오르면 법당에 이르게 되어 일단 멈춘 흐름이 여기서 그치지 않고 다시 뒤쪽의 안양루로 유도하여 무량수전에 다다르게 되는, 2번의 클라이맥스를 체험하도록 의도된 것이다. 지금의 막연한 모습보다 훨씬 복합적이고도 입체적인 구성과 의도에 감탄을 금할 수 없다.

이렇게 되면, 왜 회전문터에서 무량수전까지의 총 9개 단이 다시 2개의 대석단으로 구획되는가도 확연해진다. 회전문 대석단은 법당 영역을 비교적 평지로 만들기 위한 장치이고, 안양루 대석단은 무량수전 위쪽 절 영역을 위한 것이다. 또한 법당 위로 안양루와 무량수전을 수직적으로 중첩시키기 위해 안양루의 대석단을 조성한 이유도 있다. 왜냐하면, 평면적인 구성만으로는 법당이 뒤쪽의 안양루를 가려버려 일단 멈춘 흐름을 다시 유도하기가 어렵기 때문이다.

다시 말하면 평면적으로 굴절된 축과 함께 단면적으로 조성된 대석단이 아래위 두 절을 입체적으로 중첩시키는 효과를 가진다. 또한 그러한 구성은 하나의 효과를 위해 자의적으로 만들어진 것이 아니라, 지형의 체계에 적극적으로 대응하고 교리적 내용도 상징화하기 위해 설정되었다. 부석사의 구성적 우수함과 뛰어남은 바로 이러한 다의성에 있다. 다시 한번 확인한다면, 부석사에 있어서 교리와 신앙은 체體요, 지형의 해석과 그 대응은 용用이다. 체와 용의 결합에 의해 나타난 공간과 형태가 곧 상相이 된다.

상相,
연속된 흐름을 위한 변주들

교리와 지리체계가 부석사의 거대한 틀을 구축하는 근본이기는 하지만, 어느 정도의 공부와 전문적 안목을 갖지 않고는 읽어내기 어렵다. 더욱 직접적으로 느낄 수 있는 감동은 현상으로 나타나는 물체와 공간이다. 탁월한 이론과 개념을 적립했다 하더라도 결국 건축적인 완결성은 구체적인 실현 여부에 달려 있다. 이 과정에는 필연적으로 건축가의 감수성과 발명에 가까운 치열한 형상화가 요구된다. 부석사에는 부분 부분을 이루고 있는 요소들과 절묘하게 고안 된 디테일이 숨어 있다. 또한 이들은 근원적인 원리와 개념을 구현하기 위한 장치들로 작용하기 때문에 부석사를 건축적으로 완벽한 하나의 전체로 완결할 수 있었다.

계단의 유형학

부석사의 기본 틀은 석단들의 나눔에 의해 만들어지고, 그 석단들은 계단들을 통해 연결된다. 따라서 계단들은 부석사 전체의 흐름을 유도하는 매우 중요한 요소이다. 그러나 이 계단들은 불국사佛國寺의 경우처럼 난간과 소맷돌[25] 등으로 치장되지 못하고, 긴 장대석들을 단순하게 쌓은 정도에 불과하다. 그러면서도 매우 안정되어 보이며 오르내림에 불편함이 없다. 이 효과는 우연히 얻어지는 것이 아니다. 자세히 살펴보면, 계단들은 아랫폭이 윗폭보다 넓게 만들어졌다. 천왕문 앞의 높이 2m짜리 계단은 아랫폭 2.85m, 윗폭 2.38m

25_ 돌계단 옆면의 양쪽 측면을 막는 판석을 계단 면석이라 하고, 이때 면석 위에 경사지게 놓이는 돌을 일컫는다. 흔히 계단 엄막이 돌이라고 한다.

로 아래위의 폭 차이가 47cm이다. 안양루 앞의 계단은 윗폭이 2.64m, 아랫폭이 3.15m로 51cm만큼 넓다. 대석단에 놓이는 큰 계단들에만 적용되는 것은 아니다. 범종각 앞의 8단짜리 계단만 해도 아래위 차이가 10cm 나는 점으로 보아 의도적으로 계단 폭에 차이를 두었음을 알 수 있다.

위가 좁고 아래가 넓은 계단은 여러 가지 효과를 갖는다. 아래에서 올라갈 때는 점점 좁아지는 투시효과가 극대화되어 자연스럽게 동선을 위로 끌어올릴 수 있다. 반대로 내려올 때는 아래가 넓어짐으로써 안정감을 준다. 수없

↗ **계단의 유형학 1** 천왕문을 지나 작은 계단과 돌이 깔린 길로 흐름을 끌어들인다.
↗ **계단의 유형학 2** 회전문터 앞의 계단. 중간에 계단참을 두었고, 위로 갈수록 좁게 만들어 투시도적인 연속성을 얻는다.
↗ **계단의 유형학 3** 범종각 밑. 어두움과 밝음의 대조된 면들이 강한 방향성을 가진다.
↗ **계단의 유형학 4** 안양루 밑. 석단에 반쯤 파묻히고, 반쯤 돌출된 계단이 무량수전으로 향한다.

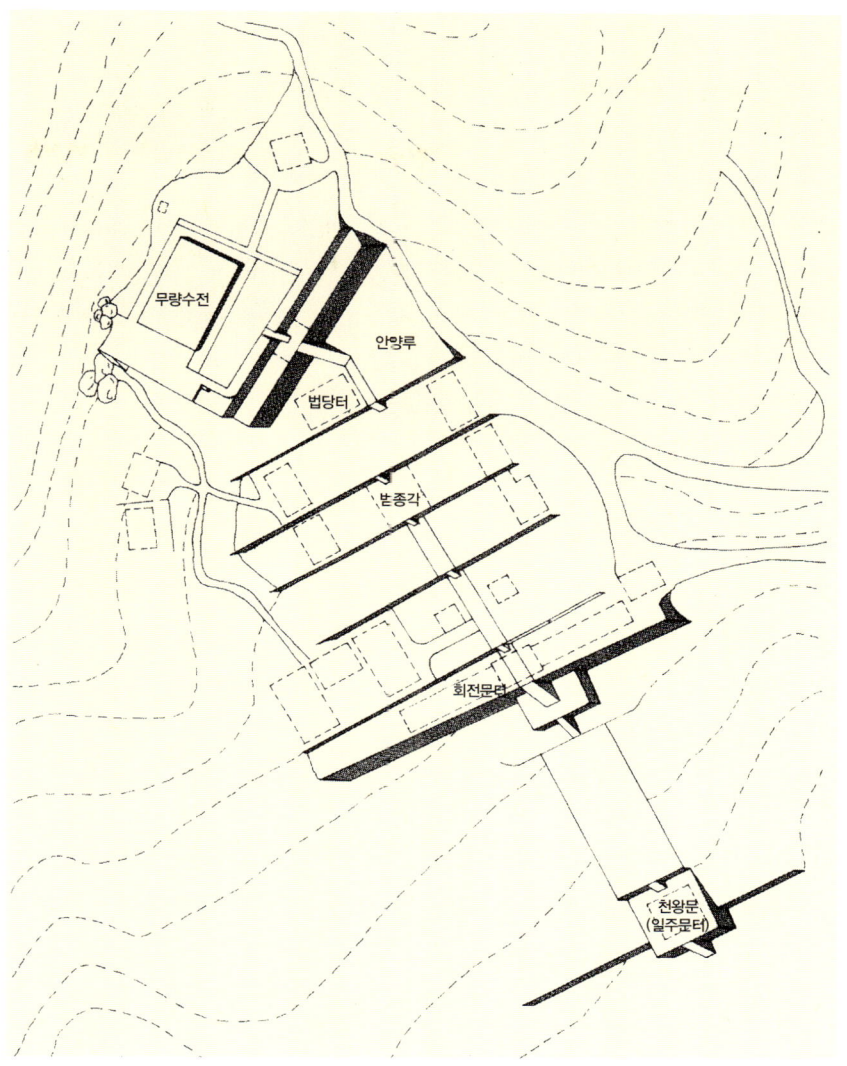

71 **부석사 석단의 구성** 김봉렬 도면.

이 오르내려야 하는 부석사의 구성상, 계단은 핵심적인 요소가 될 수밖에 없으므로 일체의 장식적 요소를 부가하지 않았다. 대신 계단 자체를 독립적인 요소로 취급하는 한편, 폭을 점점 좁히는 미세한 기법으로 안정성을 부과한 것이다.

여러 계단들이 조합되는 방법도 다양하게 나타난다. 회전문터 앞에는 작은 석단을 쌓아 계단참을 구성하여, 4.2m에 달하는 전체 높이를 한번에 오를

비껴선 석등 참배객들의 흐름을 왼쪽 방향으로 유도하기위해 교묘하게 오른쪽으로 살짝 비껴 서 있다.

때 일어날 위태로움을 제거했다. 또 계단참까지의 아래 계단은 2.2m로 폭을 좁혔지만, 그 위로 회전문까지 오르는 계단의 폭은 4.2m로 넓혀 뚜렷한 대비를 이룬다. 안양루 아래에서 무량수전까지는 계단들이 만드는 변주의 공간이다. 대석단의 아래 계단은 석단에 덧붙여진 모습으로 매우 독립적이지만, 안양루 누 밑의 계단은 석축 속을 파고들어간 부속적 요소로 탈바꿈한다. 계단보다는 누마루 사이로 나타나는 무량수전과 석등의 장면을 강조하기 위한 수법이다. 계단이라는 요소는 간단한 것이지만, 이들이 석단, 문, 누각 건물들과 결합되면서 만들어지는 형태와 공간들은 매우 다양한 체험과 느낌을 가능케 한다.

비껴선 석등

안양루 밑의 계단을 통해 무량수전으로 진입할 때, 누마루 사이로 변화하는 시각적 경관은 매우 미묘하게 변화한다. 처음에는 무량수전의 벽면이 보이다가 중간쯤에는 앞마당의 석등이 부각되고 다시 그 뒤의 무량수전과 중첩되어 나타난다. 그만큼 석등은 무량수전 앞마당의 중요한 요소이다. 그런데 자세히 보면 석등의 위치가 무량수전의 중심선에서 50cm 정도 서쪽으로 치우쳐 있음을 알 수 있다. 정중앙에 놓았을 경우 안양루를 막 올라온 흐름과 맞닥뜨려 답답해지기 때문이다. 그러나 서쪽으로 비켜섬으로써 얻게 된 더욱 큰 효과는 참배자의 흐름을 동쪽의 빈 공간으로 유도한다는 점이다. 무량수전 내부의 아미타불이 서쪽에 앉아 있는 까닭에 무량수전의 주 출입구는 중앙의 어칸이 아니라 동쪽의 협칸이 된다. 따라서 참배자의 동선을 동쪽으로 끌어당겨야만 건물 내부 예배 공간의 방향성과 맞아떨어진다. 석등의 위치를 절묘하게 옮김으로써, 행위와 형태가 불일치하는 갈등을 해결하고 있다. 전체적인 대칭의 구도 속에서도 부분적인 기지를 발휘한 것이다.

■ **무량수전과 석탑** 서쪽의 아미타불이 동쪽의 사바세계를 바라본다. 또한 조사당으로 향하는 유인장치이기도 하다.

비틀린 석탑과 산속의 포장로

무량수전 동쪽 언덕 3층석탑의 상징적 의미는 이미 말한 바 있다. 그런데 석탑의 주축은 북서 80도로 무량수전의 주축과는 물론 부석사 내의 어떤 기준 축과도 일치하지 않는다. 따라서 무량수전 앞마당 어느 지점에서도 석탑은 입체적인 각도에서 볼 수밖에 없다. 석탑의 방향은 오히려 동쪽으로 난 산길인 조사당으로 향하는 길과 일치하고 있다. 이 점이 석탑의 방향이 비틀린 유일한 이유가 될 것 같다.

다시 말하면 무량수전까지 올라와 일단 정지한 흐름을 산속의 보이지 않는 조사당까지 끌고가기 위해 또 하나의 유인 요소가 필요해져서, 눈에 잘 드러나는 언덕 위에 석탑을 세웠고, 그 각도까지 조사당 진입로와 일치시킨 것이다. 조사당까지 유도하기 위한 노력은 또 발견할 수 있다. 급하고 꼬불거리는 좁은 등산로에 돌을 고르게 깔아 포장도로로 만들었다. 무언가 중요한 대상으로 향하는 길임을 암시하기 위함이다. 절집에서도로를 포장하는 것은 불교가 경제력을 가졌던 고려시대에 성행했던 방법이고, 조선시대의 산사에는 거의 쓰이지 못했다.

도로를 포장한 예는 부석사 내에서도 또 한군데 발견할 수 있다. 현재의 천왕문에서 회전문터의 대석단에 이르는 길이다. 40m에 가까운 이 길은 일종의 도입부로, 바닥에 돌을 깔아 입구의 동선 흐름을 유도한다. 이 길은 경사가 져 있어서 천왕문에서 보면 바닥의 포장 패턴이 벽면과 같이 인식되기도 한다. 고려시대 사찰이라도 극히 중요한 통로만 포장했음을 상기한다면, 비틀린 석탑과 함께 조사당에 이르는 산길의 포장은 매우 의도적인 결과임을 짐작할 수 있다.

범종각, 비대칭의 변화된 형태

많은 건축가들이 부석사에 대해 갖는 의문 중의 하나가 범종각의 지붕 모습이다. 범종각은 놓인 모습부터가 범상치 않은 건물이다. 한국은 물론 동아시아 건물 대부분이 긴 면을 정면으로 삼는 데 비해, 범종각은 짧은 면을 정면으로 놓았기 때문이다. 따라서 보통의 건물이면 측면이어야 할 지붕의 합각면이 정면으로 돌출된다. 이유는 부석사의 전체 지형이 좁고 깊게 형성되어 있는 점에서 찾아야 할 것 같다. 부석사 전체를 꿰뚫고 있는 중심 동선 상에 범종각을 깊이 방향으로 놓음으로써, 자연스럽게 누 밑을 통과하도록 유도하고 있는 것이다.

범종각은 전면으로는 팔작지붕[26]의, 뒷면 안양루 쪽으로는 맞배지붕[27]의 형상을 취하고 있다. 이 비대칭의 형상 역시 일반적인 것은 아니다. 그 이유에 대해 아직 명확한 답은 내려지지 않았지만, 두 가지 면에서 추론할 수 있다. 우선 안양루에 서서 범종각을 바라보면, 범종각 지붕은 마치 멀리 펼쳐진 소백산맥의 연봉들을 향해 날아가는 화살과 같다. 대자연을 향한 매우 강렬한 시각 축을 형성하고 있는 것이다. 또 범종각과 똑바로 향하는 방향에 법당이 있었던 과거의 공간을 상상해보자. 법당 앞의 마당은 범종각으로 감싸일

[26] 우진각지붕 위에 맞배지붕을 올려놓은 형태로, 네 귀에 모두 추녀를 단 지붕. 용마루와 내림마루, 추녀마루를 모두 갖춘 가장 화려하고 장식적인 지붕으로, 권위 있는 중심 건물에 많이 사용되었다.
[27] 경사진 지붕이 앞뒤로 맞놓이게 된 지붕으로, 좌우에 ∧자 모양의 합각을 이루는 지붕 형태.

↗ **범종각의 모습** 다른 건물이라면 측면이 되었을 합각면이 정면이 되고, 앞은 팔작지붕 뒤는 맞배지붕의 모습이다.

수밖에 없는데, 마당 쪽의 지붕이 팔작지붕이 된다면 마당의 폐쇄감은 형성되기 어려울 것이다. 팔작지붕의 합각면은 매우 강한 방향성을 갖기 때문이다. 위에서 추론한 이유 때문에 당시의 목수들이 범종각을 이와 같은 형태로 지었는지는 알 수 없다. 하지만 화엄종찰에 지어진 중요한 건물이, 까닭도 없이 비대칭의 변화된 형태를 가졌을 리는 없지 않았을까?

조사당을 닮은 자인당과 응진전

무량수전 동쪽 석탑 옆의 오솔길을 따라 오르면 오른편 숲 속에 유명한 조사당이 나타난다. 조사당은 창건주인 의상대사의 초상화를 모신 곳으로, 창건 당시에는 이 일대에 몇 채의 초막을 짓고 시작한 것이 아닌가 추정할 정도다. 조사당 앞에는 취원루라는 누각이 있었고, 이곳에서의 경관이 가장 좋았던 것으로 기록되어 있지만 지금은 사라지고 없다. 취원루는 경관만 좋았던 것이 아니라, 선승들이 수도하기에 아주 적합하여 사명대사泗溟大師 등이 머물렀던 곳으로도 유명하다. 그만큼 조사당 영역은 본절 못지않게 중요한 곳으로 인식되었다. 그렇기 때문에 여러 가지 유인장치를 한 것이 아니겠는가.

그러나 참배를 위한 흐름은 여기서 끝나지 않는다. 다시 오솔길로 빠져나와 왼편으로 방향을 잡으면 응진전應眞殿과 자인당慈忍堂이 나타난다. 두 건물 모두 20세기 초에 중건된 것으로 3칸 맞배집의 간략한 모습이다. 그런데 두 건물은 어딘지 모르게 낯익은 모습이다. 다름 아닌 조금 전 돌아본 조사당을 연상케 한다.

3칸의 규모, 직선적인 맞배지붕, 막쌓기[28]를 한 기단의 모습, 기둥 위에만 공포를 배열한 주심포柱心包 형태의 구조, 그리고 정면 양 옆칸의 붙박이 창문까지. 너무나 흡사하게 조사당 건물과 닮아 있다. 그러나 조사당은 고려 때

28_ 자연의 거친 돌을 다듬지 않고 원래 모양새대로 쌓는 것. 허튼쌓기라고도 한다.

▽ **자인당과 응진전** 조사당과 매우 닮은 꼴의 건물들.
▽ **숲 속의 조사당** 또 하나의 중요한 영역인 조사당 일곽의 진입은 살짝 비켜저 만난다.

▭ **부석사 조사당 정면도** 문화재연구소 도면.
▭ **부석사 조사당 단면도** 문화재연구소 도면.

인 1377년의 작품으로 두 건물과는 500~600년의 차이가 있다. 모양은 흉내를 내도 기술과 감각은 시대에 따라 달라질 수밖에 없다. 구조 형식상 익공계에 속하는 이 건물들은 조사당의 규범적인 주심포형식과는 거리가 멀다. 번잡하고 수다스러운 모습은 단아하고 정제된 조사당의 감각과는 다른 시대임을 보여주기도 한다. 어떻게든 유명한 조사당을 닮음으로써 참배의 흐름을 최종 장소까지 연속되게 하려는 의도가 역력한 건물이다.

무량수전 배흘림기둥에
기대어 서서

완벽한 조화와 아름다움

나는 무량수전 배흘림기둥에 기대서서 사무치는 고마움으로 이 아름다움의 뜻을 몇 번이고 자문자답했다. …… 기둥의 높이와 굵기, 사뿐히 고개를 든 지붕 추녀의 곡선과 그 기둥이 주는 조화, 간결하면서도 역학적이며 기능에 충실한 주심포의 아름다움, 이것은 꼭 갖출 것만을 갖춘 필요미이며, 문창살 하나 문지방 하나에도 비례의 상쾌함이 이를 데가 없다.

― 최순우 선생의 『무량수전 배흘림기둥에 기대서서』 중에서

어떻게 더 무량수전의 아름다움을 묘사할 수 있을까? 무량수전은 13세기에 중건된 것으로 추정되며, 봉정사 극락전의 건립 연대가 13세기 초로 확인되기 전까지는 '한국 최고最古의 목조건축'으로 암기해야 했던 건물이다. 그러나 이 건물은 가장 오래되었다는 사실만으로 평가받는 것은 아니다. 시대를 초월하여 전해주는 건축적 교훈을 간직하고 있기에 그동안 무수히 많은 연구와 조사가 이루어져왔고, 최근에는 아파트 건설업자들의 광고에도 더러 등장하는 것이다.

그 교훈의 핵심은 최순우 선생이 설파한 문장 속에 있다. 김수근에게 한국 미의 진수를 전파해줄 정도로 안목이 높았던 최 선생의 글을 분석해보면

↗ **부석사 무량수전** 완벽한 조화와 균형의 아름다움을 느낄 수 있다.

완벽한 비례와 조화, 기능과 구조의 아름다움으로 압축된다. 이는 2세기 후 지구 반대쪽에서 치열하게 전개되었던 르네상스 건축의 이상이기도 하였다.

건축 공간을 흔히 르네상스식 공간과 고딕식 공간으로 나누기도 한다. 르네상스는 더도 덜도 할 수 없는 수학적 완결성을, 반면에 고딕은 부분적 가감을 하더라도 전체에는 변화를 주지 않는 융통성을 특징으로 하기 때문이다. 이런 면에서 최순우 선생이 발견한 무량수전의 아름다움은 다분히 르네상스적이다. 굳이 대비하자면 해인사海印寺 장경판고藏經板庫가 고딕적인 공간이 될 것이다. 서구의 분류로 한국건축을 평가하는 것이 무의미하다면, 다른 용어로 규정지을 수도 있겠다. 어찌되었든 무량수전의 건축적 성격은 '완결성'과 '절제'로 요약된다.

구조와 외관

무량수전은 많은 경우 목구조적인 측면에서 언급이 되어왔다. "헛첨자[29]를 가진 주심포양식[30]으로, 주두[31]와 소로(小櫨)[32]에 굽받침이 있다. 첨차檐遮[33]의 양끝은……"으로 시종하는 해설들이다. 목구조의 형식과 양식과 기법에 대해서는 봉정사 편에서 자세히 말하기로 하자. 여하튼 무량수전은 고려시대 목수들이 창조하였던 목구조의 법식을 거의 완벽하게 보여주고 있는 대표작이다. 그 기법들은 조선시대에도 전승되어 한국 목구조 기술의 정수를 이루어왔다. 그 가운데 눈여겨볼 것은 기둥의 안쏠림과 배흘림과 귀솟음, 평면의 안허리곡, 그리고 항아리 모양의 대들보 등이다. 이들은 웬만한 전문가가 아니면 금세 발견하기 어려운 기법들로, 매우 섬세한 기술이 요구된다. 이렇게 든든히 뒷받침하고 있기 때문에 무량수전의 완벽한 아름다움이 창조되는 것이다.

간단히 말해 기둥의 안쏠림이란 건물 모퉁이 기둥의 윗부분을 수직선보다 약간 안쪽으로 기울여 세우는 기술이다. 그렇게 하면 지붕 하중에 의해 건물의 양 끝이 벌어져 보이는 듯한 불안감을 해소할 수 있다. 배흘림이란 기둥의 가운데 부분을 불룩하게 깎는 기법이고, 귀솟음이란 양 끝 기둥을 다른 기둥보다 약간 높게 세우는 기법이다. 평면의 안허리곡은 평면을 직사각형으로 만들지 않고 4변의 중앙을 약간 안쪽으로 들이밀어 기둥을 세우는 방법, 항아리형 보란 보의 단면을 항아리 모양으로 위는 둥글고 아래는 직선으로 깎는

29_ 주심포양식에서 기둥머리 밖으로 내민 첨차의 밑을 받쳐 아래로 쳐지는 것을 보강해주고, 주두가 움직이지 않도록 막기 위해 거는 첨차.
30_ 기둥 상부에만 공포를 짜 올라가는 형식을 일컫는다.
31_ 기둥머리 위에 공포 부재를 받는 넓적하고 네모난 부재로, 상부의 하중을 균등하게 기둥에 전달한다.
32_ 공포를 구성하는 네모난 나무쪽으로, 두공·첨차·제공·장여·화반 등의 사이에 틈틈이 끼운다.
33_ 공포를 이루는 기본적인 부재로 기둥머리나 소로 위에 얹히어 위쪽 부재를 받치는 부재.

▶ **부석사 무량수전 평면도** 문화재연구소 도면.
▶ **부석사 무량수전 단면도** 문화재연구소 도면.

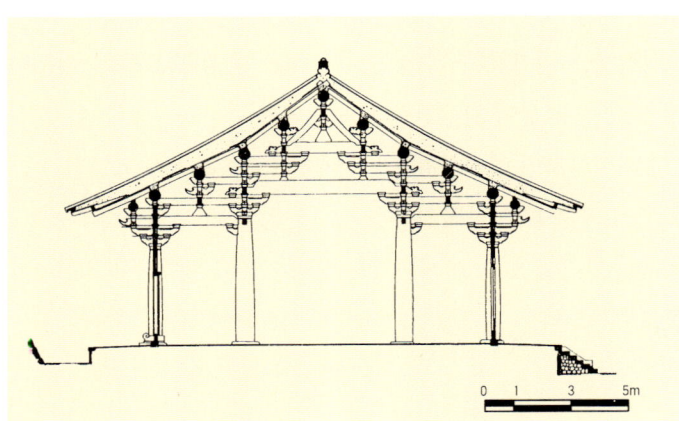
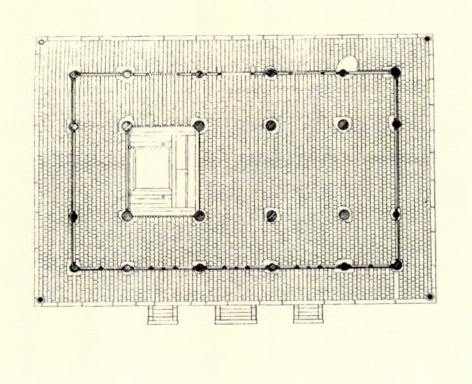

기법이다. 모두가 안쏠림의 기법과 같이 시각적인 불안감을 해소하고, 부재 사이의 결합을 쉽게 하기 위해 고안된 기술이다. 시각적 안정성과 그 기법들에 대해서도 다음 기회로 설명을 미루지만, 한국 목조건물의 특징이라 할 수 있는 모든 기법이 완벽히 나타난 대표적 형태로서 무량수전을 기억해두자.

기단의 석수, 김애선

무량수전의 기단은 상부의 목구조를 지지하기 위해 구조적으로 필요한 요소이기도 하지만, 극락왕생 9단계에서 최상의 상품상생을 의미하는 상징물이기도 하다. 기단을 가공된 큰 돌들로 짜 맞춘 구조상의 정교함 역시 우연은 아니다. 기초에 해당하는 지대석 위에 벽체나 기둥 같은 면석을 세우고, 그 위에 보와 같은 갑석을 얹은 이러한 기단을 건축식 또는 가구식架構式 기단이라 부른다.

눈여겨보면 기단의 정면 동쪽 두번째 칸 면석에 희미하게 새겨진 글씨를 발견할 수 있다. "忠原 赤花面 石手 金愛先"이라고, 기단을 만든 석수 자신의 이름을 적고 있다. 그런가보다 하고 지나치기에는 중요한 사회사적 사실을 담고 있는 이름표다. 이 기단을 만들 당시인 고려 중기에 '김'이라는 성을 가졌다는 사실은 석수의 지위가 예사롭지 않음을 의미하기 때문이다. 정확한 통계는 알 수 없지만, 고려시대에 성을 가진 인구는 전 국민의 상위 20% 미만으로 추정한다. 조선시대에 와서도 16세기 이전까지는 인구의 반을 넘지 않았다. 더욱이 건물의 정면에 자신의 이름을 새길 수 있을 정도라면, 석수와 같은 조형 기술자들의 사회적 신분이 꽤 높았음을 의미한다. 고려청자의 경우도 고려 중기에는 도자기 밑면에 도공의 성과 이름이 명기되었지만, 후기에 들어서 명기된 도공은 성이 없는 이름뿐이었고, 그나마 점차 기명을 하지 못했다는 것을 고려자기 도공들의 사회적 지위가 격하된 증거로 삼는다. 고려시대 건축기술자들의 사회사 역시 유사한 과정임을 이 짧은 각문으로 알 수 있다. 동시에 무량수전은 당대의 뛰어난 장인들이 구축한 명품임도 입증하고 있다.

노출된 내부 공간

한국의 건축은 내부 공간이 발달하지 않았다는 것이 통설이다. 우리 건축은 건물 단위로 완결되는 것이 아니라, 건물과 건물이 모인 군집으로 완결되기 때문이다. 그 가운데서도 내부의 공간감을 가지고 있는 소수의 예가 있는 바, 부석사 무량수전이 대표적인 예다.

동서 5칸, 남북 3칸으로 이루어진 내부는 아미타불이 있는 불단이 서쪽 2칸 쪽에 자리하기 때문에 동서로 길게 방향성을 갖는다. 불단을 마주보는 내진內陳은 넓고 천장도 대칭적이지만, 양옆의 외진外陳은 좁고 한 방향으로 기울어진 천장을 갖는다. 내진의 공간감을 강조하기 위해 내진의 기둥들은 건물 외벽에 설치된 기둥들보다 훨씬 두껍다. 이는 구조적인 필요 때문이기도 하지만, 내진의 공간을 강하게 한정하려는 의도이기도 하다.

이러한 구성의 공간은 흔히 서양 중세의 바실리카 공간과도 비교된다. 장축 방향의 방향성이나, 아일aisle(측랑側廊)로 양옆이 쌓인 네이브nave(회중석會衆席)의 구성과 유사하기 때문이다. 바실리카 공간은 네이브에 주 제단을, 아일에 부 제단을 설치할 수 있도록 전해왔다. 무량수전 역시 마찬가지로 내진에는 불단을, 외진에는 신중단과 영가단을 배치했다.

그렇다고 두 유형 사이에 교류가 있었다거나 하는 맹랑한 비교는 무의미하다. 단지 확인할 수 있는 것은 신성한 공간의 형식에는 시대와 문화권을 초월한 구조적인 유사함이 존재한다는 깨달음뿐이다.

원래 내부 바닥에는 유약을 칠해 반짝이는 유리전돌을 깔았다고 한다. 극락세계는 칠보로 장식되어 있고, 대지의 바닥은 유리로 만들어져 있다는 『무량수경』의 내용을 상징화한 것이다. 조선시대에는 의례의 필요 때문에 우물마루[34]를 깔았으나, 일제강점기에 해체수리하면서 현재와 같은 전돌로 교체했다. 그러나 전돌 바닥은 바닥에 꿇어앉아 절을 하고 불공을 드리는 요즘의 불교 의례에는 불편하기 짝이 없는 재료이다. 신도의 대부분이 중년여성인데 그들에게 전돌의 냉기는 치명적이기 때문이다.

구조 부재들이 그대로 노출된 천장에는 일체 장식이 없다. 항아리 모양

◤ **무량수전의 공포** 기둥 위에 층층이 쌓아 올린 공포를 통해 조상들의 공예정신을 엿볼 수 있다.

34_ 짧은 널을 가로로, 긴 널을 세로로 놓아 구성하는데, 그 모습이 마치 '井'자와 같아 우물마루라 한다. 귀틀마루라고도 한다.

↗ **무량수전의 내부** 폭이 좁고 깊이가 깊으며, 가운데 주칸과 양 옆 좁은 칸으로 구성되는 바실리카형의 내부는 극락세계를 상징한다.

35_ 지붕 또는 상층에서 오는 하중을 받기 위해 기둥 또는 벽체 위에 수평으로 걸친 구조 부재.
36_ 들보 위에 세워 중보와 종도리를 받치거나 종보의 중앙에 세워 종도리를 받치는 짧은 기둥. 중도리를 받치는 것을 중대공, 종도리를 받치는 것을 마루대공이라 한다.

의 단면을 가진 보〔樑〕[35]들이 중첩되어 참배자의 시선을 불상 쪽으로 유도하며, 내진 4칸을 하나의 공간으로 연속되게 한다. 대들보와 직각으로 놓인 뜬창방들은 기둥들 사이의 지지를 위해 존재하는 요소들로서 극한 강도만 지지할 수 있도록 매우 가늘게 처리되어 있다. 천장 꼭대기 종도리부터 작은 보들과 대공[36]을 거쳐 기둥까지 전달되는 응력의 다이어그램이 그대로 구조체로 형상화된 모습도 감상할 수 있다. 볕도의 천장을 달지 않아 노출된 내부 공간에서 누릴 수 있는 또 하나의 즐거움이다.

조사당과 무량수전

뒷산 숲 속에 숨어 있는 조사당은 1377년에 중건된 것으로, 건립 연대가 뚜렷한 몇 안 되는 고려 건물이다. 이 연대를 기준으로 목구조 기법을 비교하여, 무량수전의 중건시기를 150년 정도 앞선 것으로 삼는다. 두 건물은 여러 가지 면에서 대조를 이룬다. 물론 건물의 격이나 규모, 시대적 차이를 제외하고도. 한 가지만 지적하자면, 무량수전은 전체적으로 부드러운 인상이지만 조사당은 딱딱하다. 무량수전의 팔작지붕은 처마의 유연한 곡선을 갖는 데 비해 조사당의 맞배지붕은 직선적이다. 특히 목구조 기법에 관심을 갖는 이들은 무량수전 공포 첨차의 곡선 가공과 조사당 첨차의 직선 가공법에 주목한다. 앞의 것은 첨차 마구리를 S자형의 유연한 곡선 2개가 합쳐진 모습으로 깎았는데, 조사당 것은 60도와 30도 각도의 짧은 직선 2개로 끊어 깎았다는 차이다. 이는 시대적인 기법의 차이라기보다는, 주불전과 부속전각이라는 건물의 격에 따른 차이일 것이다.

어쨌든 다시 한번 확인할 수 있는 것은 한 건물 전체의 형상적 이미지는 세부 기법들의 종합으로 형성된다는 사실이다. 이 점은 다시 조사당을 흉내낸 자인당이나 응진전에서 확인할 수 있다. 아마 이들 세 건물을 도면으로 그린다면, 기본 도면들은 분간하기 어려울 것이다. 그러나 완성된 결과들 사이의 질적 차이는 현격하다. 결국 건축의 질이란 체와 용뿐 아니라 상으로 규정된다. 무량수전을 포함한 부석사 전체의 건축적 질은 교리적 '체'와 지리 해석의 '용', 그리고 탁월하고 섬세한 '상'의 모든 과정이 일관성 있게 실현된 결과이다.

죽령 방어선의
건축들

부석사가 위치한 옛 순흥도호부는 신라의 실질적인 북방 경계지역이며, 중요한 관문인 죽령을 관할하는 지역이기도 했다. 의상은 소백산맥 일대에 부석사를 포함하여 여러 장소에 사찰을 창건하여 화엄교학의 전파지로 삼는 동시에 국경 수비의 근거지로도 삼았다. 흔적으로 남은 것은 순흥 읍내쪽 국망봉 골짜기의 초암사草庵寺와 성혈사聖穴寺, 그리고 부석사 동쪽 골짜기에 있던 폐사지이다. 이 지점들을 연결하면 강력한 죽령 방어선이 형성된다. 부석사 동쪽 폐사지에는 많은 석조 유물들이 남아 있어서, 1967년 부석사 경내로 옮겨왔다. 부석사 범종각 앞 양옆에 있는 한 쌍의 3층석탑과 자인당 안에 봉안된 석가불과 비로자나불이 그것이다.

초암사

초암사는 영주시 순흥면 배점리에 소재하며, 소백산 국망봉으로 오르는 등산로 상 죽계구곡의 끝에 위치한다. 부석사에서는 소수서원을 지나 순흥읍 입구 4거리에서 북쪽 도로를 선택하면 등산로 입구에 다다를 수 있다. 의상이 부석사를 창건한 후 다시 제자 3천 명을 이끌고 이곳에 초암을 지어 화엄학을 강론하며 머문 곳이라 전한다.

현재는 새로 지어진 대웅전 등 건물 3~4동이 서 있지만, 건축적인 가치는 발견할 수 없다. 과거의 흔적이라면, 요사채 안마당에 있는 2개의 부도와

1개의 3층석탑뿐이다. 석탑을 중심으로 동서 양쪽에 부도가 세워진 특이한 배열이다. 원래 사찰 중심마당에 서 있던 석탑 주위에 고려시대의 부도 2기가 세워졌을 것이다. 동서 부도는 모두 팔각형의 몸체를 이루는 일반적인 형식이고, 석탑 역시 신라 말의 전형적 형식이어서 특기할 점이 없다.

◁ **초암사** 부석사 주변 건축물로, 석탑은 신라 말기, 부도는 고려시대의 작품이다.
▷ **성혈사** 민화풍의 장식과 석등으로 유명하다.

성혈사

순흥면 덕현리 소백산 중턱에 위치하는 성혈사는 좁은 산비탈에 여러 채의 건물이 정갈하게 운영되고 있다. 절 입구에는 연못을 파고 초가 정자를 새로 만들었는데, 최근의 솜씨라고는 믿기 어려울 정도의 수작이다. 이 절에 주석하는 노스님의 작품이라 한다.

절의 반대편 끝에는 1634년 중건된 나한전羅漢殿이 있다. 맞배지붕을 가진 소박한 3칸 건물로, 보물 832호로 지정되어 있다. 안쏠림과 귀솟음의 수법이 역력하고, 첨차들의 구성도 정연하다. 무엇보다 이 건물은 전면의 문짝들로 유명하다. 6짝의 문짝은 모두 민화풍의 도안들로 가득 차 있다. 양 협칸은 꽃빗살을 달았고, 동쪽 끝 문짝에는 꽃빗살 위에 국화무늬 조각들로 장식하

↗ **성혈사 나한전 꽃살문** 문짝 전체에 연꽃이 피어나고 그 사이로 동물들과 동자 등이 조각되어 있다.

였다. 가장 큰 특징은 가운데 어칸의 모양이다. 문짝 전체에 연꽃이 피어나는 모습이 묘사되고, 그 사이사이로 물고기 등의 동물들이 조각되어 있다. 문 아랫부분에는 물고기·게·잉어 등이 노닐며, 바로 위에는 두루미가 물고기를 잡아먹는 모습이 펼쳐져 있다. 그 위로는 다시 어린아이의 노는 모습과 용인지 뱀인지 모를 파충류의 모습, 호수 속의 먹이를 향해 내려오는 기러기와 학의 모습 등이 재미있게 표현되었다. 마치 조선 후기에 유행한 민화들을 연결시켜 조각한 듯한 모습이다. 또 건물 전면에는 한 쌍의 석등이 세워졌는데, 그들의 장식도 민화풍이다. 석등의 기둥은 두 마리의 용이 휘감고 있는 모습으로, 몸뚱이만 용의 모습일 뿐 얼굴은 민화에 흔히 등장하는 고양이 형상의 호랑이다. 건물 창호의 무늬와도 상통하는 흐름이다.

소수서원

한국 최초의 서원으로 유명한 소수서원 터에는 원래 숙수사宿水寺라는 절이 있었다. 16세기의 유학자 주세붕周世鵬(1495~1554)은 숙수사를 허물고 성리학의 정착을 위해 백운동서원을 세움으로써, 서원문화의 한 시대를 열었다. 터만 이용한 것이 아니라 초석과 기단석 등 많은 석재를 서원 건물에 이용했고, 직방재直方齋 뒤에는 유물관 공사 때 발굴된 많은 석재들이 쌓여 있다. 모두 통일신라 때의 정교한 유물들이다. 서원 입구에는 아직 숙수사 시절의 당간지주가 남아 있어 이 땅의 역사를 말해준다. 아마 숙수사도 의상 계열의 사찰이었을 것이다.

　소수서원은 아직 서원의 건축 형식이 정착되기 이전에 만들어져 특정한 배치 형식을 갖지 않는다. 또 사당보다 강당이 중요한 기능을 가질 때여서, 위치나 규모 면에서 강당인 명륜당이 가장 중요한 건물로 중심을 이룬다. 명륜당 뒤의 건물은 유생들을 위한 기숙사로 직방재와 일신재日新齋라 이름 붙였다. 이 건물은 완전한 대칭을 이루는 두 재실을 연결한 2호 연립의 형식을 보여준다. 뒤쪽의 학구재學求齋와 지락재至樂齋는 더욱 주목할 만하다. 매우 소박하고 작은 이 두 건물은 유교건축 공간의 투명성을 예시한다. 학구재의 가

◀ **소수서원**　원래는 숙수사라는 큰 절터였다. 학구재의 비어 있는 대청에서 유교적 건축관을 읽는다.

◁ **소수서원의 강당인 명륜당** 초기 서원에서는 향교건축의 제도를 따랐던 것으로 보인다.

◁ **소수서원의 기숙사들** 강학기능에 치중했던 초기 서원의 기풍이 남아 있다.

운데 대청은 앞뒤 벽이 없어 전면과 후면의 경관이 투과된다. 지락재의 2칸 대청 역시 기둥의 프레임만 설치되어 계곡 쪽의 경관이 투과하도록 계획되었다. 정교하게 가공된 사찰의 석조 유물 위에 투박한 그러나 크게 의도된 유교 건축이 서 있어, 두 문화 사이의 대조를 이룬다. 소수서원 뒤편은 원래 인공적으로 조성한 신성한 숲이 있었다. 서원이 평지에 세워진 관계로 뒷산을 대체할 숲이 필요했기 때문이다. 그런데 여기에 콘크리트 한옥인 유물관이 들어서서 전통적인 경관을 파괴하고 말았다. 21세기에 들어서 지방자치단체는 '선비촌'이라는 이름의 한옥 체험 단지를 대대적으로 조성했다. 여기에 다시 '소수서원 박물관'을 설치해 기존 유물관의 쓰임새를 무색케 만들었다. "건설은 파괴다"라는 근대 한국의 등식은 아직도 계속된다.

3

성리학의 건축적 담론
도동서원

유교적 건축이론의 전제

도동서원道東書院은 대구광역시 달성군 구지면 도동리에 위치한다. 현존하는 서원들 가운데 '건축'이라고 부를 수 있는 예들은 열 손가락을 넘지 못한다. 소수서원과 도산·병산·옥산·필암·돈암서원遯巖書院 그리고 도동서원 정도다. 도동서원은 임진왜란 직후인 1605년에 건립되어 조선 중기를 대표하는 서원으로 평가받는다. 무엇보다도 이곳은 서원건축이 가져야 할 모든 건축적 규범을 가장 완벽히 갖추고 있다는 점에서 주목을 받고 있다. 규범적이라는 것은 건축적 완성도와는 다른 차원의 평가다. 예를 들어 앞서 언급한 병산서원은 성리학적 규범에 충실한 것은 아니지만, 유교적 이상을 완벽하게 건

▪ **도동서원 강당** 엄격한 좌우대칭의 구조, 무표정한 모습, 정중앙을 지르는 길과 현판들, 좌우에만 설치된 계단들. 의례와 건축, 관념과 실제가 일치하는 형식이다.

축화하고 있다. 도동서원은 엄격한 도학자였던 한훤당寒暄堂 김굉필金宏弼 (1454~1504)을 기념하여 창건되었다. 그는 도학정치의 실현을 위해 연산군의 사약을 달게 받은 전형적인 사림으로 숭상되었다. 창건주는 김굉필의 외증손이며 영남학파 예론禮論의 최고봉인 한강寒岡 정구鄭逑(1543~1620)였으니, 그 인물에 그 건축이라고나 할까.

인간 중심의 성리학적 우주관

유학자들, 특히 관념과 명목을 중시했던 성리학자들은 우주의 생성부터 인간의 심성에 이르는 모든 과정에 대해 '과학적'이고 논리적인 설명을 시도한다. "태극太極이 음양陰陽을 낳고, 음양은 사상四象이 되며, 사상은 팔괘八卦가 된다. 선천先天과 후천後天의 팔괘가 결합하여 『주역』周易의 64괘를 이루니, 비로소 세상 만물이 이루어진다"는 1-2-4-8-64의 이진법적 논리 전개는 동양적 사고의 핵심을 이루어왔다. 이 기초적인 우주론은 많은 중세적 논쟁들을 야기한다. 절대자로서 신을 인정하지 않는 동양적 전통에서, 이러한 논리적 진화 과정을 이끌어가는 원동력은 무엇인가? 이理인가 기氣인가? 우주론적 전개와 부합하는 인간의 도리는 무엇인가? 어떻게 정치를 하는 것이, 어떻게 효도를 하는 것이, 하늘의 뜻에 어긋남이 없는가? …… 성리학의 논리는 우주와 인간, 자연과 인간의 메커니즘을 동일한 체계로 파악하려 했고, 인간의 이성과 관념으로 이해할 수 있고 설명할 수 있어야 했다. 서구 문명의 뿌리를 형성해온 이원론적 인식과는 근본적으로 다르며, 이러한 천인합일天人合一사상은 이론과 행동, 관념과 현실, 마음과 몸을 일치시키려는 특유의 형이상학으로 발전했다.

설명 가능한 우주, 인간과 일치된 자연이라 할지라도 그 중심은 어디까지나 인간에게 있다. 도동서원이 위치한 곳에서 남쪽으로 9km 정도 떨어진 구지면 내동마을의 낙동강변에는, '제일강산정第一江山亭 이로당二老堂'이라는 특이한 이름의 정자 건물이 있다. 이 장소는 김굉필이 정여창鄭汝昌

(1450~1504)과 교류하며 우정을 나누던 곳이다. 재미있는 것은 주변의 산이 높지도 않고 결코 최고의 경치라 할 수 없는 곳임에도 '제일'의 강산이라고 생각한 점이다. "왜 높지도 않은데 제일의 강산인가? 위대한 인물을 얻으면 한 줌 돌멩이도 곤륜산보다 높을 수 있지만, 그렇지 않으면 태산도 언덕보다 못하기 때문이다."[02] 선천적인 자연보다는 인간의 후천적 가치를 우위에 둔 과감한 선언이다. 한 걸음 더 나아가 "이로二老는 누구이며, 중니仲尼는 누구인가? 힘써서 노력하는 자는 누구나 제일일 것이다"[03] 하여 인간의 노력이 우주와 역사의 주체임을 천명한다.

일반적으로 유교건축들은 안에서 밖을 바라볼 때 뛰어난 경관을 얻는다. 서원의 강당 대청에 앉으면, 앞의 누각을 통해 중첩되어 나타나는 바깥의 자연경관이 장관을 이룬다. 다시 말하면 내향적 경관(off site view)보다는 외향적 경관(on site view) 구조를 우선으로 계획한 것이다. 특히 사대부들이 경영했던 정자 건축에서 이러한 경관 구조를 극적으로 체험할 수 있다. 정자들은 밖에서 쳐다보기 위한 오브제적 건축이 아니라, 안에서 바깥의 경치를 감상하기 위한 프레임으로서의 건축이기 때문이다. 이처럼 좋은 경치의 장면을 선택하고 건축화하기 위한 방법으로는 풍수적 규범에 따르는 것이 가장 확실한 것이었다. 도동서원의 강당인 중정당中正堂 대청 가운데(옛날에는 원장의 자리였던) 앉아 바깥을 쳐다보면 대표적인 경관이 나타난다. 대청 앞의 기둥 프레임 사이로 마당과 담장, 작은 환주문喚主門과 큰 수월루水月樓 그리고 그 앞으로 낙동강과 안산들이 어우러지는, 매우 선택적인 경관을 볼 것이다. 모두가 풍수지리의 원형적 경관의 요소에 충실한 것들이다.

일반 민중이나 불교도의 관점에서 풍수설이란 가정의 행복은 물론, 인간의 수명마저도 좌우할 수 있는 절대적이고도 초월적인 가치 기준이었다. 반면 성리학자들에게 풍수설은 좋은 경관을 위한 것이며, 그것은 궁극적으로 인간을 위해 자연을 선택하는 도구로 활용되었다. 이른바 명문 사대부 가문의 주택이나 마을들이 자연향보다는 지리향을 선택한 현상을 종종 발견할 수 있다. 퇴계 일족의 안동 토계마을의 즈택들은 대부분 서향을 취하고 있는데, 이

01_ 조선 초 대유학자로 김굉필과 아울러 당대 최고의 지식인이며, 사림파의 원조로 꼽힌다. 역시 연산군의 사화로 희생을 당했고, 후대 유림들의 천거로 '동방오현'으로 숭모되었다.
02_ 張錫英「第一江山亭記」, 1861.
03_ 앞의 글. 이로二老란 김굉필과 정여창을 일컬으며, 중니仲尼는 공자孔子의 자字이다.

강당 대청에서 내다본 전경 강당 대청, 정료대, 환주문, 수월루 등 인공적인 요소들이 은행나무, 낙동강, 안산과 중첩되는 중심축선상의 경관이다.

는 서쪽의 빼어난 산을 안산으로 삼기 위함이었다.

    도동서원은 이례적으로 북향을 취하고 있다. 현풍 일대에서 휘어져 흐르는 낙동강 물도리(하회河回)의 북쪽에 자리를 잡았기 때문이다. 이 일대에서 남향으로 열린 장소가 없는 것이 아니다. 그러나 도동서원 앞에 전개되는 것과 같은 중첩된 산들의 경관은 여기서만 발견할 수 있고, 북향이라는 불리한 자연향과 관계없이, 풍수적 경관의 규범에 충실한 것이다. 실질보다는 명목을, 인간의 수양과 심성을 우위에 둔 자연관이 없었다면 불가능했을 선택이었다. 북향을 한 서원의 입지 때문에 강당 앞 양옆의 거인재居仁齋와 거의재居義齋는 서쪽과 동쪽에 놓이지만, 동재와 서재라고 부른다. 원장이 강당에 앉아 밖을 내다보면, 자연 방위와는 관계없이 바로 그 방향을 남쪽이라 여겼으며, 좌측은 무조건 동쪽이고 우측은 서쪽이라 여겼다. 자연 방위와는 관계없이 철저하게 인간의 인식을 중심에 둔 방위 개념이다.

엘리트의 종교, 소수를 위한 공간

유교는 근본적으로 학문 연수를 통해서만 접근할 수 있는 철학과 종교의 체계이며, 문자를 매개로 전달된다. 또한 스승과 제자 사이의 일대일 지도를 통해서 학맥이 유지되는 교육방법을 고수해왔다. 문자와 경전을 해독할 수 있는 소수의 엘리트들을 위한 소수의 종교요, 학문이었던 것이다. 일반 민중들은 통치의 대상이고 교화의 대상일 뿐, 유교적 질서의 과실을 향유하거나 학문의 즐거움을 나누는 주체가 아니었다. 유교의 건축은 당연히 소수 엘리트를 위한 장소요, 그들의 요구만을 충족시키기 위한 장치였다.

서원이나 향교가 이른바 인간적인 스케일로 구성된 까닭은 일차적으로 이용자들의 숫자가 적기 때문이고, 이차적으로는 그들의 선민의식을 표현하기 위함이다. 선택된 소수만이 사용하는 유교적 공간은 대중들에게는 폐쇄적인 동시에 이용자들에게는 모든 곳이 공개되는 양면성을 갖는다. 도동서원에 공존하는 외부적 근엄함과 내부적 개방성은 선택된 공간만이 취할 수 있는 성질들이다.

소수를 위한 선택적 공간의 양상은 흔히 고도의 인위성으로 나타난다. 도동서원 강당 앞의 마당을 예로 들어보자. 서원 마당이 사찰에 비해 규모가 작은 이유는 역시 사용자의 수 때문이다. 사찰은 마당을 둘러싸는 건물들이 느슨한 관계를 형성하여 개방적인 가당을 이루는 반면, 서원은 건물들의 사이가 좁고 꽉 짜여 있어서 긴장되고 폐쇄적인 마당을 형성한다. 사찰의 마당은 사방의 건물 사이로 혹은 건물 뒤로 자연경관이 겹쳐져, 이른바 인공과 자연의 중첩적 경관을 이룬다. 반면 서원의 마당에서는 건물과 담장이라는 인공물들만이 시야에 들어온다. 예컨대 도동서원 중정당 앞에 서면 중정당 건물만이 부각될 뿐, 중정당 뒤의 주산은 전혀 시야에 잡히지 않는다.

대개의 사찰에서 대웅전과 뒷산이 일체를 이루는 장면과는 전혀 다른 양상이다. 동재와 서재로 눈을 돌려도 사정은 마찬가지다. 서원의 입지 자체가 볼록한 지맥 위에 자리를 잡았기 때문에 양옆의 배경으로는 허공만 노출되어 건물들의 인위성이 부각된다. 단지 앞을 향하는 하나의 방향에서 자연경관이 포착된다. 그것도 인공적인 프레임을 통해서 극적으로 나타난다. 앞쪽으로 아름다운 자연경관을 도입함으로써 마당의 세 방향에서 인공적으로 조성된

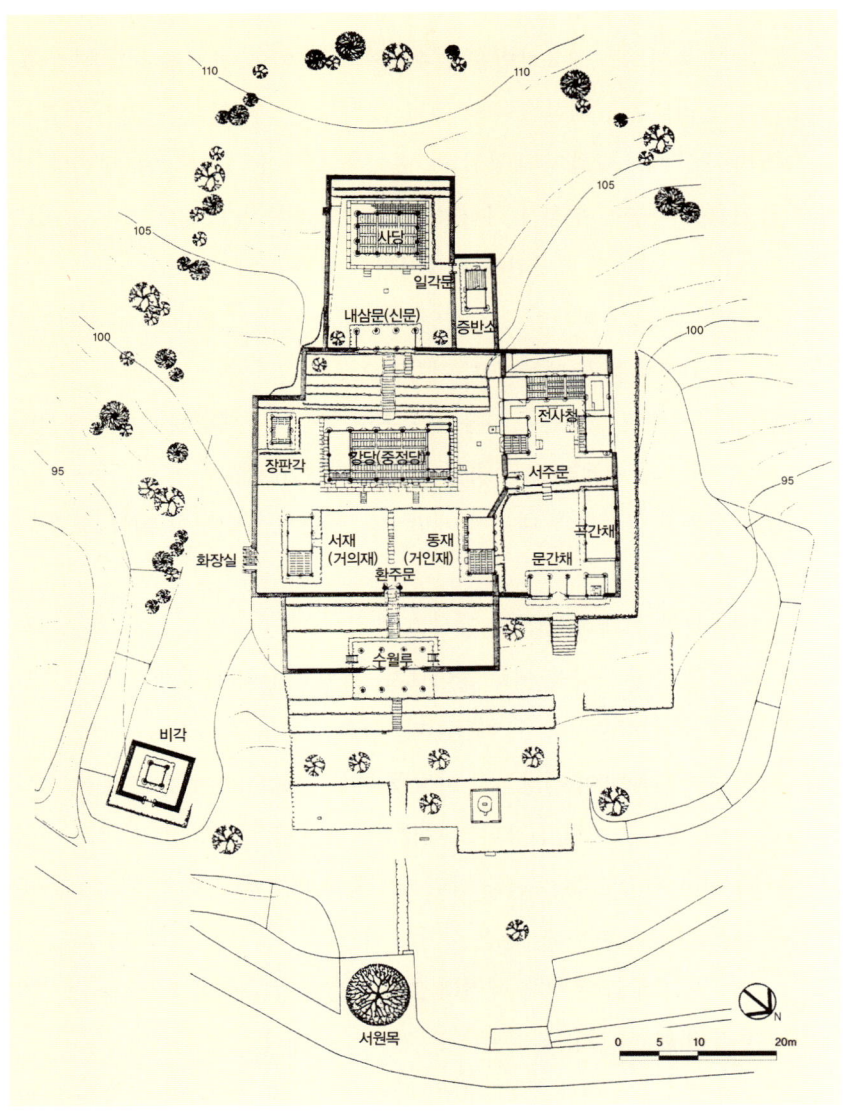

도동서원 배치도   문화재관리국 도면.

팽팽한 긴장감을 이완시키고 있다. 그럼으로써 서원의 마당은 구체적인 행위가 일어나는 곳이 아니라, 비어 있고 정적인 공간으로 존재하게 된다. 비어 있음, 적막함, 순수한 인공성 등은 선택된 소수를 위한 공간이 갖추어야 할 필요조건이 된다.

유교적 마당은 구체적인 기능을 갖지 않는다. 그저 비어 있는 그 자체가 중요한 기능이 된다. 그러나 유교적 공간의 몰기능성은 일정한 물적 토대 위에서만 얻어진다. 도동서원 마당의 비어 있음은 그 옆의 전사청에서 서원 노복들의 부지런한 서비스가 있기 때문에 가능했다. 확대한다면 서원의 공간을 형이상학적으로 유지하기 위해 도동마을 전체가 물리적인 기능을 제공한다고 보아야 할 것이다. 서원 영역 안에는 부엌도, 장독대도, 창고도, 화장실도 없다. 일상적 기능들을 일절 소거하고, 선현에 대한 기억과 엄격한 자기 수양, 진리 탐구의 형이상학만 남게 된다. 엘리트의 공간이기를 추구하는 유교건축에는 장식이 필요치 않다. 장식은 일상을 떠올리게 하며, 대중 전달을 위한 조작된 이미지를 제공하기 때문이다.

건축은 관념을 담는 그릇

문자는 두 가지 속성을 갖는다. 사실적 기록으로서의 문학과, 상상과 관념의 수단으로서의 문학. 불교시대의 문학이 앞의 것이라면, 유교시대의 문학은 뒤의 것이리라. 고려 말 문인들의 문집에는 매우 사실적인 기록들이 자주 등장한다. 예를 들어 목은牧隱 이색李穡(1328~1396)이 쓴 '회암사기'의 내용대로 도면을 그려가면,[04] 지금은 소실된 회암사檜巖寺의 전모를 파악할 수 있다. 그러나 조선시대 문인들이 남긴 건축 관련 기록은 독해에 많은 인내를 요구한다. 건축에 관련된 내용은 한두 줄에 불과하고, 모두가 주변 환경에 대한 내용이거나 관련 인물에 대한 칭송, 건물을 세우게 된 이유, 건물을 세움으로써 얻게 되는 의의, 그리고 세우고 난 후의 개인적인 감상뿐이다. 심지어 공사일지조차도 공사에 참여한 인원과 비용만을 기록할 뿐, 건축적 내용은 생략되

04_ 『牧隱文藁』, 卷二, 記, 「天寶山檜巖寺修造記」.

고 대신 "어느 날 유생 OOO이 찾아와서 함께 술을 마신 후 이런 시구를 남겼다······" 따위의 사건들만 중요하게 기록되어 있다.

유교문화는 문자를 매개로 창조되고 전파되며, 그 문자는 사실 기록의 기능보다는 관념 표현의 수단으로 기능한다. 특히 성리학자들은 유형적인 물질과 일상을 매우 하찮은 것으로 여겼으며, 무형적인 추상과 관념의 세계를 이상으로 삼았다. 불교시대에 가장 발달한 예술 장르가 건축을 포함한 조형예술이라면, 유교시대에는 문학 중에서도 특히 서정문학이 최고의 자리를 차지한다. 문학적 추상성과 관념성은 유교문화 전반의 특성을 형성하기에 이른다. 음악은 의례를 위한 정악正樂이 정통을 이루며, 미술은 관념세계를 묘사하는 문인화文人畵가 각광을 받는다. 속악俗樂과 풍속화風俗畵의 예술성이 비로소 인정받은 것은 김홍도金弘道가 활동했던 18세기 말에 와서야 가능했다. 건축도 예외가 아니다.[05] 유학자들에게 중요한 것은 건축으로 담을 수 있는 그 무엇이지, 건축물 자체가 아니었다. 그 무엇이란 자연일 수도 있고, 도道일 수도 있다. 따라서 건축은 반半외부화와 개방화된 일종의 프레임으로 작용하며, 내부 공간은 무성격하게 투명하다. 도동서원 중정당의 대청이나 동재의 방 안에서 그 개방성과 투명성, 중성적 성격을 느낄 수 있다.

유교건축에서 발달했던 분야는 정원건축과 학문을 위한 건축들이다. 이러한 비일상적인 분야의 건축들이 발달했던 이유는 유교건축의 관념성 때문이다. 일상적 건축이라 할지라도 공간의 성격을 지극히 추상화하고 인위적인 것으로 만드는 이유 또한 관념성 때문이라 할 수 있다. 건축은, 우주와 자연이 그랬던 것처럼, 관념의 덩어리이며 궁극적인 이상을 얻기 위한 그릇이었다.

유형학적 원형에 대한 향수

중국 학문의 특징적인 의식은 가치의 기준을 미래보다 과거에 두는 상고尙古주의라 할 수 있다. 이는 정치, 문화, 윤리의 모든 면에 걸쳐 절대적인 가치 기준으로 적용되며, 순환론적 역사관을 형성하기에 이르렀다.[06] 기원전 국가인

[05] 물론 건축이라는 장르 자체가 비재현적이기 때문에 '사실과 추상'을 분류하기는 어렵고, 모든 건축적 개념은 관념적이라 말할 수 있다. 그럼에도 불구하고 특히 유교건축은 건축의 객체성과 물체성을 부정하고 있기 때문에 더욱 관념적이다.

[06] 전해종, 『韓國과 中國』, 지식산업사, 1979, p.67. 중국의 순환론적 역사 인식은 하夏, 은殷, 주周 삼대를 표본으로 형성되었다. 역사적 변천의 특질은 비슷한 양상을 띤 채 반복되기 때문에, 이전 시대의 변화 양상은 현재 혹은 미래의 강력한 준거가 된다는 인식이다.

주나라의 예법(『주례』周禮 「고공기」考工記)이 동양 건축의 강력한 규범으로 등장하는 원인도 건축문화의 순환성 혹은 상고성 때문이다. 유가儒家의 문화관에 따르면, 현재 건축의 원형은 항상 과거에 존재했었고, 현재의 건축을 계획하고 실현하는 모든 규범도 과거에서 찾아야만 한다. 이러한 순환의식의 극치는 음양오행설陰陽五行說이다. 풍수지리설은 말할 것도 없고, 방위와 색채, 형상과 공간적 성질까지도 오행설의 순환고리와 같은 질서체계 속에서 정립되어왔다. 음양적 사고에 기초를 둔 건축적 담론들은 아직도 건축사학자들의 논문 속에서 빈번히 등장하고 있고, 지도적 건축가들의 건축 개념 속에서도 흔히 발견할 수 있다.

동양적인 순환의식에 중국에 대한 사대주의가 결합된 한국 성리학의 경우, 원형에 대한 향수는 더욱 심각했다. 특히 성리학을 집대성한 주자朱子(1130~1200)의 언설과 이론은 물론 그의 행적과 취미까지도 문화적 원형으로 자리잡았다. 주자가 학문 수양을 위해 경치가 뛰어난 곳에 정사를 경영한 내용이 그의 글 「무이정사잡영병기」武夷精舍雜詠幷記에 실려 있다. 퇴계는 그를 원형으로 삼아 자신의 세거지世居地 부근에 정사를 경영하면서 학문과 교육에 힘썼고, 그 내용을 『도산잡영』陶山雜詠에 실었다. 주자가 무이구곡武夷九曲을 경영했으면, 퇴계는 도산서당 주위에 도산구곡陶山九曲을 경영했고 글의 제목까지도 유사한 기록을 남겨야 했다.

송대의 주자는 제자 양성을 위해 백록동서원白鹿洞書院을 부흥시켰고, 조선시대의 주세붕은 이를 원형으로 삼아 백운동서원을 창설하였다. 물론 주세붕은 주자의 백록동서원을 본 적도 없고, 서원건축이 어떻게 이루어졌는지도 알지 못했다. 그러나 건축 규범의 단편들과 서원의 교육 방향 및 규칙들을 수록한 주자의 「백록동서원게시」白鹿洞書院揭示는 주세붕의 원전이 되어 「백운동서원규」白雲洞書院規로 탈바꿈하였다. 한국 최초의 서원인 소수서원은 수백 년 전의 중국인 주자가 마련한 규범을 좇아서, 이름까지 돌림자로 정한 채 창건되었다.

주자를 위시한 중국의 성현들이 행한 행동 양식이 성리학의 정착 단계에서 조선시대 지식인들의 원형이 되었듯이, 중국의 유교적 건축들은 구체적으로 모방·재해석되어 하나의 건축 유형으로 자리를 잡았다.07 원형과 재현을 방법론으로 채택한 유교건축에서 건축적 유형(type 또는 typology)이 절대적인 규범으로 작용하는 것은 당연하다. 향교는 향교대로, 서원은 서원대로 고정된 유형이 있다. 서원건축의 유형은 선택 가능한 범례가 아니라 꼭 준수해야 할 규범으로 작용한다. 유형에 대한 집착과 원형에 대한 향수는 유교건축물들을 획일적이고 보수적으로 만든 가장 큰 원인이 된다. 사유재산이어서 비교적 변화가 자유로웠던 서원건축마저도 몇몇 창조적인 예들을 제외하고는, 백편일률이 되어버린 원인도 여기에 있다.

마지막으로 도동서원의 직접 관련자인 김굉필의 언술을 들어보자.

"하늘도 하나요, 땅도 하나다. 도道는 그 가운데서 없어지지도 않고 2개로 되지도 않는다. 이미 과거와 현재의 구별이 없거늘 어찌 중화와 오랑캐의 구별이 있겠는가?"08

그의 순환론적인 모화사상慕華思想에 걸맞게, 그를 모신 도동서원은 서원의 유형을 충실히 재현하면서 동시에 또 하나의 건축적 규범이 되어버렸다.

07_ 유준영, 「造形藝術과 性理學」, 『한국미술사논문집』, 정신문화연구원, 1984, p.13. 유준영 교수는 구체적으로 강원도 화음정사의 예를 주자의 무이정사와 비교 분석하면서 유사한 결론을 내리고 있다.
08_ 張顯光 讚, 「神道碑銘」. 신도비는 도동서원 앞 비각 속에 있다.

사림파와 향촌,
서원건축과 도동서원

조선시대의 파워 엘리트, 사림파

고려 말 귀족체제와 불교사상의 모순을 가장 강력히 비판했던 계층은 신흥 사대부들이었다. 첨단 학문인 주자의 성리학으로 사상적 무장을 했으며, 그들의 정치적 이상을 실현해줄 강력한 군주감으로 신흥군벌인 이성계李成桂를 추대했다. 당시 이성계는 왜구 소탕으로 대단한 대중적 인기를 얻고 있었지만, 구舊군벌인 최영崔瑩 일파의 견제와 무시에 시달리고 있었다. 그 역시 대권을 갈망하고 있었지만 국가를 경영할 만한 지식과 경륜이 부족했던 까닭에, 사대부士大夫 세력과의 제휴는 가히 환상적인 연합이었다.

사대부란 "선비(사士)와 벼슬아치(대부大夫)를 겸한" 계층을 의미한다. 평소에는 글을 읽는 선비지만, 일단 나라의 부름이 있으면 벼슬길에 나아가 그동안 갈고 닦은 경륜을 펼치며 실천에 옮기는 지행합일知行合一의 인간상이었다. 한번 벼슬에 오르면 영원히 직업 공무원으로 일생을 마치고, 아버지가 귀족이면 대대로 귀족이 되는 고려조의 상황에서는 전혀 새로운 종류의 인간들이었다.

유교사회로 통치이념을 전환하려는 점에서는 모든 사대부들이 공통적이었지만, 고려왕조를 무너뜨리고 새로운 왕조를 세우는 역성혁명에는 상반되는 입장들이 대립했다. 절의파라 불린 정몽주, 길재, 이색 등은 이른바 체제 내의 개혁을 주장했던 반면, 정도전鄭道傳과 조준趙浚 등의 과격파는 쿠데타에 이론적 정당성을 부여하며 새 왕조 건설에 절대적인 역할을 하였다. 참여파 내에서도 갈등과 분열이 있었지만 그들 대부분은 새 나라의 건국 공훈자가 되었고, 성공한 쿠데타의 실세로서 정치적·경제적 전리품들을 차지할 수 있었다. 이들은 훈구파라 하여 가문 대대로 새 왕조의 고위직을 독점했고, 역성혁명의 초기 이상과는 달리 새로운 귀족층을 형성하게 되었다. 반면 절의파들은 정치적으로 숙청되었든가 아니면 지방에서 은둔하면서 학문 수양에만 전념하였다. '사'와 '대부'가 뚜렷하게 분리된 것이다. 사대부층이 분리되면서, 숲 속에서 글만 읽는 절의파 계열을 일컬어 '사림'士林이라 부르기 시작했다. 그들이 우여곡절 끝에 조선사회의 정치적·사상적 주도권을 쥐게 된 시기는 대략 16세기로, 자신들의 향리에서 경제적 기반을 잡아가는 동시에 여론 주도층으로서 사회적 입지를 굳혔다.

    자의 반 타의 반으로 중앙정계에 관여하지 않던 사림파들의 정치·경제적 기반은, 자신들이 살고 있는 향촌이었다. 비록 조선시대가 유교통치를 표방했지만 기층사회에는 아직도 불교시대의 유습들이 뿌리 깊게 남아 있었다. 당시 향촌사회의 가족제도는 이른바 자녀균분상속제子女均分相續制를 기반으로 조직되었다. 부모의 재산을 자녀의 수만큼 나누어 공평하게 물려주는 제도이며, 아직은 남녀나 장차남의 차별이 없었다. 당시 야심 있는 청년들이 출세할 수 있는 지름길은 재산 많고 권력 있는 집안에 '장가丈家를 드는' 일이었다. 장가를 든 다음에는 처가 마을에 정착하며, 친가의 확고한 연고지가 없으면 일생을 처가 마을에서 마치게 된다. 그들의 아들 역시 사돈 마을로 장가를 들게 되니, '씨족 마을'은 아직 형성될 수 없었다.

사림파의 전형, 김굉필

사회사를 구조적으로 이해하는 것이 역사학의 정도이지만, 어느 경우에는 개인의 역사를 통해 사회 구조를 파악할 수도 있다. 한훤당 김굉필은 전형적인 15세기 초 사림의 생애를 보여준다. 증조부 김중곤金中坤은 조선 초 과거에 합격하여 예조참의를 지냈고 현풍 곽씨 가문에 장가를 들어 현풍에 정착하였

↗ **다람재에서 포착한 도동서원의 전경**
사진 아래쪽 기와집군이 서원이며, 그 위의 민가들은 서흥 김씨들의 씨족 마을이다. 지형의 조성법과 맞배지붕들의 통일성을 느낄 수 있다.

09_ 현재의 도동서원과 김굉필의 선영이 있는 산.
10_ 이병도, 「寒暄堂 金宏弼의 生涯와 思想」, 『도동서원 실측조사보고서』, p.22.

다. 이때 김굉필 집안의 세거지가 마련되었고, 도동서원이 이곳에 세워진 먼 이유가 된다. 아버지 김뉴金紐는 무과에 급제하였으나 벼슬은 높지 못했고, 오히려 어머니가 중추원부사 창성군의 딸로서 외가 쪽의 명성이 훨씬 높았다. 김굉필이 태어난 곳은 서울의 정동이었지만, 성장한 곳은 증조부 때 연고를 맺은 현풍현 대니산戴尼山[09] 남쪽 솔례촌이었다. 청소년기의 그는 매우 호방하여 놀기를 좋아하고 남의 눈치에 거리낌이 없었다 한다.[10] 서울에서 태어났지만 시골로 이사 왔고, 시골 한량 노릇을 했다는 사실에서 아버지 대의 정치적 좌절이 청소년기 김굉필에게 큰 영향을 미쳤음을 알 수 있다. 또한 이 시대는 훈구파의 득세가 절정에 달하였고, 새 왕조의 체제 내부에는 이미 심각한 모순이 자라나고 있을 때였다.

이 망나니 청년이 마음을 잡은 것은 18세 때 박씨 부인과 결혼하면서부터다. 처가는 합천군 야로에 있는 평양부원군의 집안이었다. 거칠기는 하지만 비범한 자질이 잠재된 시골 청년이 명문 가문에 발탁된 꼴이었다. 김굉필은 결혼과 동시에 처가 근처에 한훤당이라는 서재를 짓고 학문에 열중하게 된다. 이때 인근 함양군수였던 김종직金宗直(1431~1492)[11]과의 만남과 배움은 그의 일생의 운명을 결정한 사건이었다. 김종직의 수제자가 됨으로써 그는 정몽주-김종직-김굉필로 이어지는 성리학의 맥과 사림파의 정통을 이어받는 영광을 누렸지만, 김종직의 제자라는 이유만으로 끝내 죽임을 당했다. 어쨌든 오랜 학문 연마를 마치고 26세 때 과거에 합격하여 관직생활을 시작했다. 홍문관 등 주로 언론 계통의 벼슬을 역임한 것도 전형적인 사림 출신 관리의 길이었다. 바른말을 잘하고 권력과 타협하지 않는 강직함은 수차례의 유배와 강등으로 이어졌으며, 급기야 연산조 때의 무오사화戊午士禍[12]로 유배를 당하고, 갑자사화甲子士禍 때 죽임을 당했다.

사림들의 이상은 진리를 깨우치는 것뿐 아니라 죽음을 무릅쓰고 그 도를 실천하는 데 있었다. 김굉필은 그의 이상을 집안에서부터 실천하여 '가범'家範을 제정하였고, 이는 후대의 '가례'家禮로 이어진다. 친족은 물론 노비들에게도 장유의 순서와 남녀의 유별을 정하여 예절을 지키게 했다. 그는 생전에도 후학의 존경을 받아 제자로서 조광조趙光祖, 김안국金安國, 성세창成世昌, 이장곤李長坤 등을 배출해 조선 사림의 본류를 이룰 수 있었다. 지행知行이 일치된 강직한 삶, 청출어람青出於藍의 교육과 순교자로서의 최후 등은 사림파의 이상적인 생애였다. 김굉필에 대한 당대의 평가는 매우 정확한 것이었고, 사림이 받을 수 있는 최상의 칭송이었다. "선생은 비록 높은 지위를 얻어서 도를 행하지 못했고, 미처 책을 저술하여 가르침을 남기지는 못했으나, 능히 한 세상 유림의 으뜸 스승이 되었고, (죽음으로써) 도학의 기치를 세웠다."[13]

성리학적 제도의 거대한 구조

훈구파와의 일세기에 걸친 지루한 투쟁 끝에 드디어 사림파는 조선시대 정치권의 실세로 등장했다. 물론 4차례의 커다란 사화로 가혹한 희생을 치르기도

[11] 조선 전기의 문신이자 성리학자. 문장과 사학史學에 두루 능하고 절의를 중시하였으며, 도학道學의 정맥을 이어 제자인 김굉필, 정여창 등에게 영향을 주었다. 저서로는 『점필재집』, 『청구풍아』青丘風雅와, 편저로 『일선지』一善誌와 『동국여지승람』東國輿地勝覽 등이 있다.

[12] 사화란 사림지화士林之禍의 준말로 기득권 세력인 훈구파들이 신흥 사림파의 성장을 저지하기 위해 여러 차례 일으켰던 일종의 정변이다. 이 가운데 무오사화는 1498년(연산군 4) 김일손 등의 신흥 사림파가 유자광 중심의 훈구파에게 화를 입은 사건을 가리킨다.

[13] 張顯光 讚, 「神道碑銘」.

했지만, 궁극적인 승리자는 그들이었다. 효율적인 향촌 교화 사업으로 장악한 향권은 중앙정계 진출의 물리적 토대가 되었다.

향촌의 교화란 지방사회를 유교적 신분구조로 전환하여, 각 신분들의 분수에 맞게 상위 신분에 복종하고 하위 신분을 통솔하는 계급적 사회로 재편하는 것이었다. 이 목적을 위해 다양한 제도를 시행했던 바, 유향소留鄕所[14]를 설치하여 향촌사회의 구심점으로 삼기도 하였고, 향약鄕約과 동계洞契[15]를 실시하여 유교적 질서를 거부하는 자들을 처벌하였다. 양로예養老禮[16]나 향음鄕飮 등은 향촌의 원로를 우대하여 장유유서의 질서를 구축하려는 노력이었다.[17] 향약 등의 제도를 지속적으로 수행해나가기 위해서는 항구적인 조직체가 필요하였고, 그러한 물리적 공간으로 서원이 가장 적합하였다. 물론 초창기의 서원은 학문 연수와 선현 추모의 목적으로 창건되었지만, 17세기 이후 향촌 교화가 서원의 가장 중요한 역할로 자리잡았다.

향촌사회의 교화를 위해서는 우선적으로 자녀균분상속제를 타파할 필요가 있었다. 경제적으로 평등한 조건에서 남녀 간, 장남과 차남 간의 서열과 위계를 강조해봐야 실효성이 없기 때문이다. 따라서 사림파들은 16세기 내내 가부장제도와 장자상속제를 실험하고 정착시킨다.

특히 임진왜란을 겪으면서 기존의 가치관이 붕괴된 17세기 초에 혈연과 자손은 유일하게 의지할 수 있는 가치 기준이었다. 가부장제와 장자상속은 자연스럽게 같은 성씨들이 모여 사는 씨족 마을을 형성하게 된다. 재산을 상속한 장남은 종손으로서 마을을 지키게 되고, 드디어 여자들이 시집〔媤家〕을 오는 가부장제를 실현케 했다. 씨족 마을의 형성은 가문주의를 발전시키고, 이는 다시 가문 중심의 서원 설립 붐으로 이어진다. 향촌 교화와 장자상속제, 가부장제, 사림파의 형성, 예학의 발달 등은 별개의 사실들이 아니라 모두 성리학의 수용과 실현이라는 거대한 구조 속에서 서로 얽혀 있는 불가분의 현상들이었고,[18] 그 구조의 핵심에 서원이라는 건축 공간이 있었다.

[14] 조선 초기에 지방 군·현의 수령을 보좌하던 자문기관으로, 벼슬에서 은퇴한 지방 품관을 뽑아 풍기를 단속하고 향리鄕吏의 악폐를 막는 등 민간자치의 지도자적인 역할을 맡게 했다. 이후 태종 초기에 지방 수령과 차차 대립하며 중앙집권을 저해하는 성향을 띠어 1406년에 폐지되었다.
[15] 향약은 마을의 자치적인 규약으로 주로 성리학적 종법질서를 세우기 위한 사설 법규였고, 동계는 마을의 공동재산 관리나 협업, 동제 등을 주관하는 자치 조직이다.
[16] 80세 이상의 노인을 위한 향교의 교정에서 잔치를 베푸는 예.
[17] 이수건, 『영남사림파의 형성』, 영남대학교 출판부, 1984, p.12.
[18] 이수건, 앞의 책, p.10.

서원 설립 운동과 전개 과정

유교와 유학은 동전의 양면과 같다. 유교의례의 실체는 선현을 제사하고 숭모하는 것이고, 이는 곧 유학적 지식의 수양과 실천행위이다. 반대로 유학의 학문적 대상들은 모두가 유교의 경전이며, 학문적 수련 없이 유교라는 종교는 존재할 수가 없다. 유가의 이러한 종교와 학문의 동일성을 이해해야 조선시대 서원의 교육제도와 건축을 이해할 수 있다. 서원은 유교의 성전인 동시에 유학의 교육기관이다.

서원이라는 용어는 고려 말부터 등장했지만, 당시의 서원은 일종의 개인학교(사숙私塾)나 도서실의 형태였던 것으로 보인다.[19] 조선 초까지만 해도 서원은 서당, 서사, 정사들과 같은 소규모 교육기관의 별칭이었다. 한국에 유학이 수입된 것은 이미 신라 때였고, 이후 유학적 강학기관으로서의 '정사' 精舍와 유교적 제향기관으로서의 '사묘' 祠廟가 존재해왔다. 서원이 학문기관과 종교기관의 통합체로서 출현한 것은 역사발전상 당연한 일이었지만, 그 시기는 매우 늦어져 1543년 주세붕이 백운동서원 안에 안향安珦(1243~1306)의 사당과 강학소인 명륜당을 함께 설립한 후였다. 주세붕은 서원을 세워야 하는 필연성을 이렇게 밝히고 있다.

"기근이 심함에도 불구하고 서원을 세우는 목적은 교화가 기근 구제보다 급하며, 교화는 반드시 옛 현인을 숭상하는 것으로부터 비롯되어야 하기 때문이다."[20]

현실적 구난보다는 정신적 교화를 중시했던 성리학자로서의 면모를 잘 드러내고 있다. 그는 아울러 "사묘가 있기 때문에 서원을 두게 된 것"이라 하여, 서원과 사묘를 구별 짓고 있었다.

서원 운동의 계승자인 퇴계退溪 이황李滉(1501~1570)은 오히려 "서원에는 강당과 사당이 있어야 하지만, 꼭 사묘가 필요한 것은 아니다" 하여 교육을 서원의 주된 기능으로 보았다. 그는 또 백운동서원을 사액서원으로 승격시켜, 서원을 조선시대의 공적인 중추 교육기관으로 자리잡게 하는 데 커다란 공헌을 했다. 사액서원이란 국가에서 공인하는 증표로 서원의 현판을 하

[19] 김지민, 「조선시대의 서원건축」, 『도동서원 실측조사보고서』, 1989, p.52.
[20] 『武陵稿』, 第七, 竹溪志序.

사하는 것인데, 공식 인쇄된 서적들을 배급받으며 서원에 모셔진 선현의 지위도 격상되는 영예를 안게 된다. 더욱 중요한 것은 서원에 속한 토지와 노비는 세금과 병역의 의무에서 면제되는 경제적 특혜였다. 요즘 용어를 빌리자면, 지방 사림들에게 서원이란 곧 명예의 전당이요, 동시에 황금 알을 낳는 사업체였다. 국가가 인정하는 사액서원이 되면 더 말할 나위가 없었다.

각 지방의 사림들과 가문들이 앞을 다투어 서원을 경영하니, 17~18세기에는 전국에 600여 개의 서원이 운영되는 최고의 전성기를 맞이한다.[21] 이 많은 서원들이 모두 건전한 교육기관일 수 없었다. 서원의 난립 현상은 앞서 말한 경제적 목적 때문이거나, 아니면 가문의 허세와 경쟁 때문이었다. 서원을 설립하려면 유림에서 인정할 만한 선현의 제사를 모셔야 했다. 그러나 한국의 선현들을 모두 통틀어도 600명에 이를 수는 없었다. 따라서 자연히 한 인물이 여러 곳의 서원에 배향되는 이른바 '첩설' 疊設 현상이 나타나게 된다. 가장 인기 있는 인물은 퇴계退溪와 율곡栗谷으로 전국의 20~40개 서원에서 제사되었다. 도동서원의 주향자인 김굉필도 전국 8개소의 서원에 모셔졌다. 아니면, 가문 조상들의 공적을 과장하거나 조작하는 '외향' 猥享을 통해 서원을 창건하기도 했다.[22] 이러한 상황에서 교육이 제대로 될 까닭이 없었다. 자연히 서원의 중심 기능은 교육에서 제향으로 흐르게 되고, 지방민에 대한 착취와 당쟁의 근거지로 전락하는 이른바 '서원폐' 書院弊의 온상이 되었다.

18세기 중반 영조 대에 들어 전국의 사설서원 300개소를 철거하여 한동안 서원의 난립 현상이 주춤거렸다. 그러나 19세기 세도정치 시대에는 다시 난립하기 시작하여, 아예 교육시설인 동·서재가 없고 강당도 형식적인 서원들이 출현하였다. 세도가들의 견제와 멸시를 참으며 권좌에 오른 흥선대원군은 드디어 1871년 서원철폐를 단행했다. 전국에 47개소의 서원만 남기고 모두 강제 철폐를 감행한 것이다. 그가 개혁정치의 첫째 수단으로 서원철폐를 단행한 이유는 당시 서원이 지방 양반들의 경제 근거지인 동시에 구세도가문들의 권력기반이었기 때문이다. 이제 서원의 문제는 교육이나 제향의 문제가 아니라 정치 문제였으며 국가경제의 문제였다.

21_ 조선시대 말까지 공교육기관인 향교가 총 230여 개 세워졌던 것과 비교하면, 사교육기관인 서원이 압도적이었음을 알 수 있다. 19세기 말의 전국 인구가 500만이었던 점으로 미루어보면, 적어도 인구 8,000명당 1개 서원이 존재했던 셈이다. 양반 인구가 전체의 20%였다면, 양반 1,600명당 1개의 서원이 존재했던 셈이다. 현재 문제가 되고 있는 과다한 사교육 부담은 과거에도 일반적인 문제였다.
22_ 송긍섭, 「李退溪의 書院敎育論 考察」, 『퇴계학연구』 2집, p.129.

도동서원의 연혁

도동서원은 초기에 설립되어 비교적 서원 본연의 기능에 충실했던 곳이다. 대원군 당시 철폐를 면했던 47개소는 모두 정치적 문제에 초연했고 경제적 수탈행위가 덜했던 사액서원이었다. 뒤집어 말하면 당시로서는 힘없는 명문 서원들만이 살아남을 수 있었다. 정치적 실권이나 경제적 여력이 없었던 관계로, 다행스럽게도 이들은 비교적 원형에 충실한 건축을 보존하고 있다.

김굉필은 억울하게 죽임을 당했지만, 중종반정으로 연산군이 쫓겨난 뒤 복권되었다. 중종은 조광조 등 신진 사림들을 중용하여 자신의 정치기반 세력으로 삼았고, 조광조는 김굉필의 직계 제자였다. 당연히 김굉필의 명예는 실제 이상으로 회복되어 동방오현東方五賢[23]의 으뜸으로 추앙받아 문묘에 배향되는 영예를 안는다. 1568년 그의 연고지인 현풍에 드디어 서원이 건립되고 위패가 봉안되었다. 이때의 위치는 현풍읍 동쪽 9km 지점의 쌍계동으로 '쌍계서원'雙溪書院이라 명명되었다. 김굉필의 인기를 반영하듯 서원 건립에는 인근 유림뿐 아니라, 한양을 비롯한 전국 각지의 사림들과 관원들이 참여했다고 전한다. 당시 쌍계서원은 강당과 동·서재, 5개의 숙소, 그리고 하나의 정자로 구성되었다.[24]

임진왜란 때 현풍 지역은 홍의장군 곽재우郭再祐(1552~1617)의 의병활동 무대였고, 왜군들의 가공할 약탈이 자행된 곳이다. 쌍계서원은 1597년 불타 없어지고, 전쟁 후 서원을 중건하자는 여론이 비등하여 중건에 착수하게 된다. 이때 서원을 현 위치로 옮길 것을 결정했다.[25] 1604년 우선 사당을 건설하여 위패를 봉안한 후, 이듬해 강당 등 서원 일곽을 완비하게 된다. 서원 중건에 중추적인 역할을 한 인물은 바로 김굉필의 외증손이며 영남의 걸출한 예학자 한강寒岡 정구鄭逑(1543~1620)[26]였다. 도동서원이 가장 규범적인 서원으로 건축된 것도 정구의 영향이었다.

중건된 지 2년 후에 "성리학의 도가 동쪽으로 왔다"는 의미에서 '도동서원'으로 사액되었다. 이때의 건축 구성은 수월루만 제외하고는 현재의 모습과 동일했던 것으로 보인다.[27] 건물의 명칭들은 전신인 쌍계서원의 것들을 그

[23] 김굉필, 정여창, 조광조, 이언적, 이황으로 한국 성리학의 정착에 크게 공헌한 인물들을 지칭한다. 이언적과 이황의 학문적 업적은 자타가 공인하지만, 앞의 세 인물은 학문적 공헌보다는 도덕정치의 실현을 위해 목숨을 던진 절의가 크게 평가되었다.

[24] 『經賢錄』, 「甫老洞書院」條, 중정당中正堂(강당, 좌는 동익실東翼室, 우는 서익실西翼室), 동·서재東西齋(이름은 전하지 않음), 구용료九容寮, 구사료九思寮, 사물료四勿寮, 삼성료三省寮, 양정료養正寮, 환주문喚主門, 조한정照寒亭(시냇가에 위치한 정자)으로 이루어졌다고 전한다. 동·서재뿐 아니라 5개소의 숙사가 있었다는 사실은 쌍계서원이 대단히 큰 교육기관으로 많은 학생들이 기숙했음을 알려준다.

[25] 같은 기록. 서원의 위치를 옮겨야 할 이유로 "옛 쌍계서원의 터는 인가가 가깝고 장터가 있어서 학생들이 유숙하며 공부하기에 적합하지 못했다. 또 선생의 행적과 별로 관계가 없는 터라 (선영이 있어) 연고가 깊은 여기에 자리를 잡은 것이다."

[26] 이황과 조식에게 사사하고 청년기에는 과거시험을 멀리한 채 오로지 구도의 길에만 전념했다. 예학의 대가로 그는 "예는 가깝고 먼 것을 정하고, 믿고 못 믿음을 결정하며, 같고 다름을 구별하고, 옳고 그름을 밝히는 기준이다" 하여 지고의 가치관으로 '예'禮를 중시했다.

[27] 문화재관리국, 『도동서원 실측조사보고서』, 1989, p.20.

대로 사용했지만, 5개소의 숙사들은 중건되지 않았다. 이미 교육의 기능이 축소되었기 때문이다. 1634년 서원 담 바깥에 제자들의 사당을 별도로 세우고 양몽재養蒙齋라는 서실을 세웠지만 후에 철거되어 지금은 흔적도 찾을 수 없다.

1855년 인근의 선비들이 환주문 앞에 2층 누각인 수월루를 창건한다. 누각을 창건한 이유는 "서원의 제도를 갖추려면 누각이 있어야 한다"는 유형학적 사고와 "서원을 출입하기에 가파르고 답답하다"는 공간적인 이유에서였다.[28] 수월루는 1888년 화재로 소실되었다. 1962년 강당과 사당, 그리고 담장

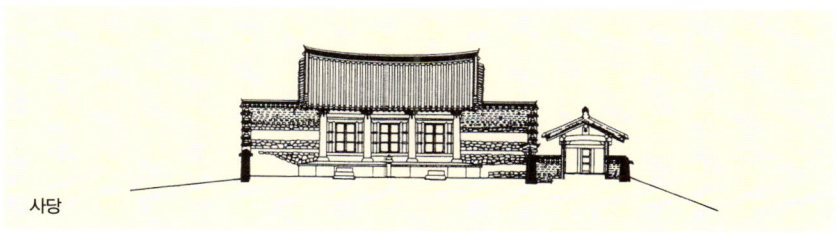

사당

사당+강당

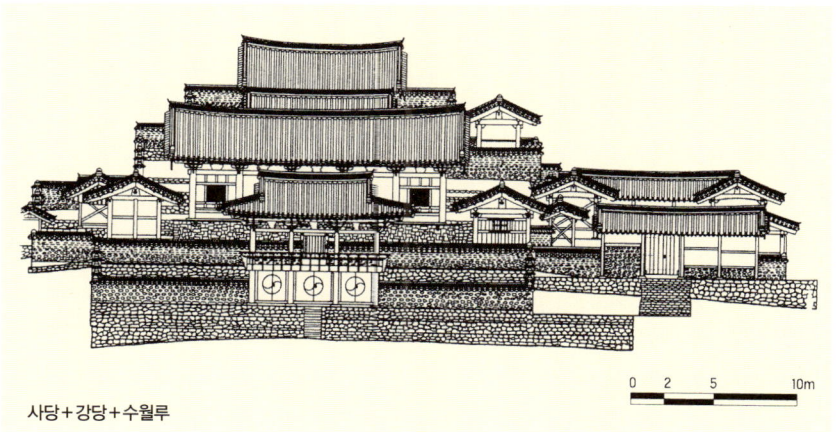

사당+강당+수월루

28_「수월루상량문」水月樓上梁文. 공조판서 이원조는 이렇게 밝혔다. "도동서원만 홀로 문루의 제도가 구비되지 못한 것이 한이 되니. 다만 서원의 힘이 미약했던 까닭이다. 중정당 앞에 담장을 둘러 이미 장수藏修할 처소는 있지만. 환주문 밖 계단을 오르내리는 데 오히려 가파르고 답답하다. 여가를 내어 올라보매 계단을 따라 들어갈 수는 있지만 선생의 유풍을 오래도록 이었는데 어찌 문간에 단청하고 난간 두르기를 늦추랴……"

↳ **도동서원 집합 입면도** 문화재관리국 도면.

일곽이 보물 350호로 지정되어, 1973년 수월루가 복원되었다. 현존 수월루는 구조도 빈약하고 지나치게 기교를 부려 도동서원 전체의 품격에 맞지 않는 졸작이다. 1987년 앞면 석축을 복원했는데, 역시 손을 대면 댈수록 품격을 훼손한다는 사실을 재확인시킨 정도였다.

도동서원의
성리학적 건축 담론

지형과 형태의 전체성과 통일성

도동서원은 앞으로 낙동강을 품고, 뒤로 대니산을 기댄 급경사지에 입지했다. 서원의 중건을 주도했던 정구는 여기에 매우 통일적인 일군의 건축물을 조성했다. 그는 예禮를 지고의 가치로 여겼고, 그의 예학적 목표는 계층윤리를 극대화하는 것이었다.[29] 계층윤리는 곧 개체들 간의 서열을 통한 전체의 통일로 귀결된다. 이는 사회적 규범인 동시에 도동서원의 건축적 구성에도 어김없이 적용되었다.

비교적 급한 경사지를 18개의 좁고 긴 석단들로 터를 닦았다. 후에 조성된 수월루를 위한 석단을 제외한다면, 강당과 사당을 위한 두 곳의 평지 사이에 매우 좁은 수많은 석단들이 중첩된 구성이다. 석단들의 동일한 수법이 대지에 통일성을 부여하는 동시에, 석단들의 좁고 넓은 운율이 부분들의 전체성을 확보한다.

[29] 최완기, 『韓國性理學의 脈』, 느티나무, 1989, p.268.

도동서원 동측 입면도 문화재관리국 도면.

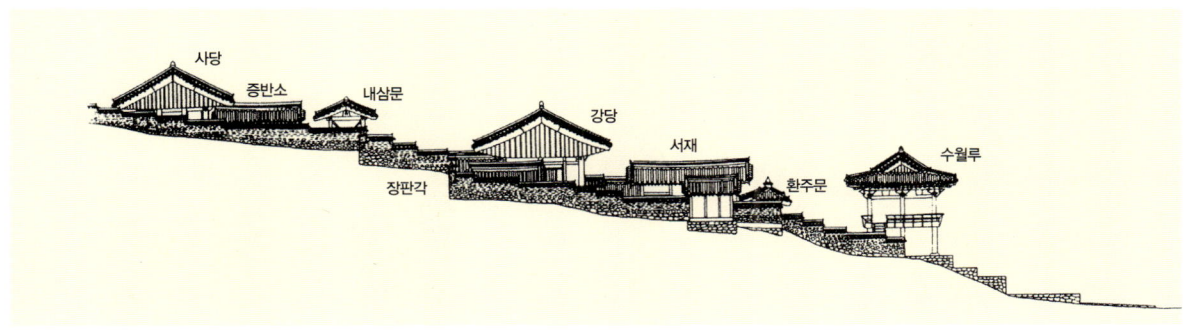

석단들로 조성된 터 위에 건물들을 세웠는데, 모두가 맞배지붕의 동일한 형태들이다. 사모지붕30의 환주문만 다른 형태이지만 워낙 규모가 작아 무시될 정도며, 최근 중건된 수월루만 팔작지붕의 형태이다. 맞배지붕은 가장 단순한 목조건물의 지붕구조이면서도, 가장 엄숙하고 견고한 형태다. 따라서 엄격함과 신성함을 지녀야 할 유교 사당 건물에 잘 어울리는 유형이다. 그렇다고는 하지만, 이처럼 모든 건물을 맞배지붕으로 통일한 예는 찾아보기 어렵다.

지나치게 통일적인 형태는 자칫 획일적인 지루함으로 흐르기 쉬우나, 도동서원의 건물들은 변화 있는 스케일을 채택함으로써 이 함정에서 벗어나 있다. 강당은 이례적으로 크며, 동재와 서재는 지나치게 작다. 5칸 강당은 칸살을 크게 잡음으로써 칸 수에 비해 규모가 크며, 위압감을 느낄 정도로 높고 육중하다. 반면 그 앞의 동재와 서재는 3칸으로 칸수를 줄이는 동시에 칸살의 크기도 작게 하여, 건물 규모뿐 아니라 스케일감도 축소시켰다. 닮은꼴의 형태로 통일성을 얻는 동시에 스케일의 조정으로 전체성을 획득한 것이다.

담장은 도동서원을 전체화하는 또 하나의 유력한 수단이다. 급경사지에 위치한 까닭에 담장들은 경사를 따라 몇 개의 수평선으로 분절된다. 그 분절된 면들의 형태는 동일하지만, 담장 면들의 크기와 길이는 서로 달라 매우 변화 있는 집합적 조형을 이룬다. 분절된 담장 면들 사이의 관계는 독립적이지

30_ 지붕 위 중앙 꼭짓점에서 4면으로 똑같이 경사가 진 지붕 형태로, 주로 정자나 탑 등에 사용되었다.

수월루와 석단들 뒤에 보이는 건물이 강당인 중정당이다.

분절된 담장들의 집합적 형태 지형과 건물과 담장이 뚜렷한 관계를 맺는다.

◳ 문화재로 지정된 도동서원의 담장
◳ 도동서원의 독특한 돌조각

만, 그것들이 감싸고 있는 건물들과 명확한 관계를 맺음으로써 한 차원 높은 전체성을 이룬다. 도동서원과 같이 담장이 문화재로 지정되어 보호받는 경우는 매우 이례적인 예에 속한다. 아마도 크고 작은 돌과 진흙으로 견고히 쌓은 축조기법이나 별 모양 무늬장식 등 의장적 우수함 때문에 보호를 결정했을 것이다. 그러나 정작 보호해야 할 내용은 담장 면들의 비례와 변화 있는 스카이 라인이다. 이유야 어찌되었든 담장을 문화재로 지정한 것은 대단한 탁견이며, 매우 다행스러운 일이다.

성리학적 건축의 일반적인 현상이지만, 특히 도동서원과 같이 예학적 규범이 강조된 건축에서 부분들의 완결성을 추구하는 것은 별 의미가 없다. 오로지 전체적인 통일성이 강조될 뿐이다. 도동서원은 대지 조성 및 지붕과 담장의 동일한 형태를 통하여, 그리고 그것들의 규모와 면적과 스케일의 다양한 변화를 통하여 통일성과 전체성을 동시에 달성하고 있다. 다른 모든 건축적 부분들도 이 전체적 목표를 위해 조절되어 있다. 서원의 독특한 석물과 돌조각들도 특정 부분에만 설치된 것이 아니라, 환주문 입구의 계단부터 사당의 기단에 이르기까지 모든 영역에 사용되고 있다. 이 역시 부분적 장소감보다는 전 영역의 이미지 구축에 우위를 둔 결과다.

규범과 대칭의 집합 방법

정확한 직선의 중심축 위에 수월루-환주문-중정당-내삼문-사당이 배열되

◳ 도동서원 주축 단면도　문화재관리국 도면.

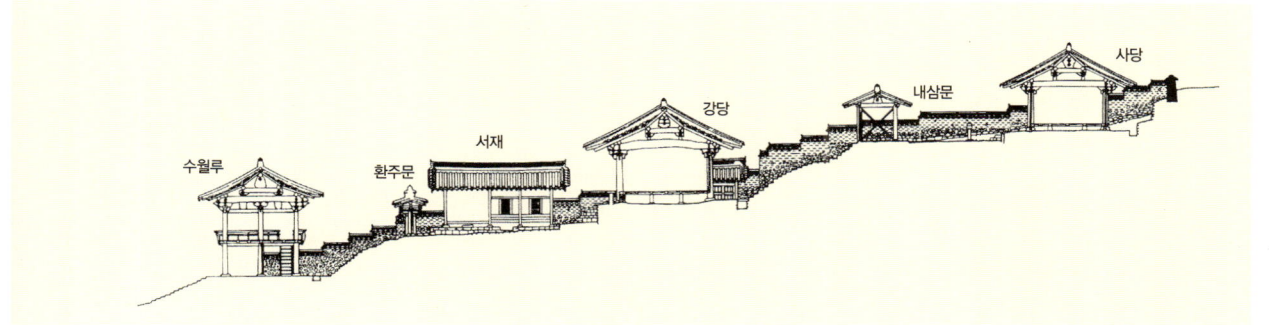

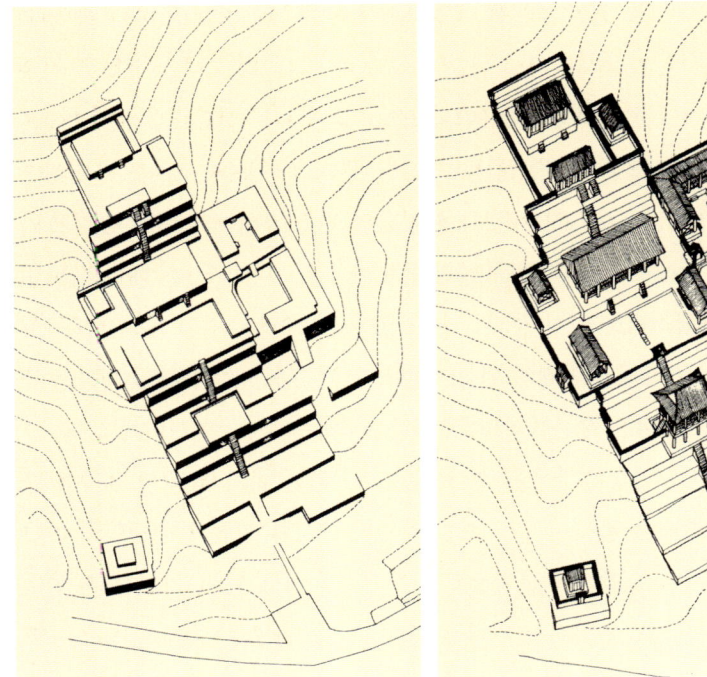

도동서원 지형 투상도　김봉렬 도면.
도동서원 투상도　김봉렬 도면.

었다. 서원의 중요한 건물이 모두 중심축선상에 배열된 것이다. 이 정도는 다른 향교나 서원에서도 흔히 발견되는 점인데, 도동서원은 중심축을 강조하기 위해 특별히 한 가지 장치를 더하고 있다. 폭이 좁은 길과 계단을 모두 중심축선상에 놓았고, 잘 정제된 석물들로 마감하여 중심축을 더욱 강조한 것이다.

성리학의 중요한 규범 가운데 하나가 중용中庸이다. 중용이란 "치우치지 않고 바뀌지도 않는 것"으로 모든 행동의 준거가 되는 규범이다.[31] 어느 한쪽에 치우치지 않으려면 대칭의 방법을 취하는 수밖에 없기 때문에, 유교적 예법은 유독 대칭과 균형을 강조한다.[32] 대칭과 균형을 이루기 위한 건축적 수법은 바로 강력한 중심축을 설정하는 것이다. 유교건축에서 중심축이란 질서요, 기준이며, 모든 구성원리의 근본이다.

비록 대칭이 모든 유교건축의 규범이라 할지라도, 도동서원처럼 한 치의 오차도 없이 정확한 대칭을 이루는 경우는 매우 드물다. 초기의 성리학자들은 명목적인 대칭이면 만족하였고, 어긋난 치수나 각도를 오히려 여유로 즐

31_ 朱喜章句, 『中庸』, 不便之謂中 不易之謂庸.
32_ 이상해, 「宋代 理學思想을 통해 본 傳統建築의 構成方法 및 空間的 特質에 관한 연구」, 『성균관대학교 논문집-자연과학편』 38집, 1987, p.386.

졌기 때문이다. 병산서원과 도산서원에서는 부분적인 비대칭은 물론, 아예 사당 영역을 중심축선상에서 제외시키고 있다.

명실상부한 대칭성의 규범을 적용할 때, 가장 문제가 발생하는 곳은 생활 공간이다. 서원 내부의 생활 공간은 동재(거인재居仁齋)와 서재(거의재居義齋)이다. 수십 명의 유생들이 기거해야 할 이 건물들은 동향과 서향으로 놓여 매우 불리한 일조 조건을 감수하고 있다. 또 서원 마당의 초월적인 규범을 위하여 일상적인 기능들은 모두 전면에서 제거하였다. 난방을 위한 아궁이마저 모두 건물의 뒷면에 은폐시켜, 비록 노복들의 임무이기는 하지만 불을 지피기에 무척 불편하다.

강당이나 사당 등 일시적인 의례에만 사용하는 공간은 의례 자체가 대칭적으로 구성되고 잠깐 동안만 참으면 그뿐이다. 하지만 일상생활은 그처럼

◁ 수월루 밑과 환주문을 잇는 진입 계단 폭이 좁아 한 사람만 지날 수 있다.

△ 강당인 중정당 뒤로 이어지는 사당 계단의 중축성

대칭적이지도 일시적이지도 않다. 도동서원은 대칭성의 규범을 전사청 영역에까지 적용하려 했다. 전사청은 서원의 노복들이 기거하면서 유생들의 음식과 세탁, 청소 등을 수발하던 곳이며, 제사 때에는 제수를 마련하고 참례인들의 숙소로 제공되었다. 이런 행위들은 전혀 비대칭적임에도 불구하고, 전사청은 ㄷ자집으로 가운데 대청을 중심으로 방 배열을 대칭되게 구성하였다. 하지만 생활상의 필요에 의해 잦은 변형이 있었고, 실질적으로 대칭의 구성이 해체됐음은 물론이다.

전사청 영역 전체의 중심축은 서원의 중심축과 정확한 평행을 이루고 있다. 더 나아가 서원 앞의 오래된 은행나무까지 중심축선상에 심어진 듯하다. 한 치의 오차나 한 차례의 실수도 인정하지 않으려는 예학자의 정신을 보는 듯하다.

집합의 가치체계에 나타나는 위계와 서열

성리학적 질서란 모든 인간의 행위에 '서' 序를 정하는 것이다. 흔히 향교와 서원의 모습은 "공자께서 제자들을 거느리고 있는" 모습으로 비유된다.[33] 서원에서 강당과 동·서재의 관계, 혹은 향교에서 대성전과 그 앞 동·서무와의

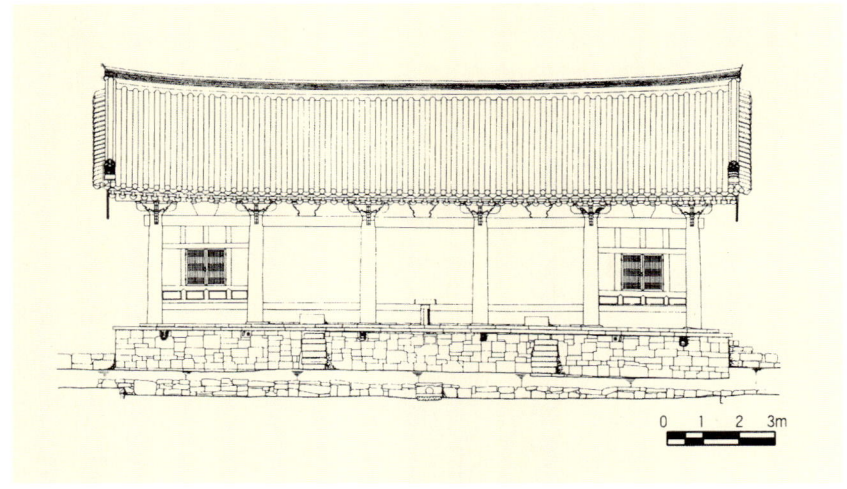

33_ 「居昌鄕校 東齋重修記」, 1840. ······完見 夫子在座 顔曾後先悅若諸弟列侍.

↖ 강당 정면도   문화재관리국 도면.

동재 방위상으로 서쪽에 위치하며, 온돌방 부분과 마루 부분의 칸살이가 다르다.

주종적인 관계를 빗대어 유추한 표현이다. 건축마저도 인간들의 관계로 의인화하여 서열을 매기고 위계화한다. 도동서원의 경우 우선 서원 영역이 주인이며, 전사청 영역이 하인이다. 하인 영역은 주인 영역보다 커서도, 높아서도, 화려해서도, 튼튼해서도 안 된다. 서원 내부로 오면 사당 영역이 강당군보다 높아야 하고, 화려해야 하며, 독립적이어야 한다. 도동서원이 이전, 중건되던 17세기 초는 이미 향사 위주로 서원의 기능이 변모하던 시점이기 때문이다.

강당군에서는 당연히 강당이 첫째, 동·서재가 둘째, 그 앞의 대문이 마지막 서열이다. 서열이 낮은 건물은 서열이 높은 건물보다 커서도, 높아서도, 화려해서도 안 된다. 이러한 위계적 규범 때문에 동재와 서재에 심각한 문제가 발생한다. 동·서재의 칸수는 3칸으로, 1칸 마루와 2칸 온돌방으로 이루어졌다. 온돌방이야 2칸 규모이니 견딜 만하지만, 마루 1칸은 유생 10여 명이 이용하기에는 너무 비좁다. 지혜를 짜낸 방법이 마루와 온돌의 칸 크기를 달리하는 것이다. 온돌은 1칸이 2.16m인 반면, 마루는 그 1.4배에 해당하는 3.03m다. 3칸의 규범은 지키되 면적을 충분히 확보하기 위한 방편이다. 그러면 동재와 서재를 4칸이나 5칸으로 늘리면 되지 않겠느냐고 하겠지만, 이는 그렇게 간단하지 않다. 커다란 강당, 즉 스승의 공간이 5칸이기 때문에 제자인 동·서재는 3칸을 넘으면 안 된다. 짝수는 음양학적으로 불길한 수이기 때문에 4칸은 더욱 안 된다. 명목적 규범과 실제적 필요가 충돌하는 현장이다.

건물뿐 아니라 부분적인 요소들까지 서열이 정해진다. 동재는 상급 학년이, 서재는 하급 학년이 사용한다. 강당의 동쪽 계단은 주인이 사용하고, 서쪽 계단은 손님이 사용한다. 이러한 위계적 규범은 『주자가례』朱子家禮에서 자세히 규정하고 있다. 의례가 건축의 평면 구성에 영향을 미치게 되어,[34] 사당 앞에는 반드시 삼문三門[35]이 있어야 한다. 제사 때에 동쪽 문은 연장자들이, 서쪽 문은 연소자들이, 그리고 가운데 문은 선현의 귀신들이 출입하도록 규정되었기 때문이다. 도동서원의 경우 내삼문 앞의 계단은 가운데 칸과 동쪽 칸에만 놓여 있다. 원래 3칸 모두에 놓여 있다가 서쪽 칸의 계단을 없앤 것으로 보이지만, 정확한 원상태를 알 수 없다. 현재의 의례는 비대칭적인 계단의 형태에 맞추어져 있다. 동쪽 계단은 사당으로 들어가는 곳이고, 가운데 계단은 나오는 곳이다.

건물들의 서열은 건물 명칭과 격식에 따라 매겨진다. 전통 건물들의 이름은 OO전殿, OO당堂, OO정亭 등의 이름 어미를 갖는다. 그 어미들은 건물의 용도나 격식을 의미하며, 이름 어미들의 서열과 위계는 엄격하다. 예를 들어 '전'殿은 임금이나 부처, 공자 등 신적인 존재들만이 기거하는 최상의 건물이다. 다음은 '각'閣이며, 그 다음이 돌아가신 선현들이 기거하는 '사祠나 묘廟'이고, 마지막으로 일반인들이 살 수 있는 '당'堂이다. 여기까지가 건물 전체를 가리키는 명칭이라면, 방들의 명칭에도 서열이 있다. 퇴계의 의견을 따르면, 선생과 학생들이 모여 강학하는 방은 '정사'精舍이고, 다음이 공부하는 방인 '재'齋, 그 다음이 경관을 감상하고 심성을 수양하는 방인 '헌'軒, 그리고 잠자는 방인 '료'寮이다.[36] 하위 서열의 방이나 건물은 상위 서열보다 커서도, 높아서도, 화려해서도, 고급스러워서도 안 된다. 성리학자들의 건축 유형학은 기능과 형태의 관계만을 지시하는 것이 아니라, 건축 유형의 명칭과 사용자, 재료, 구조까지 지시한다.

34_ 이상해, 앞의 논문, p.385.
35_ 대궐이나 공해公廨 앞에 있는 문으로, 정문正門·동협문東夾門·서협문西夾門으로 구성된다.
36_ 「陶山雜詠」 중의 기사.

이중적인 청빈의 미학

청백리의 표상이며 임진왜란의 영웅이었던 서애 류성룡의 집안은 청빈하기로 이름 높은 가문이었다. 병산서원을 조사하면서 서애를 포함한 4남매에게 재산을 나누어주는 기록이 담긴 문서(「분재기」分財記)를 볼 기회가 있었다. 이 기록은 서애의 모친이 직접 작성한 것으로 이른바 자녀균분상속의 관례와, 재산권을 주부가 쥐고 있었다는 사실도 보여준다.

우리 집안은 원래 가세가 청빈하여 나누어 줄 재산이 별로 없다. 그나마 임진왜란으로 인해 노비들은 굶어 죽고 전답은 모두 황폐해졌다. …… 비록 얼마 되지 않는 재산이나마 공평히 나누어주니, 윗대의 뜻을 받들어 유용하게 사용하도록 하라. …… 노비는 질병과 기근으로 대부분 사망하고 146명이 생존해 있다. 전답은 하회와 풍산현에, 할머니 친정인 군위에, 외가인 의성에, 비안과 연안, 서울과 광주, 멀리 고성과 간성에 조금씩 모두 3,000여 마지기밖에 없다……[37]

전쟁 중에 대부분 굶어 죽고도 146명의 노비가 남았다니, 참으로 청빈한 집안이었다. 그러나 서애 집안을 위선이라고 비난하는 것은 극히 현대적인 시각이다. 당시의 상황으로 영의정을 지낸 집안의 형편이 이 정도면 매우 청빈했던 것이다. 청빈이란 "재물을 탐하지 않아 곤궁하다"는 뜻으로 불가항력적인 빈곤과는 구별되는 개념이다. 굳이 표현하자면, 빈곤을 자청하는 자발적 가난이라고나 할까. 다시 말하면, 부유한 여건에 있으면서도 가난하게 살아가는 절제의 미덕이며, 가진 자의 여유를 의미한다. 재벌의 외동딸이 수제비를 맛있게 먹으면 아름다워 보이지만, 소녀 가장이 라면을 먹는다면 불쌍하고 측은해 보인다. 이른바 '청빈의 미학'이란 그런 것이다. 청빈한 건축은 장식을 배제하고, 구조 자체가 노출되며, 극히 필요한 기능만을 수용한다. 어떤 면에서는 '초기 근대건축'이 추구했던 윤리적인 건축이다. 병산서원 만대루는 청빈한 건축의 극한을 보여준다. 아무런 기능적 욕심도, 일절의 장식과

37_ 하회 충효당에 소장된 「成給文記」에서 발췌. 전답의 단위를 결속結束에서 마지기로 환산하는 등 약간의 의역을 거쳤음.

▷ **기교가 넘치는 강당 기단** 앞에서 두 번째 용머리는 최근에 복원한 것이다.
▷ **강당 기단의 디테일** 절묘하게 깎인 돌 위로 다람쥐가 오르는 모습이 새겨져 있다.

가식과 은폐도 찾아볼 수 없기 때문이다. 극히 필요한 부재들로 극히 필요한 규모만큼 지은 것이다. 어쩔 수 없이 윤리적이어야 하는 민가들의 곤궁함과는 달리, 병산서원은 충분한 재력과 기술이 있으면서도 사용하지 않았을 뿐이다.

도동서원에서는 청빈의 이중성을 뚜렷하게 드러낸다. 예를 들어 강당의 기단은 대단한 기교와 정교한 기술로 축조되어 기단 위의 건물은 위압적이지만, 예의 '윤리적'인 구조물이다. 기존의 상식으로는 이해하기 어려운 구성이었다. 강당 기단은 평평한 돌들을 여러 조각으로 다듬어 정교하게 맞추었다. 부재들은 ㄱ자형, 한쪽 귀가 먹은 사각형, 가장 복잡한 형태로 최대 9각형까지 가공되었고 평범한 사각형 부재는 찾아보기 어렵다. 기단 윗부분에는 몇 개의 장식물을 조각하여 끼워 넣었다. 건물 전면 6개의 기둥 위치에 맞추어 용머리를 조각한 4개의 돌과 다람쥐를 조각한 한 쌍의 판석을 끼워 넣었다. 기단 중앙에는 무엇인가 글자를 새기려고 준비한 것 같은 사각형의 미끈한 판석을 삽입했다. 기단의 윗면은 넓적한 가공석을 덮었는데, 두 단으로 처리하여 2중갑석甲石의 기법을 보여준다. 강당의 측면에는 돌판으로 만든 한 쌍의 툇마루가 놓여 있다. 모두 다른 예에서는 전혀 찾아볼 수 없는 특이한 최고급의 구조물들이다.

◰ **견고하고 위압적인 강당의 구조** 포작은 출목이 있는 이익공 계통이며 기둥과 공포가 만나는 부분이 이채롭다.
◳ **강당 옆면의 돌로 만든 툇마루** 돌판으로 만든 한 쌍의 툇마루는 다른 예에서는 찾아볼 수 없는 독특한 최고급 구조물이다.

반면 기단 위의 구조체는 매우 '청빈'하여 대조적이다. 우선 초석들부터 가공되지 않은 덤벙주초이고, 그 위의 기둥은 민흘림이 있는 소박한 부재들이며, 포작은 출목이 있는 이익공 계통으로 고려조의 주심포 건물에서 느낄 수 있는 강건함과 소박한 품격을 지니고 있다. 다른 서원에 비한다면 다소 장식적이기는 하지만, 기단의 구성에 비하면 매우 가난한 건물이다. 귀솟음의 기법도 생략된 맞배지붕 때문에 건물의 형태는 직선적이다. 화려함이나 기교와는 거리가 먼 상부구조이다. 옛 목조건물의 공사비는 기단부를 포함한 석물공사에 절반을 쓰는 것이 일반적이었다. 도동서원의 경우는 기단 축조에 상부구조물 공사비의 3배 이상을 사용했을 것이다. 그러면 왜 기단을 그처럼 기교적으로 처리했는가? 아마 당대 최고의 서원으로 과시하고 싶은 욕망을 상부구조물에는 자제했지만, 외부에서 눈에 잘 안 띄는 하부구조에 쏟아 부은 것이 아닐까? 이러한 심증을 굳혀주는 것은 공사 당시의 재정적인 상황이었다. 1604년 사당을 먼저 건설한 후 서원 중건의 사실이 전국에 알려져서, 경향 각지의 유림들과 고위 정치가들이 앞다투어 성금을 보냈다. 강당 일곽을 신축할 때는 이미 소요 공사비의 몇 배가 답지해 있었고, 그 잉여 비용은 강당 기단을 포함한 석물공사에 쏟아부었을 것이다. 먼저 건립된 사당의 기단은 비교적 단순하게 처리한 데 비해, 다른 부분들의 석물공사는 매우 장식적

◤ '경'의 공간을 이루는 사당 마당
'경'이란 실천적 수양의 근본이므로 강학
과 수양의 공간도 포함된다.
◣ 사당 정면 강당에 비해 간략한 기단
과 그 앞의 석등.

으로 처리한 이유가 될 것이다.

유교건축 전반에 흐르는 청빈의 미학 속에는 쉽게 발견하기 어려운 고도의 기교와 표현 의지가 숨어 있다. 자연을 가장한 인공의 수법, 절제된 형태를 표현하기 위해 은폐되어 있는 매우 복잡한 구조 등. 도동서원의 경우는 이러한 이중성을 눈에 띄게 드러내놓았을 뿐이다.

침묵과 정지의 공간, 경

유교건축의 정숙하고 경건한 공간적 성격을 목원대학교의 이왕기 교수는 '경敬의 공간'으로 지칭했다.[38] 매우 적절한 표현이다. 경敬이란 성리학의 시작이며 끝이다.[39] 주자학의 근본 경전인 『대학』大學에는 "경이란 한마음의 주인이며 모든 일의 근본이다"라고 되어 있다.[40] 성리학은 지행합일知行合一의 이상을 가지고 있고, 그 목표를 달성하기 위해서는 끊임없는 자기 수양이 따라야 하며, 그 수양 방법의 기본이 경이다. 도학자는 항상 경건한 생활 속에서 사물의 이치를 생각하고 터득하는 것이다. 서원건축의 궁극적인 목표는 거경

38_ 이왕기, 「韓國 儒敎建築의 '敬'의 空間에 관한 硏究」, 『대한건축학회논문집』, 1986. 10. 이 교수는 경의 공간의 유교적 상징성으로 1)천인합일사상天人合一思想에 의한 향천성向天性, 2)중심성中心性, 3)위계성位階性, 4)영역성領域性을 들고 있다.
39_ 敬者, 『聖學輯要』, 李珥, 聖學之始終也. 敬義立而德不孤, 至于聖人 亦止如是.
40_ 李滉, 『聖學十圖』, 第四 大學圖, 一心之主宰 萬事之本根(『聖學』과 敬 양영각, 조남국 편역, 1987, p.36에서 재인용).

▷ **강당 뒷면, 사당으로 오르는 계단식 석단들** 도동서원은 18개의 석단으로 터를 만들었다. 가운데 계단이 볼록하게 활처럼 휘어진다.

궁리居敬窮理, 즉 학문할 수 있는 경건한 공간을 만드는 것이다. 도동서원의 건물들이 직선적인 맞배지붕들로 통일화·위계화하는 까닭도 신선하면서도 경건한 장소를 만들기 위함이다.

경의 궁극적인 목적은 이理를 얻는 것이며, "정靜은 이理의 체體이며, 동動은 이의 용用이다."[41] 경건한 공간은 조용하며 정지되어 있다. 도학자들의 행동은 신중하고 말을 삼가는 것과 같이, 그들의 공간은 침묵과 정적이다. 흔히 '경의 공간'이라면 제사 공간의 예를 들지만,[42] 경이란 실천적 수양의 근본이기 때문에 제사 공간뿐 아니라 강학과 수양의 공간도 포함한다. 특히 사당 영역은 담장들을 둘러 독립된—정확히 말한다면, 고립된—일곽을 이루면서 더욱 정적이고 정숙한 공간을 이룬다. 여기에는 일체 외부의 경관이나 소음이 침투할 여지가 없다. 오로지 죽은 자들의 집 앞에 선 부족한 후학만이 있을 뿐이다.

사당은 강당보다 6m 정도 높은 지점에 위치한다. 여러 단의 석축을 쌓은 급경사면들은 계단식 정원을 이루며, 그 위에 담장을 두른 독립된 일곽이 사당이다. 사당 마당에 붙어서 증반소蒸飯所[43]가 있지만, 담장으로 격리하여 사당의 독자성을 유지한다. 넓적하게 가공한 판석으로 기단을 쌓고, 기단 위에 전돌을 깔았다. 기단의 솜씨는 세련됐지만, 강당 기단과 같은 기교는 보이지 않는다. 기둥의 초석은 원형으로 다듬은 정평주초로 역시 강당의 덤벙주초와 비교된다. 건물에는 귀솟음이 있고 단청이 화려하여, 소박한 강당과는 달리 상징성을 높이고 있다. 측면 상부에 들창이 있어 내부를 너무 어둡지 않도록 조절한다. 사당 내부의 단청은 17세기 창건 때의 것이 그대로 보존되어 흥미를 끌며, 특히 양 측벽 상부에 그려진 문인화풍의 산수화가 눈에 뜨인다. 〈강심월일주〉江心月一舟와 〈설로장송〉雪路長松을 묘사한 그림으로 작자는 모르겠지만, 예사로운 솜씨는 아니다.

41_ 윤사순, 『퇴계철학의 연구』, 고려대학교 출판부, 1986, p.55. 퇴계의 체용론을 분석.
42_ 이왕기, 앞의 논문, p.39.
43_ 봄가을의 향사享祀 때, 제사용 그릇을 보관하고 제수祭需를 준비하는 건물. 도동서원의 증반소는 온돌 1칸, 마루방 1칸으로 구성되어 있다.

도동서원
낙수

예를 위한 장치들

예학이 발달했던 17세기에 가장 강력한 사회적 가치기준은 '예'禮였다. 가례의 보급은 종갓집들의 평면을 제사의 예법에 맞도록 변화시킬 정도였다. 영남학파 최고의 예학자 정구가 주도한 도동서원은 예법에 충실한 건축 공간을 가질 수밖에 없었다. 이제 예는 추상적인 행위기준일 뿐 아니라, 구체적인 건축적 프로그램의 일부가 되었다.

도동서원의 중요한 동선들은 모두 중심축선상에 놓여 있다. 수월루 앞의 계단부터, 환주문 앞의 계단, 환주문과 강당 중심 사이에 놓인 좁고 긴 포장로, 그리고 내삼문으로 오르는 계단들. 이들 통로와 계단은 아주 정성스럽게 가공된 석재들로 만들어졌다는 점 외에도, 모든 폭이 65~70cm 정도로 아주 좁다는 공통점을 갖는다. 넉넉한 재정에도 불구하고 통로들마다 폭을 좁힌 특별한 이유가 있을 것이다. 향사 대에 참여하는 모든 인원들의 직책과 서열이 정해지는 바, 모든 이동은 그 서열에 따라 일렬로 이루어진다. 가장 원로가 앞에 서고 20~30명의 인원이 좁은 통로와 계단을 오르내리는 유림들의 기다란 행렬은, 그 자체가 바로 예이며 성리학적 질서가 된다. 좁은 계단들은 철저하게 1인용으로 계획된 것이며, 일상적인 이동조차 예禮와 서序에 적합하도록 훈련시키기 위한 장치들이다.

서원의 주요 기능이 교육에서 제사로 전환되던 17세기에 가장 중요한 예법은 상례와 제례였다. 봄가을의 향사와 매월 두 차례 분향례焚香禮를 치러야 할 서원에서 제례법이 발전한 것은 당연했다. 까다로운 제례를 모두 설명할 필요는 없지만, 도동서원에는 제례를 위한 특수한 설비들이 남아 있다. 중정당 동쪽-나침반의 방위로는 서쪽-옆 마당에 생단牲壇이라는 정사각형의 판돌이 놓여 있다. 생牲이란 향사 때 제수로 쓰일 소나 돼지, 염소와 같은 짐승을 말하며, 생단은 제사 전날 여기에 생을 올려놓고 제관들이 품질을 검사하는 곳이다. 생단 상석의 아래에는 모를 접은 사각형 돌기둥을 받쳤다. 현존하는 생단 가운데 규모는 크지 않으나 비교적 정교하게 가공된 예다.

강당 앞 중앙에 놓인 정료대庭燎台는 긴 돌기둥과 사각형의 상석으로 이루어졌다. 정료대란 상석 위에 솔가지나 기름통을 올려놓고 야간에 불을 밝히는 일종의 조명대. 서원의 정료대는 야간에 행하는 제례를 위해 쓰이며, 일반적으로 사당 앞마당에 놓인다. 도동서원과 같이 강당 바로 앞에 놓이는 경우는 흔치 않으며, 이 서원의 제례가 강당에서부터 시작됨을 알려준다.

사당 앞에는 화사석火舍石[44]이 분실된 석등이 놓여 있다. 정료대와는 달리 등잔이나 호롱불을 넣어 조명하던 시설이다. 사찰의 팔각형 석등들과는 달리 사각 형태로 주조하였다. 사당의 서쪽-자연 방위는 동쪽-담장에는 차 次라고 하는 정사각형의 구멍이 뚫려 있다. 차라는 장치는 제사 때 쓰인 제문을 태워버리는 설비다. 보통 서원에서는 별도의 차를 두지 않고, 사당 기단 한

44_ 석등의 몸통돌이자 점등하는 부분.

◣ 도동서원의 제례용 설비

◁ 사당 동쪽 담에 뚫린 '차'
▷ 강당 옆 마당의 생단과 굴뚝

귀퉁이에서 태워버리지만, 예법에 충실한 도동서원에는 특수한 장치가 고안되었다. 담장의 한 부분을 정사각형으로 파내고 담장 바깥쪽으로 수키와를 끼워서 굴뚝의 역할을 하도록 했다. 차를 설치하면서 담장이 약해질 것을 우려하여 그 부분의 담장을 특별히 두껍게 쌓은 치밀함도 보여준다.

유희적 요소들

아무리 철저한 도학자라 할지라도 위계와 질서, 경건과 침묵, 규범과 통일성만으로 구성된 공간은 숨막히도록 답답할 것이다. 도동서원이 유교적 규범과 예법에만 충실했다면, 이름난 건축으로 평가되기는 어려웠을 것이다. 도동서원에는 규범을 따르면서도 부분적인 파격이 있고, 침묵과 긴장을 풀어줄 단편적인 공간이 삽입된다. 또 엄격한 수양생활에 활력을 줄 수 있는 유희적인 장소와 요소들이 곳곳에 자리잡고 있기 때문에 균형 잡힌 건축 공간으로 남을 수 있었다.

서원의 입구에 세워진 수월루는 19세기에 창건된 것이고, 현재의 건물은 1970년대의 복원품이다. 현재의 수월루는 너무 높게 지어져 강당에서 바라보는 전면 경관을 방해하고, 건물 자체의 비례도 어정쩡해 형태적으로도 문제가 있다. 빈약한 부재들과 엉성한 결구법들에 덧씌워진 요란한 단청은 오히려 천박한 느낌을 준다. 19세기의 누각은 이렇게까지 졸작은 아니었을 것이다. 수월루가 뒤늦게 세워진 이유는 앞서 밝힌 바 있다. 명목상의 이유보다 더 중요한 것은, 서원이 향촌 교화의 본거지로 자리잡으면서 각종 향음례와 양로회 등의 연회성 집회를 열 장소가 필요했던 것이다. 또 평상시에는 서원의 유생들이 휴식하고 자연경관을 감상할 수 있는 장소가 필요했다. 서원 앞의 누각은 더할 나위 없이 적합한 시설이다. 수월루는 위치와 형상에 문제가 있지만, 철저하게 자연경관을 즐기기 위해 세운 건물이다. 창건 당시의 기록을 보면 수월루에서 바라보는 주변의 경관이 명확히 드러나 있다.

　동쪽으로는 흐르는 물의 원류를, 서쪽으로는 푸른 뭇 산의 장관을, 남쪽으로는 제일강산정의 풍류가, 북쪽으로는 낙고재落皐齋의 모습이, 위쪽으로는 사물四勿과 삼성三省의 서원 규칙이, 아래로는 조한정照寒亭과 강변의 경치를 볼 수 있었다.[45] 동서남북상하의 6방향으로 선택된 특정한 경관구조를 보여준다. 이때까지만 해도 부속 정자인 조한정이 강변에 있었던 모양이다. 조한정은 수월루가 없던 초창기에 누각의 역할을 대신해 휴식과 풍류의 장소

45_ 李源祚, 讚, 「水月樓上梁文」.

◁ **환주문의 절병통**　사모지붕을 더욱 뾰족하게 만든다.

□ **서원의 정문 환주문** 한 사람이 출입하기에 적합할 정도로 좁게 설정되어 있다.
□ **사당 계단**

를 제공했을 것이다.

수월루가 없었다면, 서원의 정문은 환주문喚主門이 된다. "내 마음의 주인을 부른다"는 의미의 이 문은 심각한 이름과는 달리 명문 도동서원의 정문이 되기에 너무 작고 우스꽝스럽다. 좁은 전면 계단 폭에 맞추어진 듯, 한 사람이 출입하기에 적합할 정도로 좁게 설정되어 있다. 문의 높이도 1.5m로 낮아 갓을 쓴 유생들은 머리를 숙여야 겨우 들어갈 수 있을 정도다. 어쩌면 들어올 때부터 머리를 숙여 경건함을 강요한 것인지도 모른다. 작은 4기둥으로 이루어진 1칸 문 위에 사모지붕을 올렸다. 근엄한 맞배지붕들 속의 돌연변이와 같은 형태를 항아리 모양으로 만든 절병통—1980년대 초에는 떡시루를 뒤집어 놓았었다—으로 마무리했다. 문의 구조물만으로는 웃음이 절로 날 정도로 재미있고, 도저히 이 근엄한 서원에는 어울릴 것 같지 않은 모양이다. 그러나 강당 대청에서 보면, 환주문이 작고 뾰족한 형태를 가질 수밖에 없는 이유를 짐작할 수 있다. 강당과 마당에서 전면으로 경관을 틔우기 위해 많은 고심을 한 것 같다.

지형의 경사가 급하여 담장을 높게 쌓을 경우 앞의 낙동강을 가리게 되고, 낮게 할 경우에는 너무 허한 인상을 갖게 한다. 이러한 문제 때문에 애초에는 전면에 누각을 세우지 않았던 것이다. 하물며 대문채를 우람하게 세우면 전면 경관을 망쳐버리는 우를 범한다. 따라서 작으면서도 형태감을 최소화할 수 있는 대문이 필요했다. 자체로서는 우스꽝스러운 환주문이 좌우의 담장 및 앞산들과 중첩되어 그림 같은 경관을 만들어 낼 때는 그 깊은 뜻과 고도의 감각에 입을 다물 수 없다.

무엇보다도 특이한 건축 요소는 서원의 도처에 깔려 있는 돌조각들이다. 사암 계통의 재질이어서 지금은 많이 마모되었지만, 환주문 계단부터 사당 앞까지 중심축을 따라 중요한 요소요소에서 보는 이의 미소를 자아낸다. 환주문 앞 계단 소맷돌에 세워놓은 돌짐승 한 쌍을 시작으로, 환주문 바로 앞 계단 위에는 꽃봉오리를 세워 머무름을 유도한다. 강당 앞마당 중앙에 반쯤 걸쳐 놓인 포장석들은 동선의 연속성을 더욱 자극한다. 강당 기단의 장식은 이미 말한 바 있다. 4개의 용머리 중, 바깥쪽 것들은 여의주를 물었고 안쪽 것들은 물고기를 물었는데, 물린 물고기들은 빙긋이 웃고 있다. 한 쌍의 다람쥐 조각 중 1마리는 올라가고 있고 다른 1마리는 내려오고 있다. 사당 앞 계단 소맷돌에도 역시 한 쌍의 돌짐승이 놓여 있는데, 사자 같기도 하고 해태 같기도 하다. 계단에는 용머리가 삽입되고, 卍자무늬와 꽃잎무늬가 새겨져 있기도 하다. 근엄함과 간결함을 규범으로 하는 서원건축에는 매우 파격적인 장식들이다.

연관되는 주변 건축물

성리학적 전체성은 서원 내부에 만족하지 않고 지역사회 전역으로 확장된다. 도동서원의 경우는 그 강도가 약한 편이지만, 옥산서원이나 도산서원 등은 인근에 종갓집, 정자, 재실, 재사, 묘소 등이 자리함으로써 완결된 성리학적 소우주를 형성한다.

서원에서 강변을 따라 현풍 읍내로 나가려면 높은 다람재를 넘어야 한다. 다람재 정상에 오르기 전, 김굉필과 가문의 선영先塋이 오른쪽 대니산 속에 있고, 산 쪽으로 갈라져 난 길을 오르면 정수암淨水菴에 다다른다. 김굉필이 부친상을 당하여 묘소 아래 여막을 짓고 3년 상을 치른 곳에 그의 효성을 기념하여 1626년 문중의 재실로 창건했다. 현재는 본채와 부속채, 대문채 등이 있으나 건축적 가치는 높지 않고, 불교 암자로 사용하고 있다.

서원 마을 안에는 2개의 재실이 있다. 낙고재는 일명 '김씨 대종재실'로 불리며 마을 큰길과 인접해서 낙동강의 경치를 바라보고 있다. 5칸 규모의 一자집으로 20세기 초에 중건된 것으로 보이는 평범한 건물이다. '김씨 소종재

↗ 서원 마을 높은 곳에 자리한 관수정
↘ 서원 마을 안에 있는 낙고재

3 성리학의 건축적 담론 **도동서원** _ 145

◁ 이로정에 들어오는 낙동강의 경관
◁ 제일강산 이로정 김굉필과 정여창을 위해 완벽한 대칭의 공간을 만들었다.

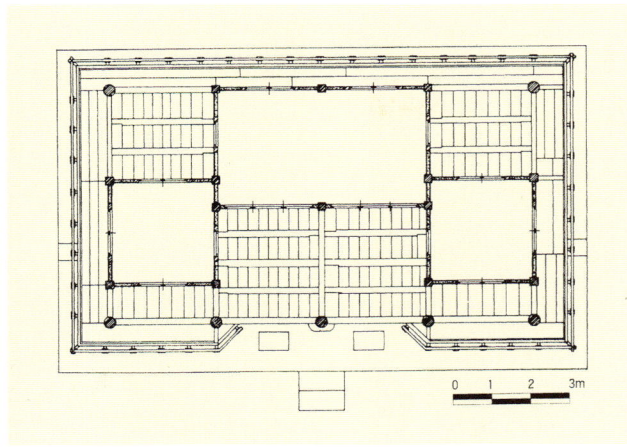

↗ **제일강산 이로정 평면도** 문화재관리국 도면.

실'로 불리는 관수정觀水亭은 서원의 남서쪽 건너편에 있다. 역시 5칸 一자집으로 건물 자체는 특기할 내용이 없지만, 여기에서는 서원의 내부가 잘 들여다보여서, 서원을 관리할 목적으로 지은 정자로 추정된다.

'제일강산第一江山 이로정二老亭'이라는 긴 이름의 정자는 구지면 내리2구 속칭 모정마을의 낙동강변 절벽 위에 자리한다. 이곳은 함양의 정여창이 배를 타고 건너와 김굉필을 만나 교우하던 곳으로, 원래의 경관이 빼어나 '제일강산'의 명칭이 붙었다. 1885년 두 거인의 교우를 기념하여 이로정이라는 정자를 건립하였고, 현재의 건물은 1915년에 개축한 것이다. 4×2칸의 규모로 사방에 퇴를 둘러 각 방들의 연결을 편리하게 했다. 평면은 좌우 전면에 한 쌍의 방을, 좌우 후면에 한 쌍의 마루를, 가운데 2칸의 앞면은 마루, 뒷면은 방이다. 건물의 주인이 두 사람(김굉필과 정여창)이기 때문에 완벽한 대칭의 평면을 구성했다. 두 노인에게 1칸씩의 방과 마루를 제공하고, 가운데 부분은 교류를 위한 공동 공간을 설정한 모습이다. 방과 마루가 전후좌우로 교차 반복하여 배치되는, 허와 실의 절묘한 조합을 보여준다. 도동서원에서 나타난 완벽한 대칭성과 경관 끌어들이기 수법이 이 정자 건물에서 다시 한 번 반복 사용되고 있다.

4

불교적 건축이론
통도사

이론적 건축가는 누구인가?

건축의 역사, 건축가의 이론을 추적하는 작업

다시 강조하지만 건축의 역사는 건축이론의 역사로 재정리되어야 한다. 비트루비우스Vitruvius(?~?)[01]나 레온 바티스타 알베르티Leon Battista Alberti(1404~1472)[02]와 같은 지식인 건축가들이 자신의 이론서들을 저술했던 유럽의 전통과는 달리, 동양에서는 건축가 자신이 저술한 이론서가 발견되지 않는다. 동아시아의 대표적인 건축서 『영조법식』營造法式은 기술에 관한 매뉴얼이지 결코 건축이론서라고는 할 수 없다. 그렇다고 해서 과거의 동양 건축에 이론이 부재했다는 것은 아니다. 어느 시대, 어느 문화권을 막론하고 뛰어난 건축적 사고와 체계화된 이론의 뒷받침 없이는 위대한 건축 작품이 불가능하기 때문이다. 단지 그것을 직업적인 작업으로 인식했느냐 아니냐의 차이일 뿐이며, 집단적인 이론인가 아니면 개별적이며 독창적인 것인가의 차이일 뿐이다.

한국건축의 이론을 추적하는 작업은 이론적 건축가의 역할을 누가 했는가를 밝히는 일에서부터 시작된다. "과거의 건축가는 대목(혹은 도편수)과 같은 장인들이었다"는 추론은 이론적 측면에서 전혀 타당하지 않다. 목수들은 기술적 건축가의 역할만을 수행했을 뿐이며, 굳이 현대적 개념으로 본다면 실시 설계와 샵드로잉을 전담했던 직능인이었다고 할 수 있다. 건물의 입지를 해석하고, 여러 가지 요구를 수용하고, 건축적 개념을 정립하여 기본설계를 수행했던 이는 비직능적인 그룹들인 당시의 지식인들이었다고 할 수 있다. 신라의 김대성金大城이나 세종 대의 박자청朴子靑, 18세기 르네상스의 주역

[01] 고대 로마시대의 건축가. BC 1세기 무렵에 활동했으며, 현존하는 유일한 고대의 건축서인 『건축십서』建築十書(De architectura libri decem)를 집필했다.
[02] 이탈리아의 건축가이자 저술가. 건축·조각·회화·철학 등 다방면을 연구하였으며, 1450년에 저술한 『건축론』(10권)에서 근세 건축양식의 모범을 보여주었다. 대표작으로는 피렌체에 있는 1456~1470년의 산타 마리아 노벨라 성당의 정면 디자인으로, 이후 건축된 성당들의 본보기가 되었다.

인 정약용丁若鏞 등은 관료 또는 학자로서 뛰어난 지식인 건축가의 역할을 수행한 인물들이다. 전문 영역의 지식적 깊이와 최신 정보의 소유를 지식인의 척도로 삼는 현대와는 달리, 과거의 지식인들은 다방면에 걸친 원론들을 이해하고 있었던, 그리고 그 부분적 지식들을 자신의 소우주 안에서 조화시킬 수 있었던 '통합적 지식인' 들이었다. 비단 역사상 이름이 전해지는 위대한 인물들 말고도 향리에 묻혀 자신의 주택을 설계했던 수많은 무명의 사대부들, 깊은 산속 자신들의 수도원을 지키며 불교사원을 만들어나갔던 다수의 승려들 역시 지식인 건축가였다고 해야 할 것이다.

통합적 지식인이었던 건축가들

과거 한국의 지식인은 크게 불교 계통과 유교 계통으로 나눌 수 있다. 여기서 불교와 유교는 종교적 차원이 아니라 문화적 차원의 구분으로 파악해야 한다. 삼국시대에 세 나라가 앞다투어 불교를 수입한 것은 외래종교에 심취해서가 아니라, 가장 고등한 문화를 수입하고 고대 왕국의 체제를 구축하려는 사회적 욕구 때문이었다. 의상이나 원효는 당대의 고승이었지만, 동시에 첨단의 지식인이었고 새로운 문화의 전파자였다. 물론 외래문화의 수입 이전에도 토착적인 지식인 그룹이 존재했지만, 그들이 남겨놓은 건축적 흔적을 찾기 어려우므로 건축이론적 측면에서는 무시해도 좋을 것이다. 따라서 과거 통합적 지식인들의 건축이론은 불교와 유교를 근본으로 한 사상적 토대 위에서 전가되었다고 추론할 수 있다. 또한 현존하는 고전적 건축의 대다수가 불교 계통 아니면 유교 계통이어서 일단은 불교와 유교라는 양대 문화적 범주 속에서 건축이론들을 추론하기로 하자.

청평사 문수원 영지 ⓒ김성철

　불교 계통과 유교 계통의 건축은 확연하게 차이를 보인다. 물론 건물 자체도 구별되지만, 그보다는 전체화되는 집합적 차원의 차이가 주목의 대상이며 의미가 있을 것이다. 이는 비단 유교적 건축물과 불교적 건축물의 차이만을 지적하는 것은 아니다. 건축을 실현했던 방법론의 차이이며, 근본적으로

↗ 소쇄원 진입로에서 계곡 건너로 보이는 광풍각과 제월당

는 건축관의 차이를 의미한다. 예컨대 정원이라는 동일한 장르에서도, 청평의 문수원文殊院은 불교적 인식에 의한 정원이며 담양의 소쇄원瀟灑園은 유교적 바탕에서 조영된 정원이라 할 수 있다. 문제는 건축이라는 물체를 무엇으로 인식했는가의 차이다.

불교적
건축관

불교건축의 종합편, 통도사

양산의 통도사는 가장 큰 규모이며 사찰의 거의 모든 요소를 구비하고 있어서, 불교 계통의 건축이론을 설명하기에는 가장 적합한 대상이다. 그러나 통도사 건축의 역사는 매우 복잡하고 문헌기록이 충분치 않아 현재 상태만으로 과거의 역사를 유추하기에는 많은 문제가 따른다. 한국의 사찰이 모두 그러하지만, 현재 남아 있는 40여 동의 건물군은 643년 자장율사慈藏律師의 창건 이후 최근에 이르기까지 1,300년에 걸친 장구한 변화와 중창의 결과인 것이다. 통도사는 석가모니의 진신사리를 모시고 있는 불보佛寶사찰로 유명하다. 이 사찰의 교단적 정통성과 권위는 창건 이후 지속적으로 유지되어 현재에 이른다.[03] 따라서 항상 많은 승려대중이 기거하고, 뛰어난 고승들을 배출하여 교단을 이끌어왔다. 그만큼 통도사는 철거와 개축, 증축과 확장의 건설사가 끊이지 않았던 곳이기도 하다.

오랜 기간의 불사건축이 일관된 이론적 바탕 위에서 진행된 것은 아니다. 불교의 사상은 시대를 달리하면서 변해왔고, 건축의 기술과 이론은 더욱 큰 폭으로 변해왔기 때문이다. 따라서 통도사의 건축을 고정된 시점에서 분석하기에는 무리가 따를 수밖에 없고, 교리적으로 풀어내기 어려운 부분도 많이 존재한다. 그럼에도 불구하고 옛것과 새것이 충돌하기보다는 조화를 이루고, 기존의 건축적 질서를 존중하면서 새로운 변화가 덧씌워졌던 역사가 통도사 건축의 가장 뛰어난 점이라 할 것이다. 그 바탕에는 거대한 건축적 이론

[03] 성철스님의 후임 종정을 통도사에서 배출할 정도로 해인사와 더불어 한국 불교계를 이끌어나가는 매우 중요한 위치에 있다.

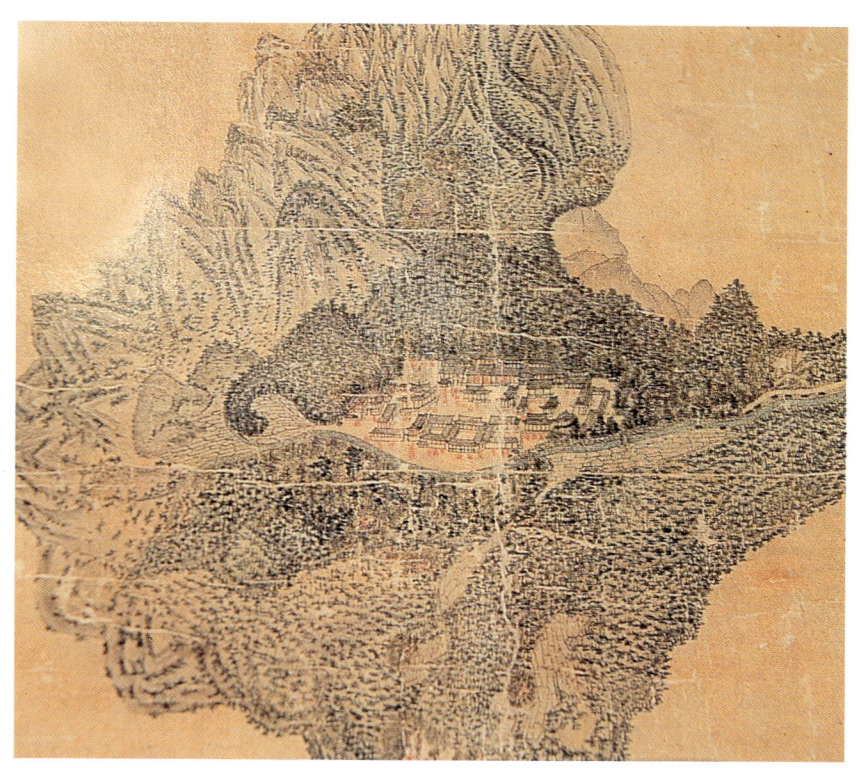

통도사 옛 그림 통도사에 전하고 있는 가람도이다. 통도사 성보박물관 소장.

의 맥이 끊이지 않고 매순간 적용되었으며, 그 이론들은 역시 불교의 사상과 교리에 크게 뿌리를 내리고 있다. 통도사의 집합적 이론을 해석해내는 작업은 곧 한국 불교건축의 핵심적 원리를 밝히는 일이 될 것이다.

대중 종교로서의 불교와 조형예술

원시불교의 교리는 인도 전래의 바라문 신앙과 그다지 큰 차이가 없었다. 불교 교리의 핵심이라 할 수 있는 윤회와 업보의 사상은 석가모니 당시 인도에서는 상식적인 사상이었고, 자이나교나 힌두교도 모두 공유하는 교리에 불과하다. 석가의 불교가 인도 전역에 급속도로 전파되고 아시아권 전체의 국제적 종교로 발전할 수 있었던 근본적 원인은 곧 '사성평등'四姓平等의 교리에 있었다.[04] 이는 불교의 자비정신으로 승화되었고 고대 인도의 재편기에 사회

04 인도 전래의 4대 카스트caste인 브라만-크샤트리아-바이샤-수드라의 계급적 차별을 혁파하려는 평등사상이다.

적 실권을 가지고 있었던 거상들과 부호들의 재정적 지원을 받아 새로운 사회적 이상으로 수용되었다.[05] 이 자비와 평등의 사상은 중앙아시아와 중국을 거치면서 '대중 구원, 사회 구원'의 대승불교로 심화되어, 소수 지식층의 종교가 아닌 대중 종교로 확대되었다.

비록 불교의 교리는 엄청난 양의 경전에 의해 전해졌지만, 일상적 포교는 문자를 통해서 이루어지지 않았다. 대다수 민중들이 문맹이었던 상황에서 경전은 몇몇 학승들의 차지였다. 대중의 직접적인 신앙 대상은 불탑과 불상과 불화였고 더 나아가 그것들을 종합한 사찰건축이었다. 불교의 조형예술은 가장 적극적인 포교의 수단이었으며, 동시에 1차적인 신앙의 대상이었다. 따라서 불교문화의 최대 장르는 당연히 조형예술인 회화와 조각, 공예와 건축일 수밖에 없었고, 문자를 매개로 하는 문학은 그 근원성에도 불구하고 그다지 발달하지 못했다.

이는 조선시대의 유교문화와 극단적으로 상반되는 성격이다. 예컨대 불교시대였던 신라나 고려의 조각예술과 유교시대 조선의 조각을 비교해보라. 조선시대의 조각은 무덤의 호석護石들을 제외하고는 조각의 장르마저 없어진 것이 아닌가 할 정도로 쇠퇴하고 말았다. 용을 깎으면 뱀이 되어버리고, 호랑이를 새기면 고양이가 만들어지는 것이 조선시대 조각의 질적 수준이었다. 그림은 어떠한가? 대부분 일본에 탈취당했지만, 고려불화의 장엄함과 사실적인 수법은 조선불화에서 찾아보기 어렵다. 고려청자의 예술성과 조선백자의 일상성의 차이 역시 불교적 조형관과 유교적 조형관의 차이라 해도 지나친 말이 아니다.

안동 천등산 골짜기 촌 사찰인 봉정사의 전각들을 그처럼 섬세하고 아름답게 건축할 수 있었던 사회적 역량은 고려시대의 사회적 생산성에 원인이 있는 것이 아니라, 고려시대가 조형예술을 우선으로 하는 불교문화의 시대였던 까닭이다. 사회의 모든 경제권과 정치력과 지식을 독점하고 있던 조선시대 유학자들의 건축인 향교나 서원은 그리도 소박하고 초라한 반면, 사회적 억압과 빈곤과 무식의 담당자였던 조선시대 승려들의 절집은 왜 그리 화려하

05_ 中村元, 『佛陀の世界』, 學習出版社, 東京, 1980, p.49.

고 거창한가? 경제사적 혹은 정치사적 관점에서는 그 이유를 전혀 찾아낼 수 없다. 두 문화가 갖는 조형예술에 대한 근본적인 인식의 차이에서만 이유를 찾을 수 있다.

불교예술의 표현주의와 사실주의

불교의 경전에는 종교적 장식에 대한 찬양이 유난히 많다. 대표적인 경전 『묘법연화경』妙法蓮華經[06]에는 '꽃으로 장식하기(헌화), 탑 쌓아 바치기(조탑공양), 불상과 불단을 장엄하기' 등이 부처에 대한 최고의 공덕으로 규정되어 있다. 많은 경전에서 불상과 불전, 탑파塔婆를 화려하게 장식할 것을 권장하고 있다.

통도사의 예에서도 각 건물들의 화려한 단청과 공포의 기교는 말할 것도 없고 대규모의 벽화들을 그려서 불전을 장엄한다. 영산전靈山殿과 극락전에 그려진 벽화들이 대표적으로, 〈다보탑〉多寶塔과 〈반야용선도〉般若龍船圖[07]에 나타난 인물들은 매우 사실적으로 묘사되어 있다. 장엄의 측면에서는 매우 표현적이면서도 기법상으로는 사실주의적인 경향을 동시에 갖는 것이 불교예술의 속성이다. 최고의 조각예술품으로 꼽는 석굴암 본존불은 '사실적인 동시에 환상적인' 경지의 극치라 할 수 있고, 이는 불교예술의 궁극적인 이상이었다.

통도사의 건축 구성이 복잡하고 건물은 거대하며 장식이 화려한 까닭은, 조형적·시각적 감동을 통해서 종교적 신앙을 유도하기 위함이다. 물질과 관념을 엄격히 구분했던 유교적 세계와는 달리, 불교도에게 물질은 곧 관념이고 관념이 곧 물질이다.[08] 불교적 사고에 따르면 건축물은 존재 그 자체로서 의미를 갖는다. 다시 말하면 개개의 건물과 공간이 주체적 존재로서 작용한다. 불교적 공간 속에는 대중을 위한 기능과 쓰임을 담아야 하기 때문이다. 따라서 불교적 공간이란 개방적이며 공공적인 성격을 갖는다. 또한 종교적 상징성은 물질적 상징물로 존재한다. 이 역시 유교건축의 추상적 상징성과는

▣ 반야용선도에 나타난 인물 부분
▣ 다보탑 그림의 인물 부분

06_ 중국 한漢나라 명승인 구라마습鳩摩羅什이 번역한 『묘법연화경』을 고려 공민왕 22년(1373)에 옮겨 쓴 불교 경전으로, 『화엄경』華嚴經과 함께 우리나라 불교사상의 확립에 큰 영향을 끼쳤다.

07_ 불자들이 사바세계에서 피안의 정토로 건너갈 때 타고 가는 상상의 배를 반야용선般若龍船이라 하는데, 이러한 사상의 관념을 담은 그림을 일컫는다.

08_ "色卽是空 空卽是色". 여기서 색色을 물질 혹은 존재로, 공空을 관념 혹은 무無로 대입해도 무방하다. 존재와 무 사이의 차별이나 물질과 관념 사이의 이원론을 인정하지 않는 불교적 인식론은, 감각적으로 보고 만질 수 있는 조형예술을 발전시킨 근원적인 이유가 되었다.

◤ **반야용선도** 아미타불의 인도하에 극락으로 가는 배를 그린 그림으로 현대적 인물 표현과 서양화풍의 음영법이 보인다.
◢ **민화풍 벽화** 통도사 명부전의 민화풍 벽화로 대중적인 문화를 적극 반영한 불교의 수용 태도를 보여준다.

대비된다. 불전, 불상, 탑 등의 가시적인 상징물들은 말할 것도 없고, 선종사찰들의 절제된 구성 속에서 공간과 여백조차 물질화된 존재로 나타난다.

다원적 복합으로서의 전체

불교건축은 매우 복합적이다. 불교사원은 기본적으로 대중을 위한 예배소로서의 기능과 승려들을 위한 수도원의 기능을 갖는다. 고려시대에는 여기에다 지역사회 문화 중심으로서의 역할까지 부가되었고, 교통 중심으로서 여관과 시장의 기능도 담당하였다. 이 요구들은 쉽게 융화되기 어려운 성질의 것들이었다. 예컨대 개방적이고 시끄러울 수밖에 없는 대중용 예배공간은 수도원 기능에는 상극이었고, 여관과 시장은 성스러운 종교시설에 융화되기 어려웠다. 기능적 복합체로서 사찰이 구성되기 위해서는 각 용도 부분들의 독자적인 구성이 필수적이었다. 예를 들어 고려시대 법상종法相宗의 중심사찰이었던 금산사金山寺는 대사구-봉천원-광교원의 커다란 세 영역으로 구성되었다.[09] 각 영역들은 전체에 부속된 부분이라기보다는 그 자체로서 기능적·건축적으로 완결된 것들이었다.

불교건축을 복합적으로 만들었던 또 하나의 원인은 복잡하게 전개되어 온 교리와 교단의 역사였다. 석가모니에서 시작된 불교는 소승과 대승불교로, 다시 현교와 밀교로, 또 교종과 선종으로 가지에 가지를 치면서 성장해왔다. 동아시아에서 교종은 다시 법상종, 유가종瑜伽宗, 화엄종 등으로, 선종은 조계종曹溪宗, 임제종臨濟宗, 조동종曹洞宗 등으로 더욱 복잡하게 분파되었다. 여러 종파들은 독자적인 교단과 문화적 형식을 가지게 되었고, 고유한 교리와 함께 고유한 사찰건축이론을 형성해왔다. 여기까지는 그래도 어느 정도 체계를 발견할 수 있다. 문제는 한국불교가 회통성會通性 또는 통불교성通佛教性을 강한 특징으로 갖는다는 점이다. 법상종의 사찰에 선종의 내용이 가미되기도 하고, 교종사찰이 종파를 바꾸어 조계종이 되기도 한다. 그러한 변화가 있을 때마다 사찰에는 여러 가지 건축이론과 형식이 퇴적되고 중첩되어

09_ 김영수, 『금산사지』金山寺志. 대사구大寺區는 현존 사찰 경역과 일치하며 대중적 예배 영역이었고, 봉천원奉天院은 지역사회의 중심으로서 여관과 대민시설들이 있던 영역, 광교원廣教院은 수도원 영역이었다고 추정된다.

일정한 체계를 찾기 어렵게 구성되어왔다. 특히 임진왜란 이후에는 종파도 없고 교지도 없는 이른바 '통불교'가 유일한 불교로 자리잡으면서, 기존의 모든 교종적·선종적·밀교적 요소가 혼합되어버렸다.

통도사를 불교건축의 종합세트라고 하는 까닭은, 통도사 안에는 한국불교의 모든 신앙요소와 교리체계가 공존하고 있기 때문이다. 여태까지 알려진 대로 통도사의 건축은 상로전(대웅전 일곽)-중로전(대광명전大光明殿 일곽)-하로전(영산전 일곽)의 삼로전제三爐殿制로 구성되어 있다. 이는 사찰 운영의 시스템이기도 하지만, 근본적으로는 다양한 교리체계와 신앙의 대상들을 하나의 사찰 안에 수용하려는 건축적 방법론이다. 집합적 관계에서 본다면 통도사를 이루고 있는 기초적 구성 요소들인 각 전각들은 모두가 개별적으로 고유한 성격과 가치를 갖는 완결체들이다.

뿐만 아니라 이들이 모인 3개의 영역들(삼로전) 또한 완결된 부분들로 존재한다. 건물의 차원, 건물군의 차원에서 부분들을 하나의 전체로 엮어주는 뛰어난 장치로서도 높게 평가되지만, 통도사라는 불교건축을 대할 때 주목해야 할 것은 '각 부분들을 어떻게 형상화·완결화 했는가'이며, 그것들의 총합으로서 전체를 분석해볼 일이다. 이는 하나의 일관된 전체성 아래서 부분들을 조절해나갔던 유교건축과는 상반되는 건축적 성격이다.

국제적 보편성과 지역성

한국불교의 역사가 제아무리 오래되었고, 한국역사에 중요한 역할을 해왔다 할지라도 불교가 인도에서 발생한 외래종교라는 사실은 변하지 않는다. 물론 한국불교는, 태국 등 남방불교는 물론 인접한 중국이나 일본 불교와도 현격한 차이를 갖는다. 산신신앙 등 토착신앙을 수용했는가 하면, 유교나 도교의 사상도 접목하여 교조주의자들은 타락한 불교라고까지 혹평을 할 정도다. 적어도 고려시대 이후에는 외래종교라기보다는 고유한 전통문화로 인식해왔다고 보아야 한다. 그러나 그러한 인식에도 불구하고 불교문화의 원형은 여전히 인도-중국-아시아를 잇는 국제적인 보편성을 따르고 있다. 불전과 탑으로 이루어지는 상징적 체계, 장엄의 미학과 사실주의적 조형의 원리, 교리가 지시하고 있는 중심성과 기하학적 공간의 질서 등은 변하지 않는 불교 조형예술의 보편적인 원리가 되어왔다.

그러나 상상과는 달리 불교경전에서 조형예술이나 건축의 주제와 형식을 규정한 내용은 찾기 어렵다.[10] 이 점은 불교예술을 비통일적이고 비조직화하는 장애요인이지만, 반대로 국제적 획일성에서 탈피하여 지역적으로 다양하고 토착적인 생명력을 얻게 된 동기가 되었다. 따라서 불교가 새로운 지역에 전파될 때, 건축의 형식은 그 지역의 토착적인 형식을 이용할 수밖에 없다. 신라 최초의 사찰이 선산 지방 '모례의 집'에서 시작되었다는 기록이나 원래 궁궐로 건설하던 과정에서 사찰로 바뀐 황룡사의 예나 모두 초기에 전파된 불교에는 특정한 건축 형식이 없음을 보여주고 있다.

다시 말해서 불교건축의 원형적 이론과 구조는 불교 고유의 원리를 따르되, 그 건축적 형식은 지역에 따라 혹은 개별 사찰의 개성에 따라 다양하게 선택되었다. 아직도 많은 시대적 유구가 남아 있는 탑파를 예로 든다면, 이러한 보편성과 특수성의 구도는 더욱 확연히 드러난다. 한국의 석조탑파는 인도의 스투파나 중국의 파고다와는 전혀 다른 형식적 모델을 갖는다. 뿐만 아니라 신라계, 백제계, 고구려계, 고려계 등 다양한 지역적·시대적 형식들이 동시에 전개되었다. 그럼에도 불구하고, 모든 형식들에는 공통적으로 수직성과 중층성이라는 원형적 상징구조에 기본을 두고 있다.

국제적 보편성과 한국건축 특유의 개별성의 공유라는 불교건축의 문화적 속성은 조선시대의 유교건축이나 개항 이후 기독교건축의 문화적 양상과는 커다란 차이를 보이게 된다. 따라서 불교건축의 이론을 추적하기 위해서는 매우 입체적이고 복합적인 시각을 필요로 하게 된다. 여기에는 근본적인 교리들과 불교사의 변화과정, 문화 정치사적 변화, 개별 사찰의 전통과 지역적 형식, 그리고 지형에 대응한 방법 등이 다루어져야 할 것이다.

10_ Dietrich Seckel, *Kunst des Buddhismus*(이주형 역, 『불교미술』, 예경, 2002), p.20.

통도사 창건과
자장의 조영관

불보사찰로 창건되다

영축산 통도사. 해발 1,050m의 영축산은 원래 석가모니 당시 인도 마가다 Magadha국 왕사성王舍城(Rajarha)의 동쪽에 있던 산 이름이었다. 이 산에서 석가모니는 『묘법연화경』을 설파하여 많은 중생을 구제하게 되고, 그 산상설법의 광경은 '영산회상' 靈山會相이라 하여 불교 최고의 감동적인 장면으로 추앙받는다. 영산회상의 장면을 재현한 불전이 바로 '영산전'이고, 그것을 그린 그림이 〈영산회상도〉, 이를 위한 음악이 「영산회상」이다. 통도사를 창건한 자장율사는 신라를 부처의 나라 불국토佛國土로 재편하기를 염원하여 각지에 불교적인 땅 이름을 붙여주었다. 통도사라는 이름 역시도 "이 산의 모습이 인도의 영축산과 통한다"(此山之形 通於印度靈鷲山形)고 해서 붙여진 이름이다.[11]

11_ 이기영 외, 『통도사』, 대원사, 1991, p.11. 통도사 명칭 유래에는 여러 설들이 있다. "위승자통이도지"爲僧者通而度之에서 유래했다는 설, 또는 "통만법도중생"通萬法度衆生에서 유래했다는 설 등이 전한다.

▨ **통도사 전경** 안양암에서 바라본 모습. 지붕 기와선을 표시한 건물들이 예배용 불전들이고, 지붕에 점을 찍은 건물들은 주 통로상의 문들이다. 예배용 건물들은 오른쪽부터 상로전-중로전-하로전의 순서로 각각 특징적인 영역 구성의 방법을 보여준다. 상로전과 중로전 사이를 비집고 개산조당 일곽이 삽입되었음도 알 수 있다.

↗ **통도사 전경** 영축산 자락에 길게 퍼져 자리하고 있다.

　이 절을 굳이 영산회상의 장소로 인식하려는 이유는 여기에 부처의 진신사리를 봉안했기 때문이다. 불교의 세 가지 보물(삼보三寶), 부처(불佛)·경전(법法)·승려(승僧) 가운데 최고의 보물은 역시 부처다. 부처가 없으면 경전도, 승려도 있을 수 없다. 부처 중의 부처 석가모니는 이미 과거에 열반하였지만, 그가 남긴 사리는 후세에도 구체적인 부처의 증표가 되었다. 사리를 모신 스투파가 사찰건축의 기원이 되었고, 비록 부처의 사리는 없지만 스투파를 흉내낸 구조물들 역시 신앙의 대상이 되었다. 불모지 신라에 가져온 부처의 진신사리는 부처 그 자체로 숭앙받기에 충분하였고, 사리를 모신 통도사야말로 신라 땅에 재현된 석가모니의 세계, 곧 영산회상이었다.

　통도사는 신라 선덕여왕善德女王 15년(643)에 창건되었다. 창건주인 자장은 본격적인 계율학의 시조로 평가되는 인물이다. 삼국시대 세 나라가 앞다투어 불교를 수입한 이유는 부족연합국의 상태에서 고대국가로 발전하기 위한 수단이었다. 고대국가의 핵심 조건은 왕권의 강화와 율령의 정비였고, 불교는 이를 위해 유용한 사상과 방법론을 제공할 수 있었기 때문이다. 따라서 왕권이 필요로 했던 것은 강력한 질서와 사회적 율법을 구축할 수 있었던 계율학 계통의 불교였다. 자장 이전에도 이미 원광법사는 '세속오계'世俗五戒라는 사회적 계율을 주창하고 있었지만, 사상적·교리적 체계를 제공한 것은 자장에 와서이다.

계율승 자장이 경주가 아닌 변방 양산에 불보사찰 통도사를 개창한 것은 시사하는 바가 크다. 양산 지방에는 이미 중앙정부에 다음가는 무시 못할 세력집단이 자리잡고 있었다.[12] 이상한 연못에 나쁜 용이 있어서 백성들을 괴롭히니 이를 제거하기 위해 통도사 금강계단金剛戒壇을 설치했다는 설화는[13] 양산 지방에 중앙정부에 대항하는 정치집단이 있었고, 이를 제압하기 위해 통도사를 개창했다는 정치적인 해석을 가능케 한다. 이 역시 불교와 중앙 왕권의 제휴를 입증하는 대목이기도 하다. 또 자장은 통도사 창건을 통하여 신라의 불교계를 정화하고 장악하려는 목적을 달성하기도 했다. "무릇 승려가 되려는 자들은 모두 통도사 금강계단에서 수계를 받아야 한다"는 또 하나의 계율을 정하여 모든 승려 세력을 규합할 수 있었다. 종교적으로는 진신사리의 정통성 때문에, 정치적으로는 왕권의 강력한 후원 때문에 이러한 권위를 가질 수 있었던 것이다.

계율학의 대가, 자장

자장의 출생연대는 불분명하지만 대략 7세기 초반에 활약하던 당대의 국가적인 고승이었다. 진골인 김무림의 늦둥이로 태어나 조실부모한 뒤, 20대 초반에 처자도 버린 채 자기 집 땅에 원녕사元寧寺를 짓고 불문에 귀의했다. 이 시기의 그는 매우 염세적인 청년이었다.[14] 그는 고골관枯骨觀이라는 극단적인 수행법을 통해 세상의 번민을 잊으려 힘썼다. 좁은 방 안을 가시나무로 둘러막아 움직이면 곧 가시가 찌르도록 했고, 머리를 대들보에 매달아 졸음을 물리치기도 했다. 신라 왕실은 수행 중인 자장을 대신의 자리에 임명하였다고 하니 보통 가문 출신이 아니었고, 일찍부터 왕권의 총애를 받았음도 짐작할

12_ 심봉근, 「신라시대 통도사 주변유적」, 『불교문화연구』 2집, 영축불교문화연구원, 1991, p.76. 통도사 개창 1세기 전인 6세기 중반에 조성된 부부총, 금조총 등의 고급 분묘와 박지리 토성, 간월사지 등의 유적을 그 증거로 제시하고 있다.
13_ 『通度寺舍利袈裟事蹟略錄』.
14_ 자장의 일대기는 『三國遺事』 卷四 慈藏定律條를 토대로 재작성하였다.

수 있다. 그러나 거듭된 거절에 화가 난 왕은 "취임하지 않으면 목을 자르겠다"고 협박을 했고, 자장은 이렇게 버텼다. "내 차라리 하루라도 계를 지키고 죽을지언정, 파계하고 백 년을 살기를 원치 않는다." 계율학의 대가 자장의 명성은 다시 한번 치솟았고, 자장에 대한 왕의 총애는 더욱 증폭되었다.

636년 자장은 한 무리의 제자들과 함께 당나라로 유학을 떠났다. 그가 당나라에 도착하자 황실에서 친히 영접했다고 하니, 승려 신분의 단순한 유학이 아니라 국가 간의 사절단과 같은 자격이었다. 그는 수도인 장안에 머무르지 않고, 중국 계율종의 본산인 종남산과 문수보살의 거처인 오대산 일대에 머물렀다. 드디어 문수보살의 현신이 나타나 석가모니가 입던 가사 한 벌과 밥그릇 하나, 부처의 두개골과 이빨 등 진신사리 100개를 전해준다. 물론 그 보물들의 진위 여부를 판정하는 것은 무의미하다. 이 보물들을 얻어 종교적 정통성을 획득하는 것이 자장의 입당 목적이었고, 그 종교적 권위를 바탕으로 강력한 왕권을 구축하려 했음이 그를 파견한 선덕여왕의 의도였기 때문이다.

643년 자장은 선덕여왕의 요청으로 급거 귀국하게 된다. 당시 선덕여왕은 여자라는 이유로 중앙 귀족세력으로부터 끊임없는 도전을 받고 있었다.[15] 귀국할 때 가져온 것은 예의 친견가사와 불사리, 당 황제가 하사한 막대한 양의 비단과 채색 옷감, 대장경 400권, 그리고 불교용 깃발들과 꽃우산[16] 등이었다. 부처의 유품과 경전을 수입한 것은 당연하지만, 굳이 옷감과 장엄용구를 가져온 까닭은 무엇일까?

자장의 조영의식과 통도사의 건축 개념

귀국 후 자장은 최고 승려직인 대국통에 임명되어 대대적인 불교 정비에 나섰다. 그는 먼저 황룡사에 9층탑을 건설할 것을 건의했다. 9층탑을 세우면 주변의 아홉 나라가 신라에 조공을 바칠 것이라는 이유에서였지만, 실상은 여왕의 권위를 견고하게 하기 위한 국가적 건설사업이었다. 또 전국의 승려들에게 계를 내려 규율을 단속하였고, 사신을 보내 지방 사찰들을 순회 감독하

15_ 대표적인 사건이 비담과 염장의 난으로, 반란군은 경주를 거의 점령할 지경이었다. 소장귀족 김춘추와 신흥무관 김유신의 활약으로 간신히 진압하기는 했지만, 여왕에게는 자장과 같이 사회를 통합하고 왕권에 힘을 실어줄 사상적 지도자가 절실하게 필요했다.

16_ 『三國遺事』에는 당幢과 번幡, 그리고 화개花蓋를 가지고 왔다고 했다. 모두 불교 장엄용구로 당과 번은 세로와 가로로 긴 깃발을 의미하고, 화개는 정확하지 않으나 불상 위에 장식하는 이동용 캐노피다. 일설에는 화개가 불상 위의 닫집을 의미한다고도 한다. 닫집의 어원은 '당가, 즉 당나라에서 건너온 집'이라는 해석이다.

는 제도를 마련했다. 감독과 동시에 모든 사찰의 불상과 경전을 장엄하도록 지도했다는 사실은 조형예술의 진흥을 통해 불교를 정비하려 했던 자장의 독특한 정책을 엿보게 한다. 귀국할 때 굳이 장엄용구를 가지고 온 이유도 여기서 찾을 수 있다.

그의 독특한 불교 정비책은 여러 차례의 조영활동으로 꽃을 피운다. 황룡사탑의 건설과 함께 울산에 태화사太和寺를, 양산에 통도사를 창건하고 가지고 온 불사리 100과를 셋으로 나누어 세 사찰에 봉안한다. 특히 통도사에는 사리와 함께 부처의 친견가사도 같이 모셨다. 자장이 세운 절과 탑은 10여 곳에 이른다. 자기 집이었던 원녕사, 울산 태화사, 경주 황룡사탑, 양산 통도사, 명주 수다사水多寺(현 등명락가사燈明洛伽寺), 정선 갈래사葛來寺(현 정암사淨巖寺), 태백산 석남사石南寺, 오대산 월정사月精寺, 언양의 압유사鴨遊寺 등이 기록으로 전한다.[17] 특기할 것은 그가 관여한 거의 모든 사찰에는 탑을 세웠다는 사실이다. 그것도 9층목탑과 같은 대형 탑이거나 수마노탑과 같이 특수한 탑을 세웠다는 사실은 자장의 조탑 의지가 대단했음을 알려준다.

그의 조영활동에 일관되게 흐르는 이상은 '계율과 장엄'이었고, 이를 실현하기 위한 건축적 수단이 '사찰의 중심인 탑과 건립'과 '건축의 장식화'였을 것이다. 이러한 관점에서 본다면, 왜 유독 통도사에만 탑이 세워지지 않았나 하는 의심을 품게 된다. 어느 기록에도 통도사에 탑을 세웠다는 내용은 없다.[18] 단지 "계단을 설치해(설단設壇) 가사와 함께 사리를 봉안했다"고만 되어 있을 뿐이다. 또 "경전 400여 권을 싣고 와서 통도사에 안치했다"는 기록도 보인다.[19] 사리뿐 아니라 가사와 경전을 봉안하려면 내부 공간을 갖는 특수한 구조물을 필요로 하며, 돌로 쌓은 계단은 가사와 경전을 모시기에 매우 부적당한 구조물이다. 또 지금의 금강계단 석종石鐘은 『삼국유사』三國遺事를 집필했던 고려 후기의 것도 아닌, 임진왜란 이후의 것으로 판명되었다. 따라서 과연 자장의 창건 당시부터 금강계단이 현재의 위치에 있었는가는 커다란 의문이다. 이 문제에 집착하는 이유는 창건 당시의 모습을 고증하려는 목적만은 아니다. 현재와 같은 통도사의 구성에서는 자장이 관여한 다른 사찰의 명

17_ 자장의 말년은 정치적으로나 종교적으로 매우 불우했던 것으로 전한다. 김춘추와 김유신의 연합세력이 정권을 장악한 이후, 정치적 용도가 폐기된 자장은 변방인 강원도 일대를 떠돌다가 태백산 한 골짜기에서 뼈가 으스러진 채 숨을 거둔다. 예의 강원도의 사찰들은 모두 말년에 창건한 사찰들이다.

18_ 그러나 후대의 기록이기는 하지만, 『범우고』梵宇考에는 통도사 계단을 '탑'塔으로 호칭하고 있다. 예전의 불가에서는 단壇과 탑을 동일한 구조물로 인식하고 있었던 것은 아닌가 한다.

19_ 『三國遺事』卷三 前後所藏舍利條.

확한 중심성과 질서를 찾기 어렵다. 그렇다면 현재의 모습은 삼국 통일 후 혹은 고려 초에 크게 변화된 구성일 것이다. 금강계단에 대한 정확한 고증은 통도사 전체 구성의 비밀을 풀어주는 핵심적 열쇠가 될 것이다.

건축 애호가 자장율사

금강계단에 대한 의문은 일단 접어두기로 하자. 그러나 자장은 기록에 등장하는 한국 최초의 건축 애호가 혹은 안목이 높은 건축 후원자로 기억할 만하다. 그는 최고위 귀족 승려로서 엄격한 계율과 형식을 통해 고대 신라사회를 통합해나갔다. 여기에 동원된 수단은 사찰의 조영과 장엄이었으며, 특히 상징적인 탑들을 세우기 좋아했다. 조탑활동은 신앙적으로는 사리신앙과 화엄사상에 맥을 닿고 있으며, 탑을 세움으로써 사찰에 건축적 질서를 구현하려는 의도는 특유의 계율사상을 실현하기 위한 도구였다. 그는 또한 여러 가지 의미에서 당대의 국제인이었다. 국내에 중국과 인도의 지명들을 붙이고 중국식 복장과 연호를 사용하도록 권장해, 신라사회의 국제화에 일익을 담당했다. 당연히 그의 건축에도 중국에서 보고 겪은 요소들이 반영되었을 것이다.

    자장의 조영활동 중에 또 하나 흥미를 끄는 대목이 있다. 그가 관여한 사찰들 가운데는 3개의 영역으로 구성된 사찰들이 많다는 점이다. 황룡사는 원래부터 3개의 금당이 있었고, 여기에 중앙탑을 세우고 회랑을 두름으로써 완전한 세 영역을 구성했다. 명주 수다사에는 창건 당시에 3개의 탑이 세워졌다고 전한다.[20] 또 정암 갈래사에는 원래 금탑, 은탑, 수마노탑 등 3개의 탑을 세웠다고 한다.[21] 모두 현재 남아 있는 유구들이 아니어서 그대로 믿기는 어렵지만, '3개의 중심 혹은 3개의 영역'이라는 개념이 자장의 건축적 모델은 아니었을까? 그래서 통도사 역시 삼로전이라는 3개의 영역으로 형성된 것은 아닌가? 만약 그렇다면 자장은 통도사의 건축적 개념을 정립한, 진정한 의미에서의 건축가였을 것이다.

20_ 사찰문화연구원, 『전통사찰총서-강원도』, 1992, p.115. 등명락가사燈明洛伽寺 편.
21_ 사찰문화연구원, 앞의 책, p.158.

건축 구성의
신비

통도사학의 계보

한국건축 가운데 통도사를 대상으로 한 연구 업적은 타의 추종을 불허한다. 1970년대 이후 한국건축 연구의 붐이 일었을 때부터의 성과만 하더라도 10여 편에 달한다. 물론 수십 권의 연구서와 수백 편의 논문이 축적된 일본의 '호류지가쿠' 法隆寺學와는 질적·양적인 면에서 비교하기 어렵지만, 국내에서는 이 정도면 단일 대상으로는 최다의 연구 업적으로 기록된다.[22]

이 가운데 울산공대(현 울산대학교) 건축학과 팀의 역작인 「통도사 가람배치 실측조사보고서」는 아직까지 유일하게 작성된 도면집이다.[23] 이 글에 수록된 도면들도 물론 당시의 것이다. 조사된 이때와 비교하면 지금의 통도사에는 많은 변화가 있다. 대웅전 앞의 일로향각一爐香閣이 없어지고 대신에 1,000석 규모의 대강당인 설법전說法殿이 들어앉았다. 일로향각의 전통은 응진전 옆 조그마한 건물로 옮겨졌다. 가장 서쪽의 승방 부분은 무엇이 변했는지도 모를 정도로 변화가 심하다. 원통방 남쪽의 곡루가 없어진 것이 가장 애석하다. 임충신 교수의 연구에 따르면, 곡루에 사용된 척도는 이른바 '고려척'으로 창건 당시에 건축되었을 가능성이 높은 건물이었다. 일반인의 눈에 보이는 불전들만 제외하고 승방 부분들은 엄청난 변화가 진행 중이다. 특히 일주문 앞에는 대규모의 성보박물관이 들어섰는데, 예의 콘크리트 한옥과 근대건축을 절충한 통도사 최대의 건물이다.

기존의 연구는 크게 세 방향으로 진행되어왔다. 통도사가 가지는 외부

[22]_ 주목받은 연구 목록만도 다음과 같다. 1. 최상헌, 「한국산지가람건축의 외부공간의 구성에 관한 연구」, 서울대학교 대학원, 1979. ; 2. 김경표, 「한국고대 불사의 조형공간에 관한 연구—중심으로」, 부산대학교 대학원, 1979. ; 3. 울산대학교 건축학과, 「통도사 가람배치 실측조사보고서」, 『울산공대연구논문집』 11권 3호, 1980. ; 4. 안영배, 「통도사 가람배치에 관한 연구」, 『대한건축학회지』 25권 48호, 1981. ; 5. 김광현, 「통도사의 중층적 전개에 관한 형태분석」, 『대한건축학회지』 29권 122호, 1985. ; 6. 이규성, 「정연한 건축체계로서의 통도사 건축」, 『대한건축학회지』 29권 127호, 1985. ; 7. 한동수, 「통도사의 영역구조분석과 형성과정에 관한 연구」, 한양대학교 대학원, 1985. ; 8. 손승광·임충신, 「통도사 전각들의 영조척도 고찰」, 『대한건축학회논문집』 2권 1호, 1986. ; 9. 윤성호, 「한국사원건축 외부공간의 상징성에 관한 연구」, 국민대학교 대학원, 1987. ; 10. 임충신, 「통도사 금강계단의 영조척도 고찰」, 『불교문화연구』 제2집, 영취불교문화연구원, 1991. ; 11. 홍광표, 「통도사의 입지선정과 공간구성 변화에 관한 연구」, 『불교문화연구』, 영취불교문화연구원, 1991. ; 12. 한국불교문화연구원, 『통도사』, 일지사, 1974. ; 13. 김동현 외, 『통도사』, 대원사, 1991. ; 14. 「통도사 대웅전 실측조사보고서」, 문화재관리국, 1999.

[23]_ 「통도사-대웅전 및 사리탑 실측조사보고서」, 『영축총림 통도사』, 우리건축, 1997. 김봉렬은 이 보고서에 「통도사 건축의 조영사와 가람구성」이라는 논문을 수록했다.

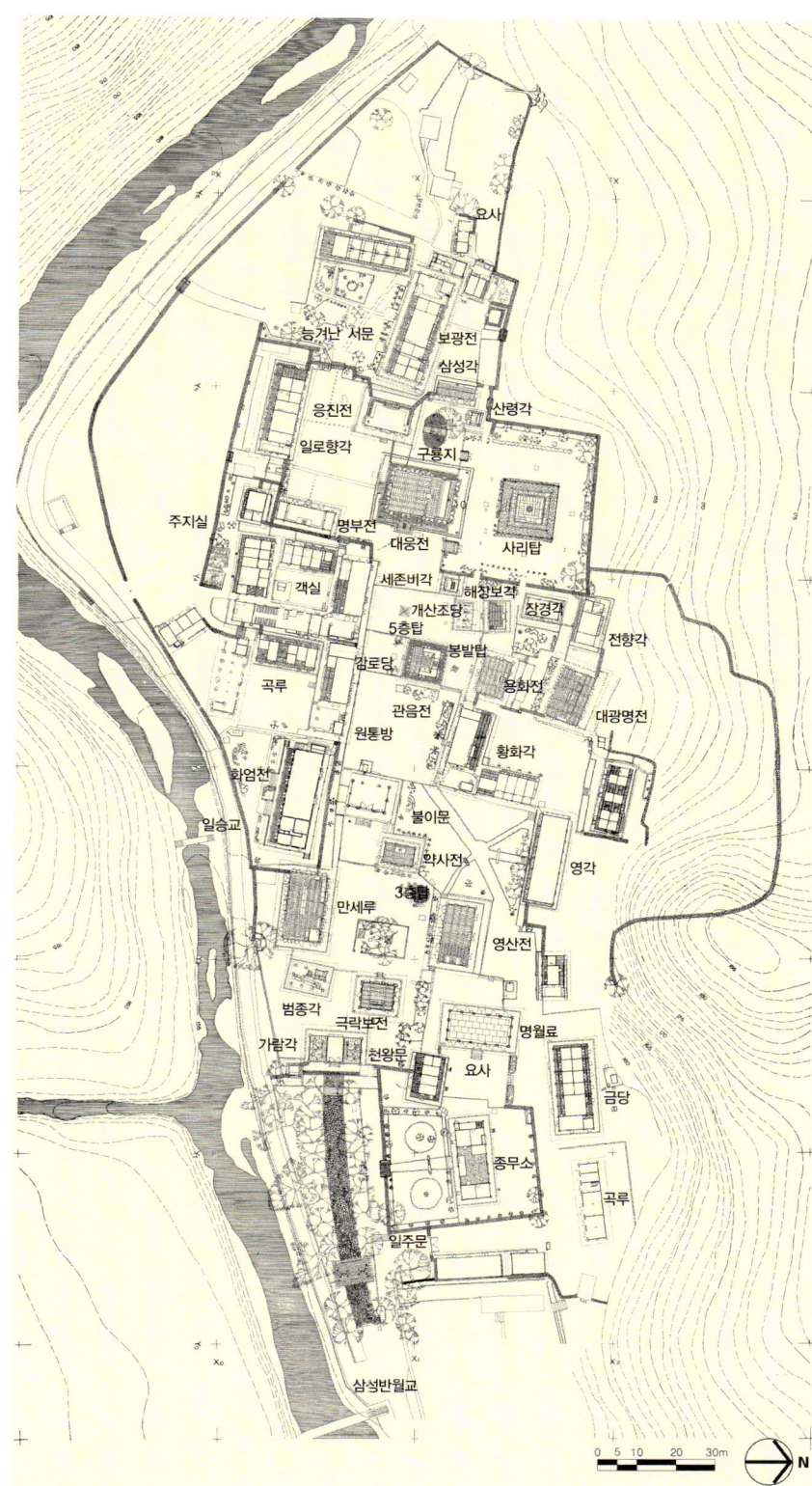

통도사 배치 평면도 1979년 당시의 모습이지만 유일한 측량 도면이다. 상로전의 일로향각 자리에는 대규모의 설법전이 신축되었고, 보광전 영역의 승방들은 너무 많이 바뀌었다. 원통방의 훌륭한 곡루 건물 역시 철거되었다. 울산대학교 도면.

공간의 성격과 구성 기법을 분석한 공간론적 연구와, 통도사 구성에 개입된 교리적 차원의 연구, 그리고 통도사 개개 건물의 척도를 분석한 척도 연구 등 대다수를 점하는 공간론적 연구는 이미 상식화되어 소개를 생략한다. 교리적 연구는 단 한 편만이 있을 뿐이지만, 통도사 구성의 질서를 밝히기에는 유용한 관점이라고 생각한다. 척도 연구에서는 문헌사료에서 밝히지 못한 각 건물의 초창연대를 유추할 수 있는 실마리를 제공했다는 점에서 큰 성과를 거두었다.

건축의 의문들

그러나 아직도 총체적인 건축적 의문들은 풀리지 않고 있다. 왜 3개 영역으로 구성되었는가? 왜 대웅전은 3개의 정면을 갖는가? 불이문不二門[24]의 존재 의의와 괴상한 가구법은 무엇을 상징하는가? 초창기 통도사의 모습은 무엇인가?

여러 가지 의문들은 근본적으로는 다양한 신앙 형태들이 복합된 데에 기인한다. 통도사는 한국 최대의 종합신앙사찰이다. 원시불교의 사리신앙에서부터 초기의 계율학, 법화신앙, 정토신앙, 미륵신앙, 관음신앙, 지장신앙, 약사신앙 등 한국불교의 주요한 신앙을 위한 전각들이 빠짐없이 건축되어 있다. 더 나아가 산신, 칠성 그리고 사찰의 토지신에 대한 토착신앙까지도 수용하고 있다. 문제는 이들 다양한 전각들이 종합 계획을 가지고 건축된 것이 아니라는 사실이다. 1,300년 전 창건된 이래 현재까지 오랫동안 하나 둘씩 증축·확장되었고, 그때마다 사찰의 구성도 변해갔다. 그 과정에서 어느 때는 구성의 질서가 근본적으로 변화되기도 했을 것이다. 문헌기록과 유구의 흔적만으로는 그 변화의 과정을 재구성할 수가 없다. 그래서 의문은 계속 쌓여가고 추론은 또 추론을 낳게 된다. 현재의 모습에만 관심을 갖는다고 해도 이 절은 끊임없는 연구거리를 제공한다.

첫째, 이 절의 중요 세 영역들은 서로 다른 독특한 구성 방법을 취하고 있

[24] 사찰에서 본당에 이르는 마지막 문. '불이'는 진리는 둘이 아니라는 의미로, 불교의 진리가 이 문을 통해 재조명되며, 반드시 이 문을 통해야만 진리의 세계인 불국토佛國土가 전개된다고 믿었다. 해탈문解脫門이라고도 한다.

[25] 임충신, 「통도사 금강계단의 영조척도 고찰」, 『불교문화연구』 제2집, 영취불교문화연구원, 1991, p.104.

다. 하로전은 세 동의 불전과 만세루가 하나의 마당을 에워싸고 있는 형식(4동중정형)을 취한다. 반면 중로전의 세 전각은 하나의 중심축에 일렬로 배열되어 있다. 여기에는 통상적인 마당이 존재하지 않는다. 가장 특징적인 영역인 상로전은 대웅전이 중심이 되어 사방 4개의 외부 공간이 회전하는 것 같은 방법을 취했다. 각 영역의 구성방법은 내재된 교리적 원리와 크게 연관이 있어 보인다.

둘째, 이들 각각의 건물군은 단일한 중심 통로로 전체화되며, 주축이라 할 수 있는 중심 통로는 천왕문과 불이문 등으로 분절된다. 다시 말하면 3개의 남북 축이 각 영역의 부축을 형성하고 이들과는 직교되는 동서의 긴 주축이 이들을 통합하는 구성이다. 이들 4개의 축선들은 미묘하게 휘어져 있고, 건물 사이의 외부 공간들의 크기와 모양은 매우 다양하여 시각적인 변화와 중첩 효과가 뛰어나다.

셋째, 너무 복잡하여 일견 임의로 배열된 듯한 현상 속에는 매우 엄격한 규준이 작동하고 있다. 척도론적 연구에 의하면, 원래의 지할(site layout)은 대웅전을 기준으로 한 40척×40척의 모듈을 가지고 계획되었다. 3개 영역들의 크기는 하로전으로부터 상로전으로 200척→160척→120척의 규모로 줄어들어, 5→4→3의 순서로 공간적 긴장감을 증폭시키도록 계획되었다.

흔히 언급되는 통도사 공간의 다양한 형태와 중첩적인 장면들은 위에서 지적한 교리적 구성법, 부분적 완결성과 전체적 통합 수법, 그리고 그 속에 은폐되어 있는 건축적 규범들이 어우러져 나타난 현상일 뿐이다. 여기에 시간적 인자를 도입하여 각 시대별로 변모된 단계들을 추적한다면 그야말로 입체적인 분석이 될 것이다.

건물군의
집합적 이론과 구성

하로전, 정토신앙과 영역성

하로전은 천왕문과 불이문 사이의 영역을 일컫는다. 일반적으로 사찰의 신앙적 경역은 천왕문 안쪽부터라고 볼 수 있다. 천왕문 바깥에 서 있는 일주문은 사찰의 물리적 경계를 표시할 뿐이며, 교리적으로 사천왕천四天王天을 의미

천왕문 귀퉁이의 가람각 통도사의 가람신을 모시고 가람의 수호를 빌기 위한 곳으로, 사찰 안쪽에 편입되었지만 위치상으로는 사찰 외부에 세워진, 안도 되고 바깥도 되는 곳에 세워진 전각이다.

하는 천왕문을 들어서야 부처의 나라로 진입했다고 인식하기 때문이다. 천왕문 남쪽 귀퉁이 눈에 잘 띄지 않는 곳에 가람각伽藍閣이 서 있다. 이 건물은 통도사의 가람신을 안치하고 가람의 수호를 빌기 위한 것이다. 가람신은 불교의 정통적인 신이 아니며, 민간신앙의 산물이다. 그러나 명색이 가람의 신이어서 사찰 경역의 담장 안에는 포함하되 위치적으로는 천왕문 바깥에 세웠다. 명분과 실리를 동시에 얻으려는 절묘한 배열이다.

하로전의 주 영역은 영산전을 중심으로 동쪽에 극락보전極樂寶殿, 서쪽에 약사전藥師殿, 그리고 남쪽에 만세루의 네 건물이 하나의 마당을 형성하면서 튼 ㅁ자형으로 구성되었다. 현재 기념품 판매소로 쓰고 있는 만세루는 비록 단층이지만, 바로 옆에 중층 범종각이 있어서 집 이름과 같이 누각의 분위기를 가지고 있다. 이처럼 하나의 마당을 에워싸고 건물 4동을 배열하는 형식은 조선시대 사찰 형식의 기본이 되었다. 이를 4동중정형이라 부르기도 한

통도사 하로전 일곽 앞이 약사전, 뒤가 극락보전이며, 이 둘 사이에 자리한 중심 전각이 영산전이다.

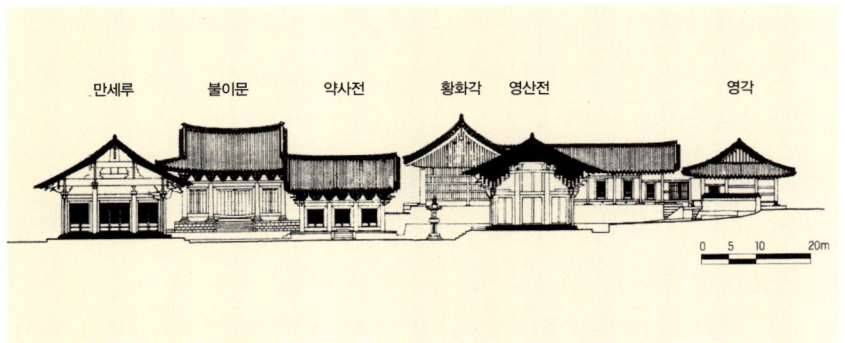

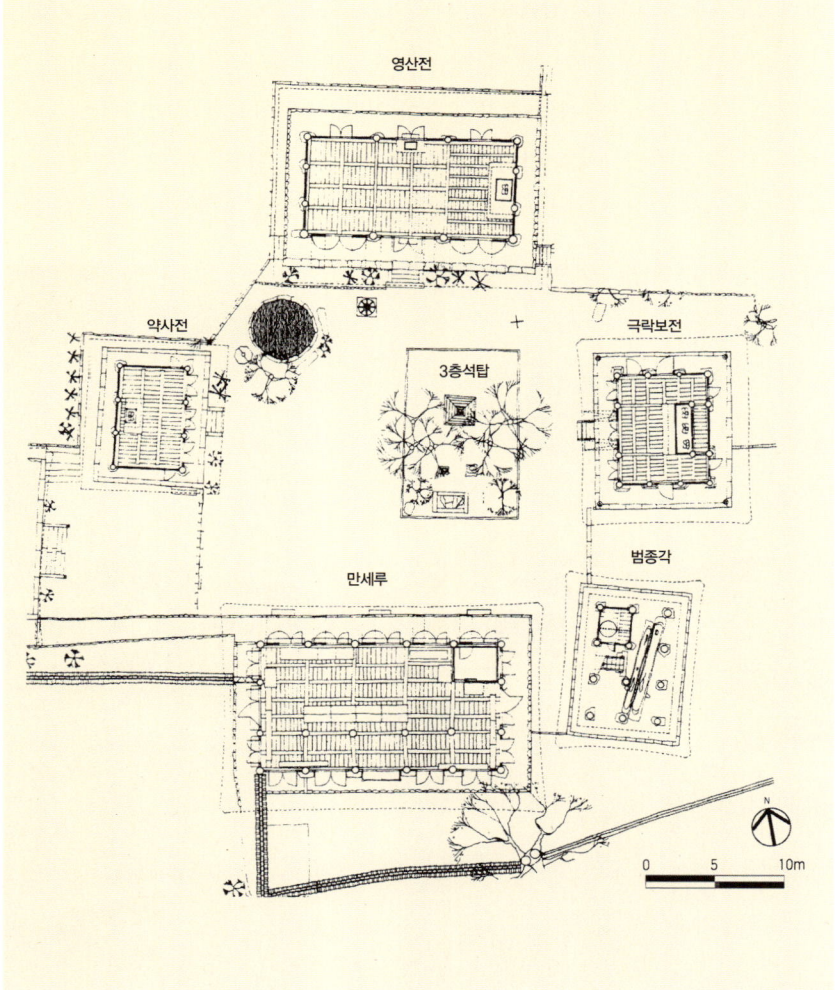

◈ 하로전 일곽 단면도 울산대학교 도면
◈ 하로전 배치 평면도 울산대학교 도면

다. 4동중정식 건물들은 주불전과 동·서쪽의 승방, 그리고 전면의 중층 누각으로 이루어지는 것이 일반적이다. 하로전의 경우는 동서에 승방 대신 중요한 불전들이 위치했다는 차이가 있다. 중정 가운데 석탑은 원래 영산전 앞으로 치우쳐 있었던 것을 근자에 중앙으로 위치를 변경했기 때문에 이 영역의 중심 구조물이라 보기 어렵다.

　영산전의 창건연대는 명확하지 않지만, 고려척을 사용한 것으로 미루어 적어도 고려 초 이전에 창건하였으리라 추정된다.[26] 극락보전과 약사전은 그보다 400년 뒤진 1369년에 창건된 건물들이다. 현재와 같은 구성은 두 불전이 창건되면서 이루어졌다. 앞서 말한 대로 영산전은 석가모니의 설법장인 영산회상을 재현한 불전으로 흔히 석가모니의 불국토로 인식되어왔다. 보통 사찰의 경우 영산전이 한 영역의 주불전이 되는 경우는 극히 드물다. 영산전의 주인공은 석가불뿐만 아니라 그의 10대 제자 혹은 16제자들이며, 부처의 제자들은 나한羅漢들로서 신앙적 위계가 낮기 때문이다. 하로전의 경우와 같이 동서에 극락보전과 약사전을 부불전으로 거느리는 경우는 더더욱 있을 수 없다. 극락보전의 아미타불이나 약사전의 약사불은 석가불에 버금가는 위계이며, 하위인 나한에게 종속될 수는 없기 때문이다.[27] 그러나 석가모니의 영산회상을 재현하기 위한 통도사의 창건 목적을 다시 생각해보면, 영산전을 우

[26]_ 임충신, 앞의 논문, p.91.
[27]_ 김봉렬, 「조선시대 사찰건축의 전각구성과 배치형식 연구」, 서울대학교 대학원, 1989, p.40. 극락전과 약사전은 상단上壇의 전각이며 영산전은 중단中壇의 전각이다. 하로전의 구성은 상단의 전각들이 중단의 전각에 부속되어 있는 모습이다.

▷ **영산전과 3층석탑**　칸살이 넓고 당당한 영산전의 모습에서 신라시대의 비례감을 읽을 수 있다.
▷ **극락보전의 단아한 모습**

위에 둔 하로전의 집합구성을 이해할 수는 있다.

하로전을 구성하고 있는 전각들의 신앙적 성격을 살펴보면, 하나의 공통점을 발견할 수 있다. 영산전이 석가모니의 불국토를 상징하는 것이라면, 극락보전은 아미타불의 국토인 서방정토를, 약사전은 약사불의 동방 정유리정토淨琉璃淨土를 상징하게 된다. 여기서 문제는 서방정토의 표상인 극락보전이 왜 동쪽에 있는가, 다시 말해 약사전과 극락보전의 방위가 왜 바뀌었는지 살펴봐야 한다. 이 의문을 명쾌히 풀어줄 수 있는 교리적 근거는 아직 발견하지 못했다. 단지 주목할 것은 세 불전 모두 불국토를 상징하는 정토신앙의 전각들이라는 점이다. 정토란 구체적인 부처의 세계이며 물리적인 경계를 갖는 영토의 개념이다. 따라서 정토의 개념은 건축적으로는 '영역성의 확보'로 구체화된다.[28] 영역성이란 마당이라는 요소의 선택으로 구현된다. 고려조의 정토계 사찰들은 소위 4동중정형의 구성 형식을 채택해왔다. 그들의 교리적 원리를 가장 적절히 표현할 수 있는 방법이었기 때문이다.

중로전, 미륵신앙과 중축성

중로전은 불이문부터 세존비각世尊碑閣까지의 일곽이라 할 수 있다. 중심은 대광명전-용화전龍華殿-관음전觀音殿으로 이어지는 건물군이며, 관음전은 동쪽으로 원통방 앞의 마당과 서쪽 개산조당開山祖堂 앞마당의 중간에 놓여 있다. 대광명전은 통도사 개창 당시에 창건된 건물로 알려져 있고, 용화전은 1369년, 관음전은 이보다 훨씬 뒤인 1725년 창건된 건물이다. 따라서 지금과 같은 구성은 관음전이 창건된 조선 후기에 조성되었다. 이 시기는 또 한 차례 통도사의 중흥기로 기록된다. 용화전 서쪽의 세존비각(1706년), 개산조당과 해장보각海藏寶閣(1727년) 등이 창건되어 중로전의 구성에 커다란 변화가 있었다.

세 불전은 하나의 축선상에 일렬로 놓여 있다. 하로전이 기존 영산전을 중심으로 마당을 형성하면서 확장된 '영역성의 확보' 방법을 구사했다면, 중로전은 중축선을 기준으로 앞으로 확장된 '축성의 구현' 방법을 채택했다.

28_ 김봉렬, 앞의 논문, p.84.

↗ **중로전 일곽** 관음전-용화전-대광명전이 중첩된 모습으로 구성되었다.

앞에 새로운 건물이 놓이면 뒤에 있던 기존 건물은 가려지게 된다. 이러한 장애를 제거하기 위해 중로전의 전각들은 앞으로 갈수록 규모를 줄였다. 넓이뿐 아니라 건물의 높이도 낮추어 뒤의 기존 건물과 중첩되어 보이도록 시각적 고려를 한 것이다. 규모를 줄이다 보니 마지막에 창건된 관음전은 결국 정방형의 평면을 가지게 되었다. 또 관음전은 대단히 넓은 빈터의 한가운데 위치할 수밖에 없었기 때문에 3면이 노출되는 중심형 평면이 가장 적합하기도 했다.

대광명전은 화엄신앙의 주불인 비로자나불을 봉안한 전각이다. 비로자나불은 모든 부처와 보살 가운데 최고의 부처이며, 석가모니불은 비로자나의 현신으로 인식될 정도였다. 그러나 원래부터 이 전각에 비로자나불을 봉안했다고 보기는 어렵다. 자장보다 반세기 후에 활동한 의상대사 때에 와서야 화

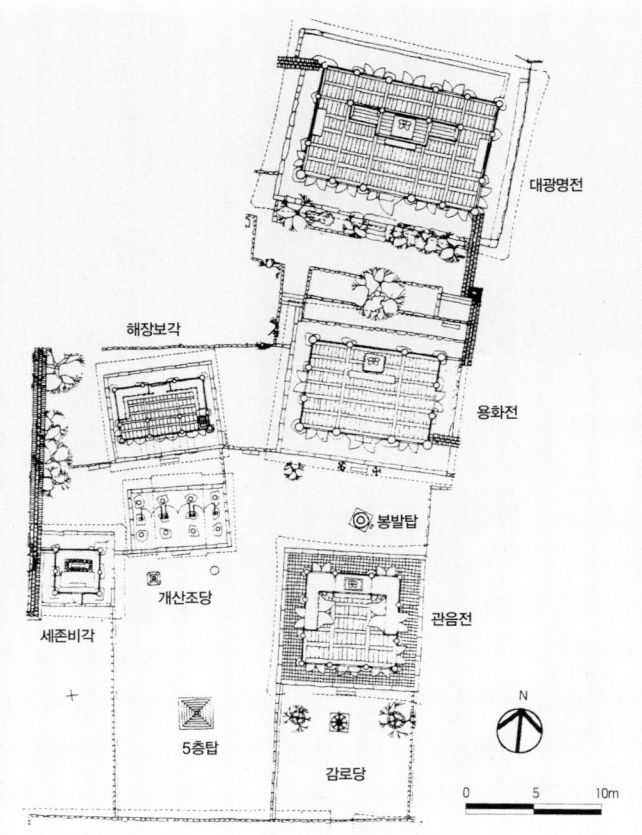

중로전 일곽 배치 평면도 대광명전-용화전-관음전을 잇는 축과 해장보각-개산조당을 잇는 축의 휘어짐과 두 축의 변곡 방향을 살펴볼 수 있다. 울산대학교 도면.

중로전 일곽 단면도(위)와 입면도(아래) 단면도에서는 세 불전의 공간적 관계, 특히 용화전의 미륵불과 앞의 봉발탑과의 관계를 살펴볼 수 있다. 중로전 건물들의 입면을 통해서는 한국건축의 집합적 형태를 살펴볼 수 있다. 아울러 중로전 마당의 어렴풋한 높이 변화도 유의할 만하다. 울산대학교 도면.

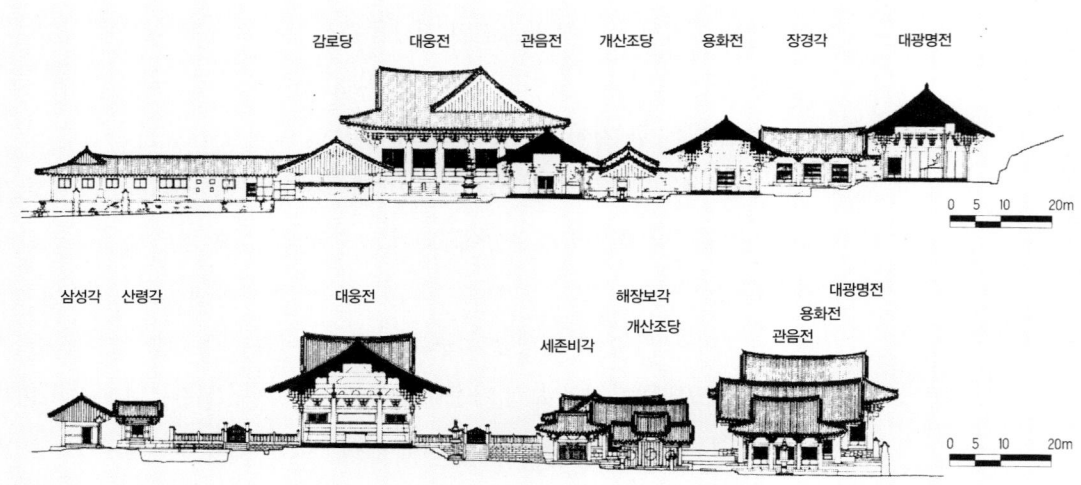

삼면의 방향성을 갖는 관음전

엄신앙이 체계적으로 수입되었고, 비로자나불이 신앙의 대상으로 부각된 것은 화엄종이 종파로서 체제를 갖춘 9~10세기의 일이었기 때문이다. 이 건물이 창건 때부터 자리를 잡았다면, 그 용도는 오히려 미륵전일 가능성이 컸다고 보인다. 자장은 알려진 대로 계율학의 신봉자였으며, 삼국시대 계율신앙은 미륵신앙에 근거를 두었기 때문이다.[29] 추론이기는 하지만, 후대에 화엄신앙을 수용할 필요가 있어서 앞쪽에 용화전을 지어 미륵불을 옮기고 대광명전에 비로자나불을 모신 것은 아닐까?

대광명전이 교리상의 위계가 높다고는 하지만, 중로전의 중심 불전은 용화전이라 할 수 있다. 미륵불은 수많은 부처들 가운데 아직도 나타나지 않은 유일한 미래불이다. 현재는 도솔천에서 미륵보살의 신분으로 미래에 지상에 하강하여 중생들을 구제할 명상에 잠겨 있다. 이 모습을 형상화한 조각상이 그 유명한 '미륵보살 반가사유상' 彌勒菩薩半跏思惟像이다. 미륵불은 지상에 내려와 세 번의 설법을 통해 남은 중생들을 모두 구제하도록 예정되어 있다. 이를 '용화삼회' 龍華三會라 부르고 용화전의 명칭은 여기서 유래한다. 석가모니는 미륵에게 용화삼회를 부탁했고, 자신의 수제자 가섭迦葉에게 이렇게 명했다. "가섭아, 너는 미륵불이 하강할 때까지 열반에 들지 말고 대기하고

[29] 김삼룡, 『한국미륵신앙의 연구』, 동화출판공사, 1984, p.43.

↖ **용화전 측면** 중로전 일곽의 주 통로를 향하여 측면에 출입문을 달았다.

↙ **용화전과 봉발탑** 봉발탑은 미륵부처에게 바치는 석가모니의 밥그릇이다.

있거라. 내 옷과 밥그릇을 간직하고 있다가 용화세계가 되면 미륵부처님께 전해드려라." 용화전 앞에는 밥그릇같이 생긴 희한한 석조물이 있어, 이를 '봉발탑' 奉鉢塔이라 부른다. 봉발탑은 바로 가섭이 용화전에 바치는 석가의 밥그릇 발우鉢盂인 것이다. 미륵신앙의 사찰들에서는 일반화된 상징물이다. 금산사 미륵전 앞의 돌그릇이나, 법주사法住寺 미륵불 앞에 있었던 희견보살상喜見菩薩像이 머리에 인 밥그릇들이 또 다른 예다.

미륵신앙의 사찰들은 강력한 중축성을 구성의 질서로 삼고 있다. 예의 법주사나 금산사, 은진미륵으로 유명한 논산의 관촉사灌燭寺, 중원의 미륵대원彌勒大院 등 대표적인 미륵사찰들은 하나의 축을 기준으로 불전-탑-석등 등의 구조물을 일렬로 배열한다.[30] 여기에는 건물로 둘러싸인 중정이 나타나지 않는다. 미륵신앙과 중축성의 질서와의 교리적 관계를 경전에서 발견할 수는 없다. 단지 미륵신앙은 엄격한 계율과 수행을 요구하고 있으며, 초기 계율학에서는 미륵상생신앙을 중요한 대상으로 삼았음을 지적할 수 있다. 미륵신앙의 사찰들은 '강력한 축성의 우지'라는 건축적 방법으로 '엄격한 계율의 수행'이라는 교리적 요구들을 구현했다. 중로전 일곽을 확장할 때 유독 '축성 유지'의 방법을 택한 이유는 기존의 용화전과 봉발탑에 얽힌 미륵신앙에서 이론적 근거를 찾아야 할 것이다.

상로전, 사리신앙과 중심성

통도사의 가장 핵심적인 부분은 금강계단이 있는 상로전 일곽이다. 불사리를 봉안하는 것이 창건의 이유였고, 통도사의 사회적·교단적 권위는 금강계단에서 출발하기 때문이다. 건축 구성의 면에서도 대웅전과 금강계단은 통도사 전체의 정점에 해당한다. 하로전과 중로전을 거쳐 상로전 일곽에 이르면, 3면을 정면으로 갖는 대웅전에 맞닥드린다. 참배객들의 흐름은 대웅전을 빙 둘러 270도 회전한 뒤 금강계단의 일구에 이르게 된다. 동시에 대웅전의 동-남-서쪽에는 건물들로 에워싸인 마당이 형성되며, 대웅전 뒤에는 금강계단

30_ 김봉렬, 앞의 논문, pp.86~94.

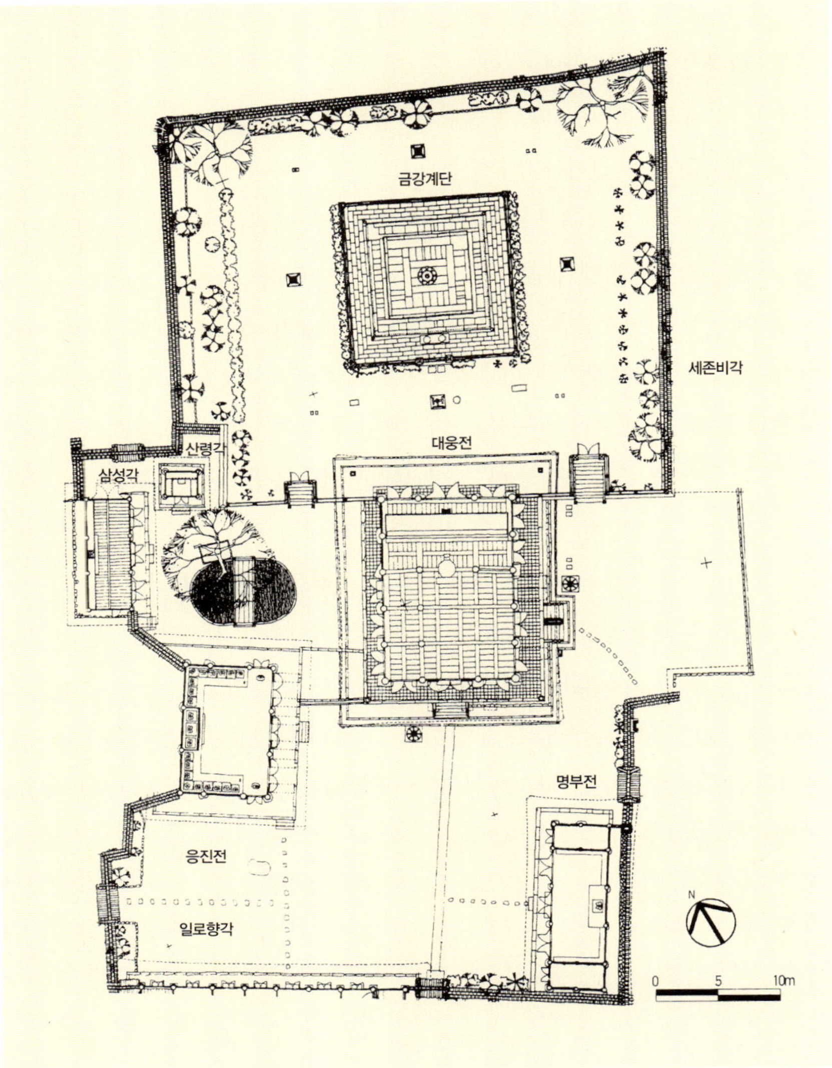

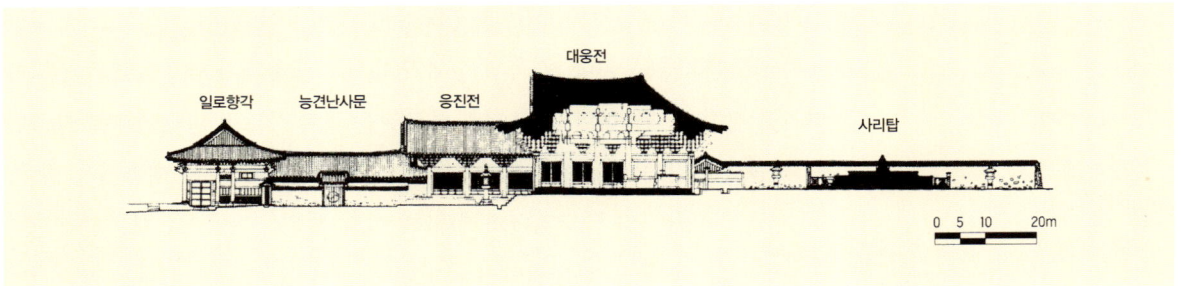

◁ **상로전 일곽 배치 평면도** 울산대학교 도면.
◁ **상로전 일곽 단면도** 대웅전과 금강계단, 사리탑과의 공간적 관계가 핵심을 이룬다. 울산대학교 도면.

금강계단의 석종형 부도 ⓒ통도사
성보박물관

의 널찍한 터가 마련된다. 한국건축의 공간 가운데 가장 드라마틱한 구성의 하나이다. 이러한 공간구성의 형태를 '회절형回折型 공간'이라 부르고, 대웅전 뒤에 숨어 있는 금강계단을 '승화承華 공간'이라고 부르기도 했다.[31]

상로전 일곽은 대웅전을 중심으로 명부전冥府殿, 응진전, 삼성각三聖閣, 산령각山靈閣 등의 예배용 전각들과 노전 승방인 일로향각으로 이루어졌다. 대웅전은 사찰 창건 당시에 조성된 것으로 여겨진다. 그러나 명부전은 1369년에, 응진전은 1677년에, 산령각은 1761년에, 삼성각은 1870년에 창건된 건물들이다. 이 건립 순서에 따르면, 한동안 대웅전은 여타의 부속 전각이 없는 상태로 휑한 빈터의 중심에 서 있었다. 아마 자장의 초창 때에는 현재의 산령각-응진전-설법전-세존비각을 잇는 선으로 회랑을 둘러 독립된 영역을 형성했을 것이다. 회랑의 구조는 임진왜란 때 소실되었고, 그후 회랑터에 응진전 등의 전각을 지은 것이 아닐까? 물론 추론이지만.

대웅전, 법당인가 목탑인가

금강계단이 원래부터 현재의 위치에 있었는가는 논란의 여지가 많다. 현재의 석종형 부도의 모습은 고려 후기의 작품이며, 그 이전에는 돌솥 모양이었다고 전한다. 돌솥 모양의 부도가 창건 당시의 것이라는 확증도 없다. 자장의 조영관을 살펴보면서 지적했듯이 초기의 계단은 목탑의 형상이었을 가능성도 크고, 그 위치도 현재의 자리가 아닌 대웅전 자리가 아니었는가 하고 추정할 수 있다. 현재 3×5칸의 대웅전은 임진왜란 이후에 중건된 것으로, 기단을 잘 살펴보면 금강계단 쪽으로 증축한 것임을 알 수 있다. 다시 말해서 원래의 기단은 정방형으로 구성되었고, 그 위에 적절한 건물의 규모는 3×3칸의 정방형 평면이었다. 이러한 칸살이는 목탑에 어울리는 형식이어서, 대웅전 자리가 원래는 목탑이었을 가능성을 강하게 뒷받침하고 있다.

현 대웅전이 목탑이었다면 말할 것도 없지만, 현재의 상태로도 상로전 일곽의 핵심적 구성 원리는 대웅전의 '중심성'임에 틀림없다. 대웅전의 4면

31_ 안영배, 『한국건축의 외부공간』, 보진재, 1978.

중심성을 주제로 한 대웅전의 위치와 형태

에 맞추어 4개의 외부 공간들을 조성하고, 부속 건물들은 그 구성의 원리에 맞춰 배열되었다. 대웅전의 지붕은 동남서 3면에 합각면을 두었다. 팔작지붕의 합각면은 측면을 암시하기 때문에, 대웅전은 3면 모두에 정면성을 없앤 형태가 되었다. 정면이 없다는 것은 모든 면이 정면이 되는 결과를 빚는다. 결국 대웅전의 모든 면이 정면이 됨으로써, 공간적 중심성뿐 아니라 형태적 중심성도 획득하게 되었다.

'중심성'은 불교건축의 영원한 주제다. 불교적 우주관을 최종적으로 정리한 화엄사상의 핵심은 '하나가 전체고, 전체 속에 하나가 있다'(一卽多 多卽一)로 요약된다. 부분과 전체를 통합하기 위해서는 강력한 중심이 존재해야 한다. 이러한 세계관을 도식화한 것이 이른바 '만다라' 曼茶羅(mandala) 도형이다. 만다라 도형의 도상적 주제는 중심과 방향성, 부분들의 8면 대칭성으로 나타난다. 상로전 일곽이 비록 화엄신앙의 토대 위에서 구성된 것은 아니지만, 원초적인 불사리신앙이 중심성을 주제로 택한 것은 매우 적절한 원리라고 할 수 있다. 원초적인 것은 항상 핵심으로 통하기 때문이다.

통도사 건축의 역사를 추론하다

추론을 좀 더 진행하면 이렇다. 자장이 이곳에 통도사를 창건할 때는 아직 토착 반대세력들이 왕성했던 시점이고, 변방에 대규모 사찰을 세울 만큼 신라의 국력이 강력하지도 못했다. 자장은 겨우 현재의 상로전 영역에 계단을 설치하고 몇몇 부속 전각들을 창건했을 따름이다. 그 모습은 현재 대웅전의 남북 축을 주축으로 삼고 회랑을 두른 일곽의 중앙에 목탑―이를 수계의식에 사용하여 '계단'이라 불렀을 것이다―을 세우고 부처의 가사와 사리, 경전들을 안치했다.

강력한 후원자였던 선덕여왕이 세상을 뜨고, 신라의 실권은 김춘추 세력이 장악하여 정치사회적 체제가 완비됨에 따라 자장의 이용가치는 없어지고 말았다. 이후 교단의 중심은 의상 계열의 화엄파로 이동하였고, 고려조까지 계율학파인 남산종의 전통을 유지했던 통도사는[32] 더 이상의 발전이 없었다. 단지 어느 시기인가 금강계단을 현재의 위치에 조성하고, 기존의 목탑터(?)는 계단을 예배하기 위한 금당으로 개조되었다. 그러나 여전히 상로전 일곽의 주축은 남북 축이었고, 금당의 정면은 남쪽이었다. 통도사가 일약 교단의 중심으로 부각된 시기는 고려 말인 1200년대였다. 무신의 난을 통해 집권한 고려의 무신 지배층들은 기존의 중심 종파인 화엄종을 배척하고 새롭게 형성된 조계종 등을 후원하였으며, 그 틈새에 남산종 통도사도 다시 부흥의 기회를 잡았을 것이다. 특히 원나라를 거쳐 고려에 입국한 인도의 승려 지공指空은 당시 고려불교의 실세가 되었고, 통도사의 금강계단에 안치된 불사리와 친견 가사에 대단한 관심을 쏟았다. 사리신앙의 중요성이 다시 한번 부각되어 통도사는 일약 교계의 중심사찰로 떠올랐다. 수많은 신도들과 승려들이 몰려들어 자연히 불전과 승방들이 신축되기 시작했다. 지금과 같이 동서 축을 주축으로 삼는 삼로전제의 배치구성은 이 시기에 정착된 것으로 보인다.

확장으로 인해 구성의 주축이 바뀌면서, 상로전 영역은 근본적인 변화를 겪을 수밖에 없었다. 남쪽을 정면으로 한 기존의 구조는 동쪽을 정면으로 할 수밖에 없는 새로운 질서로 편입되어야 했다. 형태적 정면과 행위적 정면이 서로 충돌을 일으키게 되었고, 그 갈등은 절묘한 지붕 형태를 고안함으로써 해결되었다. 동쪽과 남쪽을 동시에 정면으로 삼음으로써 여러 단계를 거쳐 흐름의 방향을 극적으로 종결지을 수 있었다.

[32] 목은 이색이 지은 『梁州通度寺釋迦如來舍利記』(1379)에 "……南山宗 通度寺……"라는 구절이 등장하는 것으로 보아 고려 말까지 계율종을 고수했음을 알 수 있다. 중국 종남산이 계율종의 본산인 데서 남산종의 이름이 파생했다.

통합을 위한 장치들

지형과 휘어진 축선들

통도사 가람의 전모를 관찰하기에 적합한 장소는 사찰의 앞산 서남쪽 등성이에 있는 안양암安養庵과 영산전 맞은편 앞 탑봉, 두 군데이다. 가람 전체의 주산인 북쪽 영축산은 급하지도 완만하지도 않은 모양으로 마치 두꺼운 이끼층이 덮인 듯 고만고만한 잘생긴 소나무들로 덮여 있다. 불교 성지 인도의 영축산도 이렇게 생겼으리라.

가람의 부분 영역들을 형성하는 남북축들은 모두 영축산의 정상을 향하

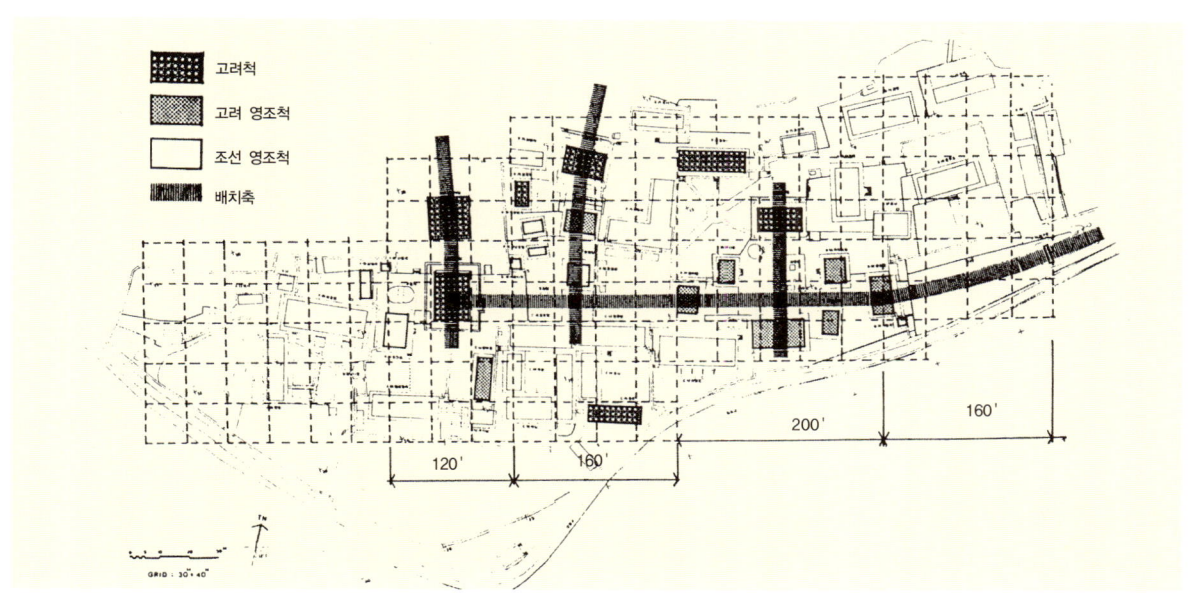

통도사 가람의 지할 설정과 구성 축들
점선으로 된 하나의 격자는 40×40척의 기준 모듈을 나타낸다. 고려척으로 된 건물들은 신라시대에 창건된 것이며, 고려 영조척은 고려시대, 조선 영조척은 조선시대에 창건된 건물임을 의미한다. 3개의 부축과 동서 주축의 휘어짐 및 서로의 관계를 주목하자. 임충신 도면.

고 있다. 지리적인 스케일에서 보면, 상-중-하로전 세 일곽의 중심축들은 직선이 아니라 활처럼 유연하게 휘어진 곡선 축이다. 이 세 곡선 축은 서로 반대방향으로 휘어져 있다. 하로전은 앞산 탑봉에 맞추어 동쪽으로, 중로전은 서쪽으로, 상로전은 다시 동쪽으로 휘어져 있다. 주변 지형의 생김새를 살펴보면 아주 당연한 휘어짐이다. 이 세 영역을 통합하는 동서 방향의 긴 진입 축도 남쪽으로 유연하게 휘어져 있다.

휘어진 기준 축들은 건물과 건물들이 서로 직각 또는 평행으로 놓이는 것을 방지하며, 그들 사이의 입체적인 중첩 효과를 배가시킨다. 어느 지점에 서더라도 건물과 건물들은 면과 면으로 만나는 것이 아니라, 입체와 입체로 만나게 된다. 입체들 사이에 조성되는 외부 공간 역시 입체성을 띠게 되어 공간 자체의 실존성을 강하게 표현한다. 그래서 외부 공간은 통도사의 건축적 주인이 된다.

가람 전체는 3개 건물군 켜로 이루어졌다. 그 가운데 중심이 되는 켜는 물론 주축상에 배열된 불전들의 건물군이다. 그 북쪽과 남쪽에는 승방들의 켜가 배열되어 있다. 이 3겹의 구성은 매우 유기적으로 물려 있다. 북쪽 승방군의 끝에는 금강계단이 위치하여 승려들의 동선은 자연히 불전군으로 유도된다. 남쪽의 승방군 역시 휘어져 흐르는 하천의 모양에 맞추어 넓어졌다 좁아지며 불전군으로 스며든다. 세 건물군들은 각기 독립적인 동선을 갖는다. 예의 일주문부터 천왕문, 불이문을 거쳐 금강계단에 도달하는 일반 신도의 동선은 가람의 주축과 일치하며 개방된다. 그러나 남북 승방군을 관통하는 승려들의 동선은 예배용 불전들 뒤에 감춰져 있고, 여러 차례 굴절되어 일반의 이용을 막고 있다. 통도사에 거주하는 많은 승려 대중들은 이 감추어진 동선을 통해 승방과 승방, 승방과 불전 사이로 통행할 수 있다.

통도사의 집합적 구성 3개의 영역들이 주 통로에 의해 통합되는 모습이 잘 드러난다.

공간적 수법들

통도사의 수많은 건물들, 장소들을 하나의 전체적 규범으로 규제할 수 없다.

↗ **일주문에서 천왕문에 이르는 진입로**
미세하게 휘어져 실제보다 더욱 멀게 느껴지는 공간적 깊이를 부여한다.

하나의 건물이 하나의 불국토를 상징할 정도로 부분들은 독자적인 가치를 갖기 때문이다. 그러나 부분들은 역시 하나의 전체를 이루어야 의미를 갖는다. 통도사의 부분적 공간들은 '중첩, 분절, 연속'이라는 수법들을 통해 전체로 일체화된다.

휘어진 축들은 건물들의 입체적 중첩은 물론 공간의 스케일도 조절한다. 일주문에서 천왕문에 이르는 진입로는 50여 미터에 불과하지만, 미세하게 휘어져 실제보다 더욱 멀게 느껴지는 공간적 깊이를 부여한다. 스케일 증폭의 효과는 천왕문에서 대웅전까지 이르는 150여 미터 구간에도 어김없이 나타난다. 이 주 통로는 가운데 불이문을 세워 하로전과 중로전을 경계 지으며, 긴 통로 공간을 분절하고 있다. 실제보다 길게 느껴지도록 휘어져 있으면서, 그 길을 다시 분절하여 시각적 깊이를 더한다. 분절은 곧 연속감을 강조한다.

주 통로상에는 몇 개의 계산된 장면이 나타난다. 천왕문을 들어서면 문틀의 프레임 속으로 극락보전의 귀퉁이와 범종각의 처마가 나타나며, 그 사

4 불교적 건축이론 **통도사** _ 189

천왕문과 불이문 사이의 하로전 일곽
주 통로를 분절하며 연속시키는 2개의 결절점이다.

이로 불이문이 정점을 이룬다. 범종각의 범상치 않은 위치가 빚어낸 경관이다. 가장 극적인 경관은 불이문을 들어서면서 다가온다. 대웅전의 웅장한 합각면은 멀리 천왕산과 중첩되고 그 앞으로 돌출된 관음전이 근경으로 중첩된다. 카메라로 실험을 한 뒤 세운 것 같은 위치와 크기의 불이문이다. 이 경관적 효과를 위해 불이문은 가운데 칸의 크기를 늘렸다. 불이문에는 문이 없다. 순수한 경관적 프레임으로서, 그리고 하로전과 중로전 사이의 경계로서 존재하기 위학이다.

중토전과 상로전 사이는 시각적으로 일체화되어 있지만, 영역의 경계물이 엄연히 존재한다. 그것은 관음전 앞과 세존비각 앞마당의 지면에 새겨진 띠같이 보이는 3개의 낮은 단들이다. 엄격히 말한다면 석단이라 해야 할 그것들은 10cm가 채 안 되게 높이 차이가 나기 때문에 지형적인 이유로 만들어

불이문에서 본 대웅전 안쪽으로 들어갈수록 점차 좁혀가는 공간적 긴장감을 자아낸다.

진 것은 아니다. 그 정도의 경사는 단을 주지 않더라도 전혀 장애가 되지 않기 때문이다. 그러나 지표면에 새겨진 돌줄의 음영은 영역들을 구분하기에 충분한 장치가 된다. 3개의 줄로 만들어지는 4개의 공간은 각각 원통방 마당, 관음전 마당, 개산조당 마당, 그리고 대웅전의 동쪽 마당으로 분화되며, 동시에 하나의 공간적 흐름으로 연속된다.

대웅전의 동쪽 마당과 남쪽 마당의 연결 수법 역시 감탄할 만하다. 대각선 방향으로 맞물고 있는 2개의 마당은 그 모서리점인 명부전 측면에 작은 마당을 매개로 끼워 넣었다. 단절되기 쉬운 두 외부 공간 사이를 연속시키기 위한 장치이며, 동시에 크고 작고 다시 커지는 공간의 변화 효과도 거둔다. 대웅전 남쪽 마당과 서쪽 마당은 비교적 독립적이다. 서쪽 삼성각 마당에는 타원형의 연못인 구룡지九龍池를 파고 커다란 백일홍 나무를 심어서 아주 적막

하고 아담한 공간을 연출한다. 여태까지의 대중적인 분위기를 일소하며 최후의 성지인 금강계단으로 진입할 준비를 하는 곳이다. 이 조그마한 마당에서 한껏 줄어든 공간은 다시 널찍한 금강계단으로 확장되며, 고요하게 가다듬어진 참배객의 정신은 금강계단에 대한 경배를 준비한다.

↖ 모퉁이에서 연결되는 대웅전의 동쪽과 남쪽 마당
↗ 삼성각 마당의 구룡지   ⓒ통도사 성보박물관

특징적인
건물들

40여 동이 넘는 본절의 건물들, 그리고 12개 암자의 모든 건물들을 설명할 방법도, 이유도 없다. 통도사는 개개의 건물보다 훨씬 의미 있는 전체를 가지고 있기 때문이며, 그를 통하여 불교건축의 이론과 원리를 발견하고자 하였다. 그렇다고 해서 통도사의 건물들이 가치가 없다는 말은 아니다. 하나하나의 건물들은 이른바 문화재급이며, 그것들이 여러 다른 사찰에 분산되었더라면 대단한 가치를 인정받았을 것이다. 모여 있어서 받는 홀대와 서러움을 통도사의 건물들은 절감하고 있을 것이다. 그 가운데 몇 개의 특징적인 건물들만 주목해보기로 하자.

대웅전에서 적멸보궁으로
대웅전大雄殿은 신라 후기 혹은 고려 초에 조성된 기단 위에 서 있는 정면 3칸, 측면 5칸의 건물이다. 이 건물에 대해서는 기단이 후대에 금강계단 쪽으로 확장되었다는 사실과, 그 독특한 지붕의 형상을 다시 한번 기억하자. 그리고 내부로 들어가자.

　우선 눈에 띄는 것은 불단에 불상이 없고 뒤쪽 금강계단을 향해 창이 열려 있다는 점이다. 불상이 없고 뒤쪽의 사리탑이나 야외불을 향해 개방된 건물의 형식을 이른바 '보궁형 불전'이라 부른다. 예배 대상이 석가의 진신사리일 경우는 특히 '적멸보궁'寂滅寶宮이라 이름 붙인다. 이 건물의 남쪽 현

↗ 대웅전 남쪽 정면 뒤쪽의 금강계단을 암시한다.

판은 '금강계단', 동쪽은 '대웅전', 서쪽은 '적멸보궁'이다.

    두 방향의 정면성을 얻기 위해 독특한 지붕을 만들어야 했고, 이를 받치기 위한 구조 틀도 특별히 고안되어야 했다. 마치 2개의 건물 구조 틀을 복합시킨 모습이다. 따라서 내부의 기둥열은 불규칙하다. 내부 공간의 방향성은 동쪽을 향하도록 되었지만, 예배의 방향은 북쪽 금강계단을 향하게 된다. 건물의 형태와 구조, 공간의 체계가 그다지 성공적으로 통합되지는 못했다. 특별하고 신기한 건물이기는 하지만 건축적 완결성은 부족하다.

명부전

1888년에 중건된 명부전冥府殿은 5×2칸의 건물이지만, 내부 예불 공간은 가운데 3칸뿐이다. 양 끝 칸은 모두 창고로 계획되었고, 판장문坂臧門[33]을 달아 외관에서부터 구별된다. 자연히 건물 전체에 판장벽을 두르게 되었다. 일반적으로 명부전은 다른 불전들과는 구별되는 고유한 형식을 갖는다. 명부전에

[33] 널판 등을 붙여서 만든 문.

↙ 부처의 진신사리가 봉안되었다는 금강계단
↙ 대웅전 내부에서 바라본 금강계단 금강계단의 사리탑은 통도사 존재의 의의다.

▷ **명부전** 명부전의 양 끝 칸은 창고로 쓰여 판장문을 달았다.

는 지장보살을 비롯하여 명부를 관장하는 10대왕과 그들의 권속들, 그리고 수문장인 인왕역사仁王力士까지 20여 구의 대형 조상들을 모셔야 한다. 이를 위해서는 불단 길이를 최대한으로 확보해야 하기 때문에, 가운데 출입문만 제외하고는 모든 벽면에 불단을 설치하게 된다. 따라서 가운데 칸을 제외한 나머지 칸의 정면 벽에는 문이 아닌 고창을 달아야 한다. 통도사 명부전은 전형적인 형식은 아니지만, 정면 5칸 중 가운데 3칸에는 살창문[34]을, 양 끝 칸에는 판장문을 달아 역시 다른 전각의 형태와 구별된다. 정면 어칸 양쪽 기둥 위의 조각이 재미있다. 바깥은 분명 용의 머리인데 안쪽은 생선의 꼬리다. 잉어가 용이 되는, '개천에서 용 나는' 모습을 즐길 수 있다.

관음전

관음전觀音殿은 1725년 창건된 건물로 정면 3칸, 측면 3칸의 정방형 평면을 갖는다. 뿐만 아니라 4면 모두에 문을 달아 내부 공간 역시 4방향의 방향성을

34_ 좁은 나무나 대오리로 살을 대어 만든 창문으로, 전창箭窓이라고도 한다.

자장율사 영정 ⓒ통도사 성보박물관

갖는다. 현재 내부 불단을 ㄷ자형으로 달아 뒷벽에 관음상을 모시고 있지만 원래의 시설은 아니다. 내부 천장의 중앙 부분이 주변보다 한층 높게 조성된 점으로 미루어 원래 불단은 중앙부에 조성되지 않았을까 추정해본다. 중앙 1칸에 불단이 놓이고 나머지 주변으로 통로가 형성되어야 외벽의 문들과 일치하기 때문이다. 원래의 상태는 완벽한 중심형의 공간을 가지며, 중심형 건물은 다른 사찰에서도 종종 나타나는 관음전 고유의 형식이다. 법주사, 불국사, 선암사仙巖寺 모두 정방형의 중심형 건물들이다. 통도사의 경우는 그 위치도 큰 마당의 중심에 놓여 있어서, 의례적 형식과 위치적 해석이 일치한다.

개산조당과 해장보각

용화전 서쪽에 3칸의 솟을대문과 3칸의 작은 건물이 한 세트로 놓여 있다. 이 건물은 1727년에 창건되었는데, 솟을삼문[35]을 개산조당, 뒤의 건물을 해장보각이라고 부른다. 그러나 해장보각은 원래 개산조 자장율사의 영정을 모신 일종의 조사당이기 때문에 개산조당의 현판은 당연히 이 건물에 걸려야 했다. 조사당에 부속된 솟을삼문은 유교건축의 사당 형식을 연상케 한다. 두 건물의 축은 중로전의 축과는 점점 벌어지게 되었다. 이미 존재하는 중로전 일곽에 방해가 되지 않으려는 배려에서였다.

헷갈리고 있는 건물의 명칭과 함께 이들이 창건된 18세기의 시대 상황을 기억한다면 또 다른 추론이 가능하다. 18세기 영정조 때 전국 유명 사찰들에는 원당願堂[36] 설치 바람이 불었다. 영조나 정조 모두 후손이 귀해서 왕자 생산을 기원한다는 명목으로 원당을 설치했다. 일단 원당이 왕실의 인가를 얻으면 사찰 중흥에 커다란 기회를 잡을 수 있기 때문이었다. 대개의 원당들은 왕족의 위패를 봉안하기 때문에 유교의 사당과 같이 담장을 두르고 솟을삼문을 세우게 된다. 이는 개산조당의 형태와 똑같다.

또 원당의 위치는 가람의 중앙에 두어야 하는데, 보통의 사찰들은 이미 가람의 조직이 완비된 상태이기 때문에 기존 영역 사이를 비집고 들어갈 수

---

[35] 양반가의 대문은 보통 3칸으로 만들어지는데, 초헌軺軒 등의 수레가 드나들 수 있도록 가운데 칸을 높게 만들었다. 궁궐이나 사당 같은 중요한 건물도 출입문이 삼문인 경우가 일반적이며, 이때 가운데 칸이 높으면 솟을삼문이라 한다.

[36] 왕족이나 귀족과 같은 특정 개인의 명복이나 기복을 위해 설치한 법당. 사찰 전체가 이런 목적을 위해 운영된다면 원찰願刹이라 부른다.

밖에 없었다. 개산조당이 기존의 중로전과 상로전 일곽 사이의 틈새를 비집고 삽입된 것과 유사하다.

여러 가지 정황으로 보아 개산조당 일곽은 실상 영조를 위한 원당이 아니었을까? 영조 시대가 끝난 후에 서둘러 자장의 조사당으로 용도를 바꾸었다가, 나중에 경전을 보관하는 해장보각으로 다시 변경하였고 조사당의 현판을 대문채에 걸어버리지 않았을까?

기복의 당사자가 사라지면 그럴싸한 불교적 용도로 변경하는 것 또한 원당들의 일반적인 현상이었다. 해장보각이 왕실 원당이었다는 유력한 증거는 서까래 사이에 그려진 무늬에서 찾을 수 있다. 정면 처마 밑에는 해와 달을 상징하는 이른바 일월日月무늬가 그려져 있는데, 이는 왕과 왕비의 상징 무늬어서 일반 전각에는 그릴 수 없었다.

↙ **개산조당과 해장보각** 유교적 사당 형식을 연상케 한다.

불이문

불이不二라는 문의 명칭은 "진리의 법은 둘이 아니고 하나다"라는 경전의 글귀에서 유래한다. 불이문의 프레임이 갖는 경관적 중요성과 공간적 위치의 필연성은 이미 언급했다. 이제는 내부의 지붕틀 구조를 눈여겨보자. 대들보 위에 人자 형태의 두터운 합장재를 올려 용마루를 받치고 있다. 이는 이 건물의 중건 시기와는 어울리지 않을 정도로 매우 오래된 기법이다.

더 재미있는 부분은 가운데 칸의 지붕틀이다. 불교적 상징 동물인 코끼리 모양으로 조각된 경사 부재가 작은 보를 받치고 있는 형상으로 마치 대들보가 생략된 듯한 착각을 일으키게 한다. 장식적인 측면을 떠나서도 내부의 층고를 높게 만들어 대웅전 쪽으로의 경관을 유도하는 공간적 효과를 거두고 있다.

37_ 지붕의 중앙부에 가장 높이 있는 수평 마루로, 종마루라고도 한다. 마룻대는 기와만으로 쌓거나 삼화토三華土로 싸서 바른다.

불이문의 내부 지붕틀 호랑이와 코끼리가 중보를 받치며, 솟을합장을 결구한 희귀한 구조법을 취하였다.

영산전

통도사 전각들의 명칭은 실제 용도와 맞지 않는 경우가 많다. 개산조당과 해장보각이 그렇고, 영산전靈山殿도 그러하다. 1704년에 중건된 영산전도 내부에는 부처의 생애를 여덟 장면으로 묘사한 〈팔상도〉八相圖가 봉안되어 있기 때문에, 이 건물의 명칭은 마땅히 팔상전이 되어야 한다. 아마도 오랜 세월 동안 숱하게 일어났던 전각들의 증·개축과 용도 변경이 이처럼 명칭마저 혼란스럽게 했을 것이다. 영산전은 자주 잠겨 있다. 이 안에 모셔진 1775년작 〈팔

◁ **영산전 내부의 다보탑 벽화** 벽면 한 칸 전부를 가득 채운 스케일감도 대단하지만, 치밀한 구성과 뛰어난 색채 감각이 대단한 수준이다.

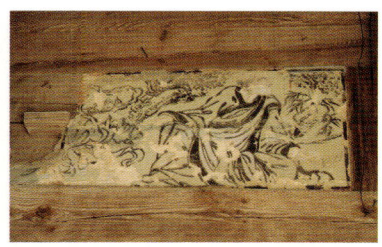

↗ 응진전의 나한도 벽화 ⓒ통도사 성보박물관
↘ 응진전의 공양도 벽화 ⓒ통도사 성보박물관

상도)가 국보급의 솜씨이기 때문이다. 그러나 더욱 뛰어난 작품들은 벽면 가득히 그려진 벽화들이다. 유명한 다보탑 그림과 버들가지를 들고 있는 관음상 〈양류관음도〉楊柳觀音圖, 〈나한도〉羅漢圖와 〈공양도〉供養圖 등의 벽화는 생동감 넘치는 선들과 균형 잡힌 인물의 자세들이 돋보이는 소위 18세기 영정조 르네상스의 우수한 작품들이다.

가장 관심을 모으는 것은 다보탑 벽화다. 벽면 한 칸 전부를 가득 채운 스케일감도 대단하지만, 치밀한 구성과 뛰어난 색채 감각이 대단한 수준이다. 무엇보다 이 벽화는 매우 건축적이다. 이 그림은 법화경에 나오는 다보여래와 석가여래의 재회 장면을 묘사하고 있다. 두 여래는 다보여래의 전용 우주선인 다보탑 안에서 만나는데, 그 탑은 9층목탑의 형상으로 묘사된다. 영산전의 큰 벽체를 지지하기 위해 벽면에는 아래위로 인방재引枋材[38]를 가로지르고, 그 사이에 샛기둥을 세웠다. 다보탑 벽화는 이 구조체까지 구도의 요소로 사용했다. 아래 인방재는 다보탑 1층부로 이용되었고, 가운데 샛기둥은 탑의 찰주와 같이 구성되었다. 목조건축의 벽화란 이 정도의 감각은 가져야만 하지 않을까? 전설 속 솔거의 황룡사 벽화를 제외하고, 한국 벽화 가운데 최고의 걸작을 꼽으라면 주저 없이 이 그림과 무위사無爲寺의 〈관음도〉를 꼽을 것이다.

영산전에 인접한 극락보전의 벽화도 예사롭지 않다. 비교적 근래의 작품이긴 하지만, 골동품적 가치만 없을 뿐 매우 우수한 작품들이다. 뒤쪽 외벽에 그려진 것은 아미타불의 인도 아래 극락으로 가는 배를 그린 〈반야용선도〉般若龍船圖다. 그림의 내용이야 『아미타경』阿彌陀經에 나오는 그대로지만, 매우 현대적인 인물들이 등장하고 있고, 인물의 묘사도 서양화풍의 음영법을 사용하고 있다.

유일하게 건축적인 암자, 안양암

통도사에는 현재 14개의 암자가 있다. 암자라고는 하지만 극락암極樂庵이나

38_ 긴 기둥 사이의 중간을 가로질러 기둥 사이의 간격을 유지시키는 수평 부재. 상부 벽체의 무게를 지탱하는 역할을 한다.

자장암慈藏庵, 취서암就瑞庵, 서운암瑞雲庵 등은 웬만한 사찰들보다 규모가 크다. 최근 밀려드는 신도들의 열성으로 대부분의 암자들은 규모 확장과 함께, 기존의 낡은 건물들을 헐고 말끔한 새 건물들로 대체 중이다. 물론 예전의 건축적 질서들도 함께 철거해버렸다.

건축이라 부를 수 있는 유일한 암자가 바로 안양암安養庵이다. 안양암은 대웅전 앞 서남쪽 봉우리에 위치한 소규모의 암자다. 이미 고려 말에도 존재하고 있었던 유서 깊은 곳이고, '북극전'北極殿이라는 작은 신중각神衆閣을 법당으로 모시며, 2동의 승방이 전부다. 법당과 승방은 서로 비스듬히 놓여 마당은 삼각형이 되었다. 기존 승방을 헐고 더욱 큰 승방을 새롭게 지어 공간의 스케일이 왜곡되었지만, 지형의 형상을 따르고 있기 때문에 어색하지 않다. 마당 끝은 급한 경사로 마감되어 있고, 마당에서 경사를 타고 오르는 계단은 매우 형이상학적이다. 북극전 공포부에 조각된 도깨비상들도 재미있고,

↗ **북극전 공포부의 도깨비** 민간신앙이 김숙이 불교화한 조선 후기의 모습이다.

↙ **안양암 마당** 멀리 산신각으로 오르는 선승들의 계단이 보인다.

자장암의 마애불 조선 후기 민화풍의 선묘로 조각된 부처님.

안양암에서 보는 통도사의 전경도 일품이다. 그러나 안양암마저도 확장불사의 바람이 지나갔다. 고즈넉한 승방은 크게 확장되어 아담한 암자 터에 비해 너무 커졌고, 예의 삼각형 마당도 공간적 형상이 깨지고 있다.

5

최소의 구조, 최대의 건축
도산서당과 도산서원

건축가로서의
퇴계 이황

퇴계, 통합적 지식인의 표상

퇴계退溪 이황李滉(1501~1570). 한국이 낳은 최고의 유학자이며 국제적으로 재조명받고 있는 대철학자. 조선시대 후반, 이 땅의 사상과 정치를 주도한 영남학파의 창시자이자 수많은 문도門徒들을 배출한 걸출한 교육자. 온갖 사양에도 불구하고 3개 부처의 장관을 거쳐 정승의 반열에까지 이른 당대의 핵심. 그러나 이 위대한 인물이 건축과 조경에 대해 대단한 애착과 실력을 가졌던 사실은 잘 알려져 있지 않다. 그의 건축적 행적을 더듬어보면 그가 단순한 건축 애호가 정도가 아니라 전문가를 능가했던 경지에 이르렀음을 쉽게 알 수 있다.

퇴계는 경상도 예안현 온계리, 지금의 안동시 도산면 온혜동에서 태어나 그곳에서 성장했다. 소년 시절 숙부인 이우李堣에게서 기초적인 경전을 공부한 것을 제외하고는 거의 독학으로 도를 깨우쳤다. 수학기에 공부하던 곳은 고향인 안동 일대의 명소들이었기 때문에 중년 이후에도 이 고장의 자연과 경관에 대한 애착은 대단할 수밖에 없었다.

『퇴계정전』에 수록된 내용만 해도 퇴계는 고향 일대에 10여 개소에 달하는 건물을 경영했던 것으로 나타난다. 31세 때 지산정사芝山精舍를 세웠던 것을 시작으로, 중년에는 양진암養眞菴과 한서암寒栖菴, 계남서재溪南書齋 등을 예안의 계곡에 지었다.[01] 모두 학문과 수양을 위한 집들이었다. 퇴계는 단순히 이 건물들을 소유하고 경영했건 건축주를 넘어서, 자신이 직접 이 집들

01_ 정순목, 「도산서원 연혁」, 『도산서원 실측조사보고서』, 경상북도 안동군, 1991, p.24.

을 설계하고 공사를 지휘했던 것으로 나타난다. 단양군수로 재직하던 시절, 고향 죽동에 새로 지을 집의 설계도(「옥사도」屋舍圖)를 직접 그려서 아들에게 보냈다고 기록되어 있다. 특히 최후의 작품인 도산서당을 위해서는 기본설계도(「옥사도자」屋舍圖子)를 직접 그렸음은 물론이고, 건물의 형식과 구조에 대해 자세히 지시한 기록까지 남겼다. 이 정도면 비록 직업적인 전문가는 아니라 할지라도, 건축가의 역할을 충실히 수행했다고 할 수 있다. 더욱 놀라운 것은, 현존하는 도산서당을 보건대 건축가로서의 안목과 실력이 어느 전문가보다도 출중했다는 사실이다.

퇴계의 조형적 취향은 비단 건물에만 국한된 것은 아니었다. 유명한 '단양팔경' 丹陽八景을 지정하고 의미를 부여했으며, 곳곳의 수많은 건물과 자연경관들에 이름을 붙였다. 자연경관을 즐기기 위해 중요한 지점에 인공 석대를 쌓아 전망대로 삼았던 기록도 여러 곳에 등장한다. 그의 조형적 관심은 건축의 기술적인 차원이 아니라 공간과 경관과 의미에 대한 것이었으며, 건축의 좁은 범위를 넘어서 주변 경관까지 확장된 것이었다. 건축가로서의 총체적 역량을 보여주는 것이 바로 도산서원의 도산서당과 그 일곽이며, 이를 중심으로 꾸몄던 대자연의 정원이었다. 철학적 건축가답게, 서당과 주변 명소 18곳을 선택해서 이름을 붙이고 노래를 지었으니, 바로 『도산잡영』陶山雜詠 18절十八絶이다.

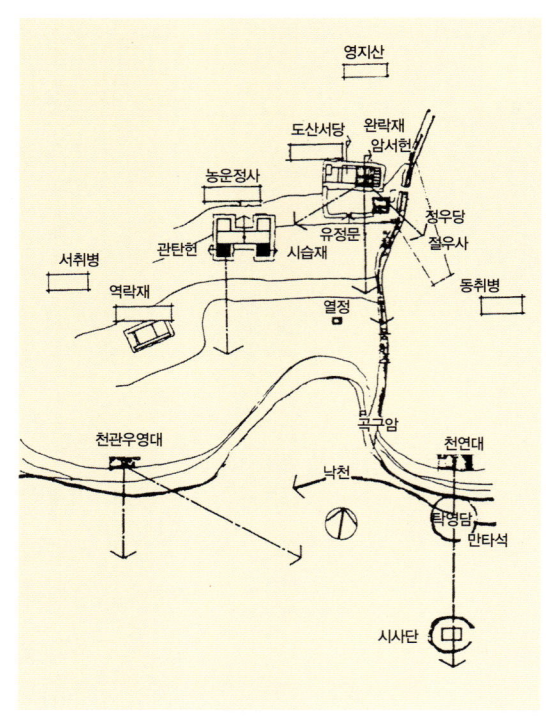

↗ **도산서당과 자연경관** 영남대학교 도면.

도산서당을 짓다

1560년 도산서당이 완성되었다. 서당은 3칸이며, 마루는 암서헌巖栖軒이라 하고 방은 완락재玩樂齋라 했다. 정사는 8칸인데 일컫기를 농운정사隴雲精舍

라 하였다. 선생이 도산에 이르면 항상 완락재에 거처하면서 좌우에 도서를 쌓아두고 독서와 사색에 몰두했다. 그 뒤 학생들이 정사 서쪽에 집을 짓고 역락재亦樂齋라 했다.[02]

이미 전국적 학자로 부상했던 퇴계는 고봉高峰 기대승奇大升(1527~1572)과 그 유명한 논쟁, 사단칠정론四端七情論을 벌이면서부터 최고의 스승으로 추앙됐다. 이 논쟁은 한국 유학사상 가장 근원적인 문제를 다룬 논변으로 기록되며, 이기론理氣論의 핵심이 되었다.[03] 논쟁에서 승리한 학설은 퇴계의 것도 고봉의 것도 아니었고, 퇴계가 새롭게 제안한 설이었다. 제자뻘인 고봉과 지극히 변증법적인 논쟁을 벌였으며, 새로운 지향점을 향한 생산적인 논변이었고, 퇴계는 실력만 뛰어난 것이 아니라 도량이 넓은 당대의 대스승으로 각광받기 시작했다.

중년의 퇴계에게 수많은 제자들이 찾아들었고, 그 자신 또한 벼슬을 떠나 고향에서 제자들을 가르치는 것을 커다란 보람으로 삼았다. 그러나 이 많은 제자들을[04] 수용할 시설은 태부족이어서 새로운 학교 건축을 갈망하게 되었다. 새 학교 자리로는 고향 마을 남쪽 낙동강가의 도산동을 점찍게 되었고, 이때 그의 나이 57세였다. 그리고 그 다음 해에 기본 설계도를 그려서 아들에게 내려보냈고 공사 책임자로 승려 법련法蓮과 정일淨一[05]을 임명해 일을 진행했지만, 60세가 되던 해에야 비로소 완공을 보게 되었다. 이 작은 3동의 건물을 짓는 데 2년이나 걸린 이유는 역시 퇴계의 재력이 그다지 풍부하지 않았기 때문이다.[06]

도산서당 일곽의 공사는 설계와 시공, 감리 등의 내력이 비교적 상세하게 기록된 매우 희귀한 경우에 속한다. 일곽은 퇴계 자신의 서실인 도산서당, 제자들의 기숙소인 농운정사, 그리고 제2 기숙소인 역락재의 3동으로 이루어졌다. 현재 도산서원의 앞부분에 자리잡은 이 세 건물들은 퇴계가 창건하던 당시의 모습을 유지하고 있는 것으로 추정된다.[07] 농운정사 뒤쪽에는 하고직사下庫直舍가 자리하고 있지만, 1932년에 이건 중창한 것이어서 원래의 모습

02_ 『서애보』西涯譜, 앞의 보고서, p.25에서 재인용.
03_ 윤사순 편, 『한국의 사상』, 열음사, 1994, p.188. 사단四端이란 인의예지仁義禮智와 같이 이성理性에 의해 발생한 가치들이며, 칠정七情이란 희노애구애오욕喜怒哀懼愛惡欲의 감성적 가치들이다. 퇴계는 사단은 이리에서 시작되고 칠정은 기氣에서 생겨난 것들이라 주장했다. 이에 대해 고봉은 "사단과 칠정은 분리되는 것이 아니라 사단이 칠정에 포함되는 것인데, 어찌하여 출발이 다를 수가 있는가?"하고 반론을 폈다. 퇴계는 논쟁 후에 "사단은 이에서 나왔지만 기를 따라가고(理發而氣隨之), 칠정은 기에서 나왔지만 이에 편승한다(氣發而理乘之)"고 자신의 이론을 수정했다.
04_ 『퇴계문인록』退溪門人錄에 의하면 제자들은 모두 360여 명에 달하고, 16~17세기의 이름난 학자 사상가 가운데 퇴계와 관련이 없는 사람은 없을 정도였다.
05_ 인근 용두산 기슭 용수사龍壽寺의 승려였으며, 처음에는 법련에게 공사를 맡겼으나 공사 도중에 죽자, 법련의 제자인 정일이 맡아 완성을 보게 되었다. 조선 중기 사찰은 토착 양반층의 사유재산이나 다름없었으며, 승려들은 건축공예 따위의 기술을 가져야만 생존이 가능했다. 퇴계 집안과 법련의 관계도 크게 다르지는 않았을 것이다.
06_ 영남대학교 민족문화연구소, 『도산서원 실측조사보고서』, 안동군, 1991, p.25.
07_ 김동욱, 「퇴계의 건축관과 도산서당」, 『건축역사연구』 제9집, 한국건축역사학회, 1996. 6, p.29.

은 아니다. 그렇다고 하더라도, 농운정사 뒤쪽 어디엔가는 퇴계와 제자들을 서비스하기 위한 고직사庫直舍가 있었을 것이다.

비록 주요 건물들은 창건 당시 그대로 남아 있다고 하더라도, 그들 간의 배치구성은 현재와는 달랐을 것이다. 퇴계가 세상을 뜬 직후에 뒤편의 도산서원이 자리잡으면서 앞부분의 서당 일곽에 커다란 변화가 일어났기 때문이다. 서당과 농운정사 사이에 계단식 진입로가 나면서 담장을 세우게 되어 두 건물 사이의 관계가 절연됐다. 또 현재의 역락재는 정문 바깥에 독립된 담장 안에 숨어 있는데, 원래의 모습은 아니었을 것이다.

어쨌든 도산서원을 체험하는 데 잊지 말아야 할 사실은, 아래쪽의 서당 부분과 위의 서원 부분이 한꺼번에 지어진 것이 아니라는 점이다. 서당 일곽은 퇴계 자신이 지은 것이지만, 서원 일곽은 제자들의 솜씨다. 2개의 별도 건축들이 어떻게 관계를 맺으며 하나의 전체로 구성되는가를 염두에 두고 살펴보아야 한다.

도산서당,
최소의 구조와 최대의 공간

도산서당에 관련된 생각들

도산서당의 건립과 관련된 몇 개의 기록이 전한다. 이 가운데 이문량李文樑에게 보낸 편지[08]에는 설계 당시의 생각이 담겨 있고, 『도산잡영병기』陶山雜詠幷記에는 각 공간의 이름과 의미가 실려 있으며, 「도산서원영건기사」陶山書院營建記事[09]에는 도산서당의 구조와 내부 이용 현황이 기록됐다. 이 기록들을 통해서 발견되는 퇴계의 생각은 철저한 실용적 정신으로 요약된다.

공사 책임자 법련이 도산서당의 구조를 工자형의 '도투마리집'[10] 형식으로 만들려는 데 대하여 퇴계는 이렇게 반박하고 있다.

…… 그 형식은 굽은 곳이 많아서 낙숫물이 생기고 지붕을 덮기도 어렵습니다. 또 각 방과 대청이 서로 마주하게 되어 좋지 않습니다. 따라서 이번 집의 제도는 당을 반드시 정남향으로 하여 예를 행하는 데 편하도록 하고, 재는 반드시 서쪽에 두고 뒤뜰과 마주하도록 하여 아늑한 정취가 있도록 할 것이며, 그 나머지 방, 실, 부엌, 곳집, 문, 마당, 창호도 모두 의미를 내포하고 있는 것이니 그 구조가 바뀌지나 않을까 염려됩니다. …… 이렇게 하면 뜰이 너무 작아 뒷박처럼 매우 좁아질 것입니다. 그러나 이 두 칸은 비록 지붕이 매우 낮지만 짧은 처마를 사용하기 때문에 빛을 받아들일 수 있으니 뜰이 좁은들 무슨 지장이 있겠습니까…… 당과 재를 (동시에) 이용할 때는 (등불을) 모두 뜰 안쪽으로 향하게 하지 말고 다만 부엌 등만 밝게 하면 될 듯싶은데……[11]

08_ 김동욱, 앞의 논문, p.23에 편지의 전문이 수록되어 있다.
09_ 금란수琴蘭秀, 「도산서원영건기사」, 『성재선생문집』惺齋先生文集, 총三. 금란수는 퇴계를 따르던 애제자였다.
10_ 이두식으로 표현하면 '도토마리'都ㅏ麻里 옥제屋制, 현재 안동 지방에서 도투마리집이란 가운데 부엌이 있고 양쪽으로 방이 있는 초가삼간 막살이 집을 의미하지만, 퇴계 서한의 내용을 본다면 서재와 재실에 흔히 쓰였던 工자형 집이 아닌가 추정된다.
11_ 김동욱, 앞의 논문, p.24의 번역을 재인용(의역).

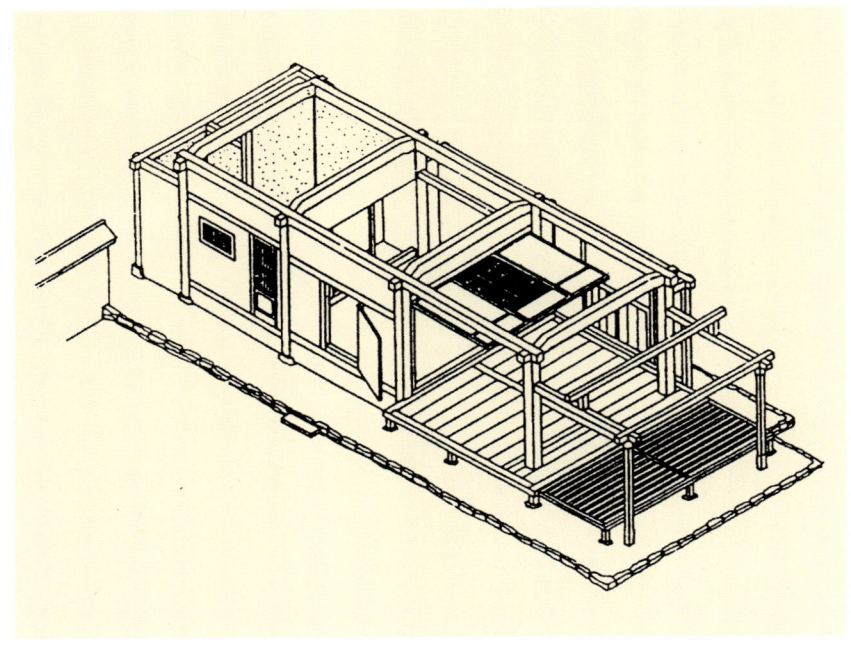

◁ 도산서당의 아이소노메트릭
김동욱 도면.

　ㄱ자형 집을 반대하는 까닭은 빗물 처리에 관한 설비적 이유와 프라이버시 침해의 문제를 들고 있다. 또 일조 문제에 대해서도 입체적인 예상을 통해 해결책을 제시하고 있다. 에너지 절약에 대한 생각의 일면도 엿볼 수 있다. 두 방을 동시에 사용할 때는 등불 하나만 밝혀서 절약하자는 것이다. 성리학자라 하면 현실을 초월한 공리공론의 관념론자로 치부하기 쉽지만, 퇴계 정도의 대유학자들은 현실 속에서 이상을 추구하는 지극히 실천적인 인물들이다. ㄱ자형 집의 형식이 서당에 적합한 일반적인 형식이라 할지라도, 자신이 생각하건대 현실적인 문제가 있으면 받아들일 수 없었다.

　그러나 현실에만 집착한다면 소시민이지 대사상가가 아니다. 집을 정남향으로 하려는 이유는 예를 행하는 데 편하도록 하기 위함이라 하여 성리학적 제도와 격식에 충실함을 알 수 있다. 현실적 이점과 예학적 원리를 합치시키려는, 이른바 합목적적 설계의 정신을 확인할 수 있다. 또 문 한 짝의 크기와 창호의 높낮이에도 모두 깊은 의미를 부여할 정도로 철학적이었다.

　관념적인 면에서 퇴계를 능가할 인물은 있을 수 있다. 조선 후기 당쟁과 예학의 시대를 주도했던 우암尤庵 송시열宋時烈(1607~1689)을 비롯한 예학자들이 주장했던 예법과 격식은 퇴계를 훨씬 넘어서는 경지였다. 그러나 퇴계만이 가지고 있는 고유한 위대함이 있으니, 바로 '앎과 함의 일치'였으며, 오히려 많이 아는 것보다 제대로 행하는 것에 커다란 가치를 부여하였다. 이러한 지행합일知行合一의 자세는 도산서당 건축 과정에도 여실히 드러난다. 현실과 이상, 실제와 관념의 합일은 도산서당이 가지고 있는 가장 위대한 가치일 것이다.

거경궁리의 건축

지행합일의 방법으로 퇴계는 "안으로 경건한 마음을 가지면서(거경居敬) 아울러 진리를 탐구하는(궁리窮理) 것"을 제안했다. 학문이란 진리를 깨달아 올바로 행하기 위한 것이며, 경敬이란 의식을 집중시켜 마음의 흐트러짐이 없이 매사를 조심하는 실천적 개념이다.[12] 퇴계의 철학은 오로지 이 한 글자 '경'으로 압축된다. 몸의 주인은 마음이며, 마음을 주재하는 것이 바로 '경'이라 했다.[13]

퇴계가 설계한 도산서당은 철저한 '경'의 건축이다. 여기에는 일절 장식과 과장이 없어 지나칠 만큼 검소하고, 형식과 규범보다는 실용적 정신에 바탕을 둔 자유로움에 충만하다. 겉보기에는 평범하고 작은 건물로 보일지 모르지만, 그것이 담고 있는 건축적 내용은 놀라울 정도로 풍부하고 다양하다.

이 집은 '삼간제도'(삼간지제三間之制)[14]에 따라 건축되었다고 한다. 방과 마루와 부엌이 각각 1칸씩, 온돌과 마루와 흙바닥이라는 가장 근원적인 건축 요소들을 최소의 규모로 가지고 있는, 범상치 않은 형식이다. 그러나 이 집은 3칸이 아니다. 부엌 쪽으로 반 칸을 늘렸고, 마루 쪽은 아예 1칸을 늘려 가적지붕[15]까지 달았다. 기록에 의존하지 않는다면 4.5칸 집이라 불러야 마땅하다.

그러나 퇴계는 어디까지나 3칸이 변형·확장된 것으로 이해한다. "3칸에 퇴기둥을 세우고 동쪽으로 가설지붕을 달았다"[16]는 것이다. 동쪽 마루를 정식

12_ 윤사순, 앞의 책, p.189.
13_ 조남국 외, 『성학聖學과 경敬』, 양영각, 1987, p.66.
14_ 금란수琴蘭秀, 「도산서당영건기사」陶山書堂營建記事. 또는 양용삼간陽用三間. 김동욱 교수는 '삼간지제'三間之制란 규모를 말하기보다는 선비들이 추구했던 특정한 건축 형식이었다고 추론한다(김동욱, 앞의 논문, p.36).
15_ 단순한 맞배지붕의 양 끝 칸에 날개를 펼친 듯 지붕을 덧단 형태를 일컫는다.
16_ 「도산서당영건기사」陶山書堂營建記事. 원문에는 가설지붕을 익첨翼簷이라 했다. 흔히 가적, 부섭, 가섭지붕이라 불리며, 본래의 맞배지붕에 직각 방향으로 덧붙여진 한쪽 경사지붕이다. 도산서당의 부엌 쪽에 붙여진 지붕은 규모가 작아서 눈썹지붕이라고도 불린다.

▷ **도산서당** 부엌-온돌방-마루의 3칸 형식. 문 하나, 창 하나에도 의미가 있어서 제각기 다른 모습을 하고 있다.

1칸으로 인식하지 않았기 때문에 여러 가지 차별을 두었다. 본채에는 모두 두터운 사각기둥을 사용했지만, 이 부분만은 가는 팔각기둥을 세워 확장부임을 표시한다. 또 여기에 놓인 마루는 통상적인 우물마루가 아니고, 청판과 청판 사이가 떨어져 땅바닥이 내려다보이는 줄마루를 가설했다. 마치 독립된 평상과 같은 모양이다. 물론 이 줄마루는 바닥면을 통해 통풍이 되기 때문에 더운 여름밤을 시원하게 보낼 수 있는 고안품이기도 하다. 그러나 피서 용도로 만들었다기보다는 정식의 대청과 구별하기 위한 가설용 형태라고 보는 것이 더 타당하다.

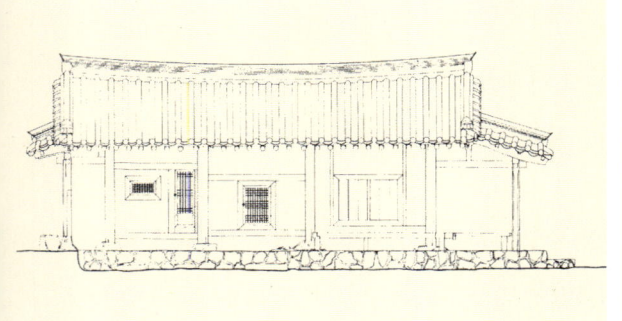
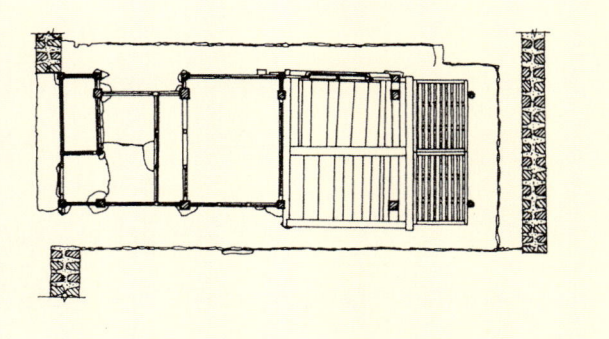

◁ **도산서당 정면도** 영남대학교 도면.
◁ **도산서당 평면도** 영남대학교 도면.

↗ 도산서당 동측부의 확장된 줄마루칸과 가적지붕

이 3칸짜리 집의 모든 칸은 크기가 모두 다르다. 기둥 간격들을 전부 다르게 잡았기 때문이다. 마루칸이 제일 넓고, 부엌칸이 제일 좁다. 마루는 비어 있기 때문에 넓게 잡아야 방과의 균형이 맞고, 부엌은 난방만 하기 위한 서비스 시설이기 때문에 규모를 줄였다. 마치 계획각론 교과서에 나오는 것 같은, 기능과 용도에 따른 크기 조절이다. 그러나 멋대로 크기를 조절한 것이 아니다. 전면 총 5칸의 길이를 재보면, 서쪽부터 3-7-8-9-6.5자 정도로 규칙적인 변화가 있음을 알 수 있다.[17] 3칸의 규범을 지키되 필요에 따라 자유롭게 변화시키고, 자유로운 변화 속에 일정한 규칙을 갖는 몇 차원의 생각들이 복합된 작은 집이다.

거경궁리居敬窮理는 수양과 학문을 일체화하려는 방법론이다. 퇴계는 관념에 사로잡힌 원리주의자가 아니며, 현실의 풍향에 따라 수시로 변신하는 기회주의자도 아니다. 원리와 변화가 항상 하나의 쌍을 이루어 변화하되 중심을 잃지 않고, 중심을 잡되 실용적 융통성을 갖는 건강한 사상가요, 실천가였다. 도산서당이라는 작은 건물 속에도 원리와 변화가 공존하고 있다. 그 관계의 중심을 바로 '건축적 경'이라고 부를 수 있을 것이다.

[17]_ 영남대학교 민족문화연구소, 앞의 보고서, p.104, 〈표-47〉 분석 결과.

도산서당 완락재 안의 확장된 서가 부분 실용적이며 검약한 퇴계의 정신이 그대로 공간화됐다.

5칸 같은 3칸

줄마루만 확장한 것은 아니다. 부엌의 서쪽 확장부의 내부를 막아서 장작간으로 썼고, 완락재(방)와 암서헌(마루)의 뒤쪽 역시 1.2자 정도 내어 달았다. 보통 집들에도 뒤쪽 벽을 내어 벽장으로 사용하는 경우가 많지만, 도산서당은 약간 양상이 다르다. 보통 집들의 확장부에는 가는 샛기둥을 세워 전혀 구조적인 역할을 하지 않고 단지 확장된 벽체만을 지지하지만, 도산서당의 뒷기둥들은 본기둥과 마찬가지로 두꺼운 정식 기둥을 사용했다. 따라서 비록 칸은 좁지만 정식의 퇴칸(退間)[18]이 된 것이다. 줄마루칸이 정식의 1칸으로 보일까봐 가는 팔각기둥을 사용했다면, 반대로 북쪽 퇴칸은 너무 좁아서 인식하기 어려울까봐 의도적으로 사각기둥을 세웠다고 해석할 수밖에 없다. 표현은 서로 다르지만, 본체와 확장부 또는 체體와 용用, 다시 말해서 규범과 변형에 대한 원리는 동일하다.

'양용 3칸'의 북동서쪽에 서로 다른 크기의 퇴칸을 달아서 외연적으로 확장했다면, 내부의 칸막이벽들을 이동시킴으로써 내부적인 확장을 시도했다. 완락재와 부엌을 구분 짓는 격벽은 기둥과는 무관하게 설정되었다. 다시

18_ 집채의 원칸살 밖에 붙여 다른 기둥을 세워 만든 칸살. 퇴칸(退間), 툇간이라고도 한다.

말해 완락재 서쪽 벽을 부엌 쪽으로 밀어 세워, 확장된 공간에 서가를 설치해 1,000여 권의 고서를 꽂았다고 한다.[19] 이처럼 작은 민간 집에 정식 서가가 설치된 것도 희귀하지만, 기둥의 모듈을 무시하고 칸을 확장한 발상은 더욱 과감하다. 이 서가의 남쪽 벽에는 좁은 출입문을 달아 환기와 서비스용으로 활용하기도 했다. 외벽의 창호들은 모두 크기와 형상이 다르다. 부엌에는 높은 살창을, 완락재에는 방 안에 앉아서 완상하기에 적합한 크기의 창을 달았다. 일견 외관의 통일성이 없어 보이는 까닭은, 퇴계가 편지에서 밝힌 대로, 모든 건축적 요소들이 나름대로 의미와 의도를 가진 독립된 요소였기 때문이다.

19_ 「陶山書堂營建記事」.

도산서당과 하고직사를 연결하는 통로
담장을 끊으면 문이 된다.

도산잡영으로의 확장

'양용 3칸'의 확장은 여기서 그치지 않는다. 서당 건물의 앞쪽에 낮은 담을 쌓아 마당을 만들면서, 4군데의 담장을 끊어 통로로 삼았다. 그 4군데의 통로는 각각 다른 의도와 기능을 갖는다. 서쪽 부엌과 담장 사이의 사립문은 하고직사의 노비들이 출입하기에 편리한 문이다. 서쪽의 하고직사에서 선생의 거동을 살피면서 부름에 즉각 응할 수 있는 매우 기능적인 출입구다. 반면 남쪽 사립문은 역락재와 농운정사의 제자들이 출입하는 문으로 추정된다. 비록 문은 달았지만, 늘 열려 있는 상징에 불과하다. 동쪽 담장이 끊겨진 부분은 바로 개울과 연결되고, 다리를 건너면 동산의 정원으로 통할 수 있다. 퇴계는 산 밑에 작은 정원을 가꾸어 '절우사' 節友社라 이름 지었다. 매일 거닐면서 명상에 잠겼던 곳이다.

동남쪽의 비워진 부분에는 정방형의 연못을

▷ 도산서당 암서헌에서 바라본 정우당
정우당 모퉁이의 열린 담장부는 도산잡영을 바라볼 수 있는 시선의 통로이며, 왼쪽 담의 통로를 통해 절우사로 나갈 수 있다.

만들었다. '정우당' 淨友塘이란 이름의 연못은 연꽃으로 가득한 곳이다. 그러나 이 부분에 담장을 비운 이유는 연못 때문만은 아니다. 오히려 암서헌 마루에서 연못 위를 통해 펼쳐지는 자연경관을 즐기기 위함이다. 굳이 연못을 담장부에 바짝 붙여 만든 이유는 여기에 나무를 심어 조망을 가리는 것을 막기 위해서다. 그러나 현재는 누군가의 기념 식수로 퇴계의 깊은 뜻을 거스르고 있다. 정우당 아래에는 '몽천' 蒙泉이라는 샘물이 있고, 절우사를 지나 개울가를 따라가면 '곡구암' 谷口巖, '탁영담' 濯纓潭, '천연대' 天淵臺라 이름 붙은 명소들이 나타난다. 이들은 크고 넓은 낙동강의 경관으로 확장되는 연결점들이다. 다시 말해서 절우사로 이르는 동쪽 통로가 자연을 향한 산책로의 시작이라면, 정우당의 끊어진 담장은 자연으로 향하는 시각적 통로가 된다. 이리하여 『도산잡영』 18절이 시작된다.

　퇴계가 경영하고자 했던 것은 단순한 '3칸'의 서당 건물이 아니다. 서당 건물은 하나의 중심이자 시작점에 불과했을 뿐, 그는 궁극적으로 도산계곡의 대자연을 경영했던 것이다. 그러기에 3칸의 최소 규모면 충분했다. 대자연의 경관 앞에서 인공적인 규모와 장식과 기교는 불필요하다. 미니멈하고 미니멀

한 공간과 구조. 그러나 그 안에 확장된 내부 공간과, 외부 공간, 그리고 대자연이 담기는 최대의 건축적 전체가 완성된다.

학문 수양의 공간, 농운정사와 역락재

서당의 서쪽에는 제자들의 기숙소인 농운정사隴雲精舍와 역락재亦樂齋가 자리한다. 이 세 건물 사이의 배치 관계에서 특별한 질서를 발견하기는 어렵다. 단지 스승의 건물이 지형상 중요한 위치에 놓이고, 제자들의 건물은 서쪽에 위치하여 왼쪽과 동쪽을 우선했던 위계가 지켜졌음을 알 수 있다. 또한 정사와 서재 두 건물 역시 서당과 마찬가지로, 전면에 펼쳐지는 낙동강의 경관을 중시하여 자리잡았음도 알 수 있다.

농운정사는 工자형의 대칭적인 건물로, 아마도 건축승 법련의 주장에 따라 도투마리 형식으로 지어진 집이 아닐까 추정된다. 그러나 공간적인 아이디어는 역시 '경'의 정신을 충실히 따르고 있다. 서당 건물이 완전한 퇴계의 작품이라면, 이 정사는 대유학자의 정신과 솜씨 좋은 승려 장인의 기술이 이루어낸 법련과 퇴계의 합작품이다.

2조의 공간군이 완벽한 좌우대칭으로 조합된 건물로, 각 공간군은 2칸의 온돌방과 앞으로 돌출한 1칸 마루, 뒤쪽에 부가된 1칸 봉당[20]으로 이루어졌다. 도산서당에서 보았듯이 온돌-마루-흙바닥의 근원적인 요소들의 집합이다. 그리고 그 앞 기단 월대에는 전돌을 깔았다. 한국건축의 모든 바닥 재료가 한 건물에 모였다. 규모상으로 최소지만, 모든 요소와 기능을 갖추고 있는 다기능의 건물이다.[21]

이 기숙사에는 2개 반을 수용했다. 보통 서원에서는 동재와 서재 두 건물을 두어 동재에는 상급반을 서재에는 하급반을 수용했지만, 농운정사에서는 두 반이 하나의 건물을 나누어 사용했다. 이러한 2호 연립의 기숙사는 소수서원에도 남아

20_ 온돌이나 마루 시설 없이 흙바닥으로 된 방. 대청 앞이나 방 앞 기단 부분을 가리키는 말로도 사용하며, 토방土房이라고도 한다.

21_ 영남대학교 민족문화연구소, 앞의 보고서, p.35.

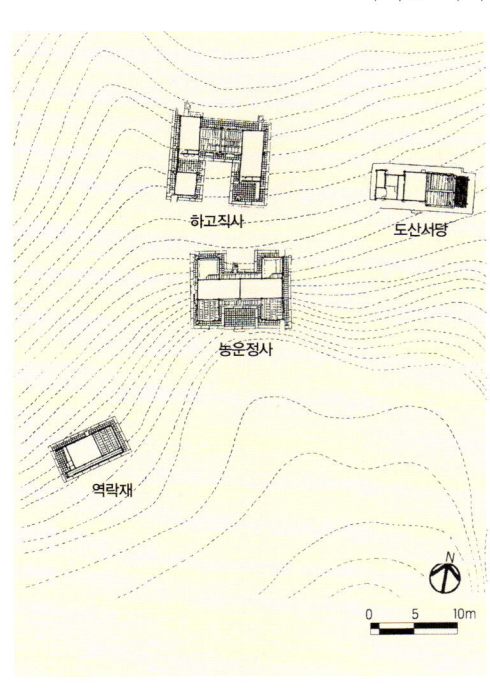

퇴계 창건 당시의 도산서당 일곽 추정도

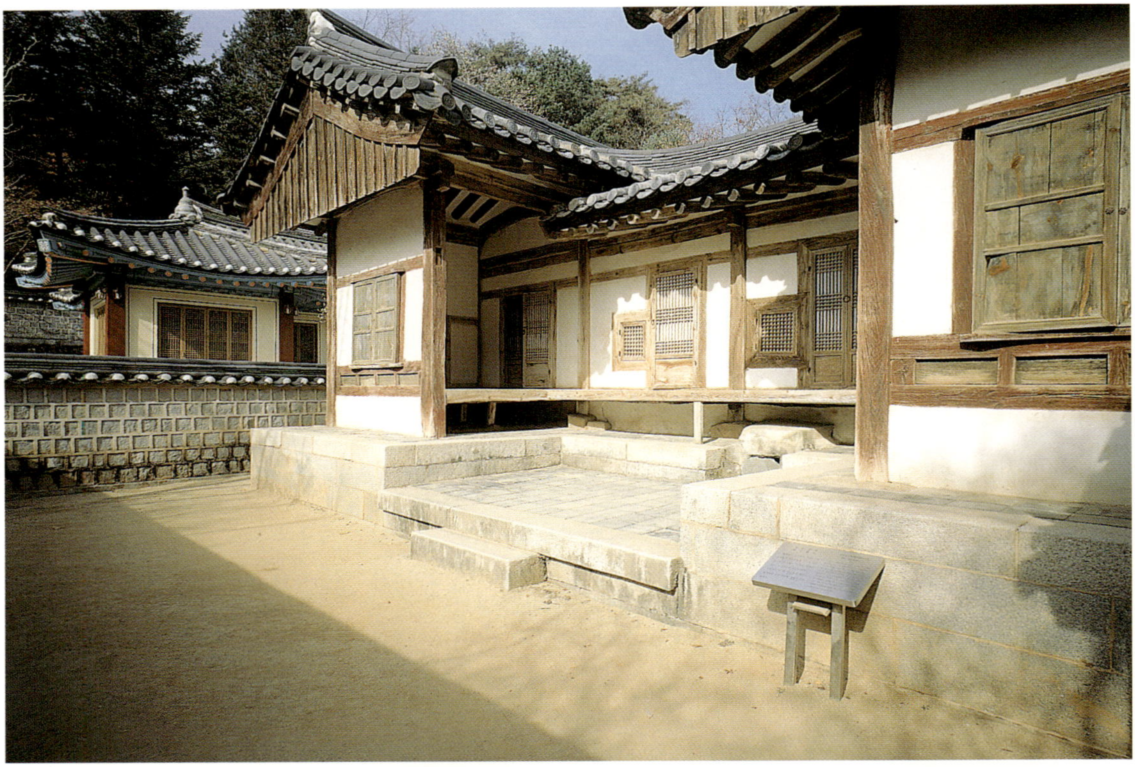

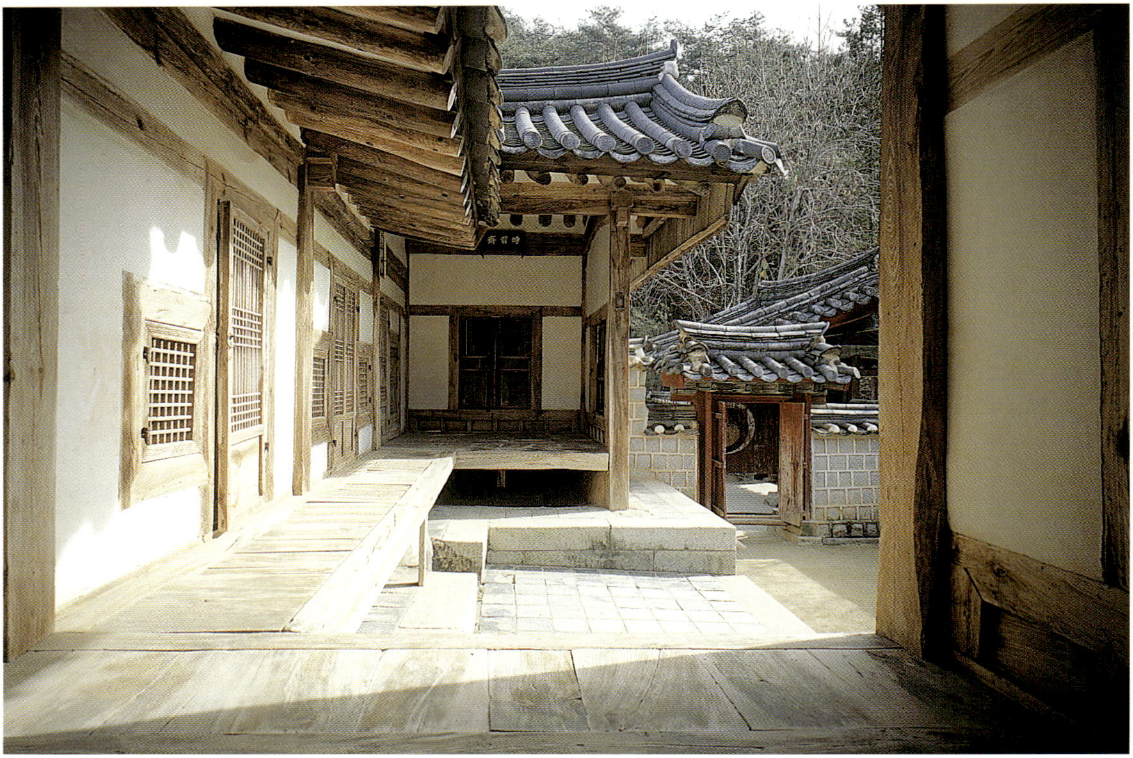

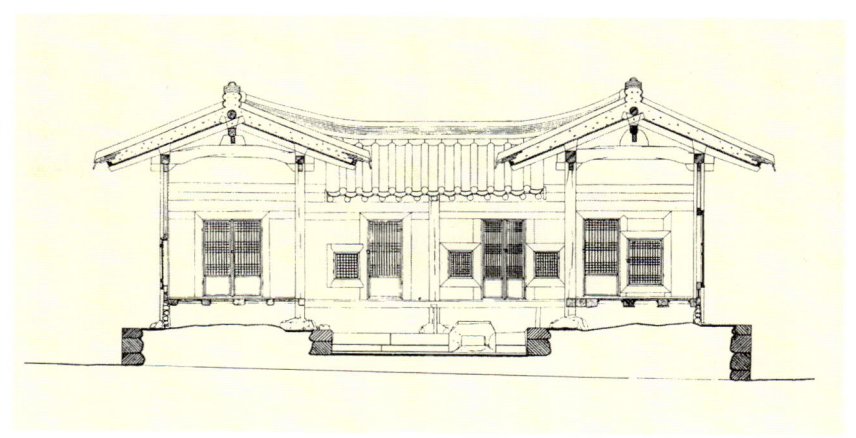

◻ **농운정사 횡단면도**　영남대학교 도면.

있다. 소수서원은 주세붕이 창건한 것이지만, 실질적인 사액서원으로의 면모를 갖춘 시기는 풍기군수로 부임한 퇴계가 관여하면서부터였다. 서원이 향교의 건축제도를 도입해 형식화되기 이전, 순수한 교육기능에 충실했던 초기의 서원에서는 동·서재가 나누어지지 않고 이처럼 2호 연립의 형식이 채택됐던 것 같다. 아니면 퇴계의 순수한 창작으로 볼 수도 있다.

　　두 반을 한 건물에 수용하면 필연적으로 경쟁을 유발하게 된다. 물론 공부와 수양의 경쟁이다. 서로 마주보고 있는 대청들은 그 경쟁의 양상을 더욱 극대화한다. 일반적으로 온돌방은 공부를 하는 곳이고, 마루는 휴식을 취하는 곳이다. 휴식의 장소마저 두 반을 마주보게 만들어서 서로 대화하고 자극을 주도록 만들었다. 휴식할 때도 몸과 마음가짐을 추스르는, 이른바 '경'의 공간을 만든 것이다.

　　평면구성은 대칭적이지만, 입면의 형상은 비대칭이다. 우선 1칸의 창호마저 문과 창을 분리하여 조합함으로써 변화가 심하다. 출입문을 가운데 두고 양옆으로 정사각형의 작은 창을 달았다. 방 안에 앉았을 때의 눈높이에 맞춘, 필요한 만큼의 높이와 크기다. 두 반을 구분하기 위함인지는 몰라도, 동쪽 방의 출입문은 2짝이지만 서쪽 방은 1짝뿐이다. 상·하급반의 위계를 표현할 것일까.

　　가장 앞쪽의 역락재는 퇴계의 제자 정지헌鄭芝軒이 서당에 입학할 때 기

◻ **농운정사의 모습**　완벽한 좌우대칭의 구성으로 2개 반을 운영했었다.
◿ **농운정사 서쪽 마루에서 바라본 동쪽 마루**　두 공간은 서로 마주하고 있어 끊임없이 대화한다.

▷ **농운정사 방들의 창호 구성** 실용적 정신이 자유롭게 형태화된 모습을 보여준다.

중한 건물이다. 스승에 대한 고마움의 표시라고 보기에는 규모가 너무 크다. 이는 기여입학제의 증거가 아닐까. 3칸 구조로, 온돌방과 마루방으로 구성된 간단한 건물이다. 온돌방의 서쪽 반 칸을 비워 아궁이를 들였다. 역시 구조 모듈에 개의치 않는 실용적인 구성이다. 원래는 담장 없이 개방된 건물이었겠지만, 지금은 사방에 담장을 둘러서 바깥 경관을 볼 수 없는 답답한 집이 되고 말았다.

원형과 증축의 질서,
도산서원

기념 서원의 건립

퇴계는 1570년 12월 운명한다. 이미 거대한 학단을 형성했던 제자들이 가만히 있을 리 없었다. 이태 후인 1572년 퇴계의 위패를 모실 사당 건립을 발의하였고, 1574년에는 전국적인 열의를 모아 서원 창건을 시작했다. 건물들이 모두 낙성된 시기는 2년 후인 1576년이었다. 퇴계 당시 3동의 작은 건물들을 짓는 데 2년씩이나 걸렸던 것과 비교한다면 비약적인 속도였다.

도산서원 건립에 가장 중추적인 역할을 한 인물은 월천月川 조목趙穆(1524~1606)이었다. 퇴계의 수제자로는 류성룡과 김성일을 꼽지만, 두 인물의 추종자들은 정통성을 놓고 대립하기 일쑤였다. 또한 외적으로는 정권을 쥔 서인 일파의 견제와 억압으로 퇴계의 도산학단은 내외로 큰 위기에 직면했다. 조목은 이 난국의 틈새에서 도산서원 건립을 계기로 삼아 흩어지는 도산학단을 결집하고 부흥시킨 인물로 평가된다.[22] 이 공적을 인정한 듯, 도산서원에는 퇴계의 위패에 이어 유일하게 조목의 위패가 종향從享되어 있다.

조목을 주축으로 한 제자들은 서원의 위치를 두고 고민했을 것이다. 당연히 퇴계의 연고지인 도산계곡에 자리잡아야 하지만, 이미 도산서당 일곽이 조성되어 새로운 터를 잡기 어려웠기 때문이다. 그렇다고 선생의 숨결이 깃들어 있고, 멀쩡하게 유지되는 서당을 헐어버리는 일은 더더욱 불가능했다. 또 기왕의 서당 부근에 새로운 서원을 세울 때, 어느 것의 위계를 우선으로 할 것인가도 문제였다. 규모나 교육기관으로서의 격은 당연히 서원이 한 차원

[22] 영남대학교 민족문화연구소, 앞의 보고서, p.33.

농운정사 옆벽을 타고 형성된 계단식 진입로 x-y-z축 3방향으로의 입체적인 움직임이 뚜렷하다.

위지만, 선생의 도산서당은 역사적인 정통성과 상징성의 면에서 존중되어야 했다.

여러 가지 문제와 지형적인 이유로 결국 새로운 서원은 기존의 서당 영역 뒤쪽 높은 곳에 자리잡게 되었다. 결과적으로 서당의 상징성과 서원의 위계를 동시에 부각시키는 데 성공한 계획이었다. 기존 서당 일곽의 영역성을 최대로 존중하면서, 새 서원의 기념성을 극대화하는 방법이었다. 또한 기존 영역과 새 영역의 공간적 흐름을 하나로 묶는 최선의 방법이었다.

물론 기존 서당 영역의 구성은 변화될 수밖에 없었다. 도산서당과 농운정사 사이의 공간에 주 진입로를 만들었기 때문에 두 건물 사이의 관계가 단절됐다. 그러나 이 공간에 진입로를 냄으로써 도산서당의 상징성을 극대화시킬 수 있었고, 기존의 영역은 새 서원으로 진입하는 훌륭한 매개 공간으로 바뀌게 되었다.

지금으로 따진다면 영남대학교 정도의 중추적인 위상을 가진 대규모 학

↗ 도산서원 전체 종단면도　영남대학교 도면.
↘ 도산서원 횡단면도　영남대학교 도면.

교였지만, 일반 서원에 필수적인 누각 건물이 없다. 서원은 교육기능을 갖는 동시에, 선현에 대한 향사를 통해 지역 유림을 단합시키는 정치적 목적을 갖는다. 누각은 양로회나 시회詩會를 여는 데 필수적인 건물이며, 지역 유림들의 결집을 위해서는 불가결한 건물이다. 도산서원에 누각이 없다는 사실은 적어도 정치적인 목적을 중시하지 않았다는 의미가 된다. 그렇다고 도산서원이 교육적인 목적만을 위해 건립된 것은 아니다. 교육은 기존의 서당 영역으로도 충분했기 때문이다. 서원의 규모에 비해 기숙사인 동·서재가 약화된 것은 이미 여러 채의 교육 시설들이 존재했기 때문이다. 도산서원은 원래의 취지도 그렇지만, 건물 구성의 측면에서도 철저하게 퇴계의 기념 서원으로 건립된 특수 시설이다.

퇴계 정신의 계승과 확장

'양용 3칸'의 도산서당은 내부적·외연적 확장을 거쳐 서당 영역을 이루었고, '도산잡영'이라는 자연으로 확장됐으며, 드디어 도산서원을 건립함으로써 하나의 거대한 복합체로 성장했다. 총 14동의 규모는 큰 절이나 궁궐에 비할

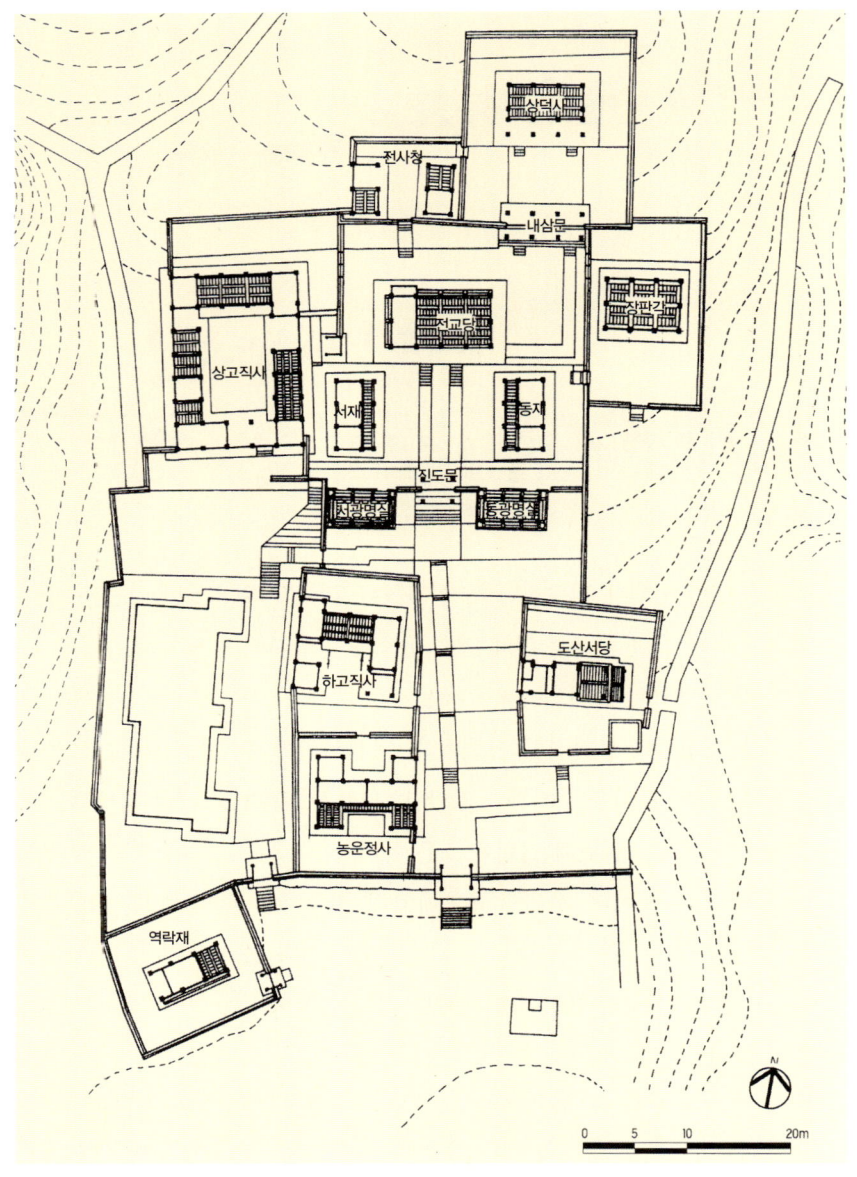

도산서원 전체 배치도   김봉렬 도면.

바가 못 되지만, 유교건축으로는 이례적인 대규모 시설이다. 뿐만 아니라, 구성의 복합성과 그 속에 내재하는 일관된 건축적 질서는 규모 이상의 가치를 가지고 있다.

이저는 서원을 중심으로 전체 구성을 살펴보자. 중심축은 강당인 전교당

典敎堂과 진도문眞道門을 잇는 축선이 된다. 이 축을 중심으로 동쪽에는 도산서당·장판각·상덕사가, 서쪽에는 정사·고직사 들이 놓였다. 다시 말해서 동쪽에는 스승과 경전들의 영역이, 서쪽에는 제자와 노비들의 영역이 좌우의 방향적 위계를 설정했다.

서원건축으로서 가장 큰 특징은 사당인 상덕사가 중심축을 벗어나 동쪽에 치우쳤다는 점이다. 중심축선은 도면상에서는 강렬한 요소지만, 실제로는 잘 인식되지 않는 가상의 선이다. 중심축을 따라 강당 뒤에 사당을 배열하면, 실제로는 강당에 사당이 가려버리기 때문에 최상의 위계를 가져야 할 사당의 상징성이 부각되기 어렵다. 또한 제사 의례에도 방해가 되는 기능적인 결함을 갖는다. 도산서원과 같이 사당을 강당 옆으로 비껴서 배치하면 실제적인 문제들을 해결할 수 있다. 진입로를 따라 들어온 흐름은 일단 강당의 정면에서 멈추어지며, 강당의 모퉁이를 돌아서면 다시 사당 영역의 정면을 대할 수 있다. 또한 사당 문 앞에 넉넉한 마당을 확보할 수 있어서 충분한 제례 공간을 갖출 수 있고, 강당에서는 제례 절차를 지휘 감독할 수 있는 위치도 점유한다.

이러한 예는 도산서원과 하회의 병산서원, 두 곳밖에는 없다. 두 곳은 퇴계나 그 수제자와 연고를 맺고 있다. 형식적인 규범보다는 실질적인 변용을 중시했던 퇴계 정신을 구현한 것으로 볼 수 있다. 이처럼 실질적인 장점을 갖는 배치 형식이 왜 후대의 서원에는 수용되지 않았는가? 왜 후대의 서원들은 천편일률적인 규범을 따를 수밖에 없었는가?

이유는 단 한 가지다. 초기의 건강한 성리학적 실천성이 사라지고, 예학이라는 굴레 안에서 관념과 형식으로 전락하고 말았기 때문이다. 이러한 사상적 풍토에서 퇴계나 서애, 또는 적어도 월천 조목이나 우복愚伏 정경세鄭經世[23]와 같은 건강하고 통합적인 지식인이 나오기를 기대할 수는 없다. 관념적인 원리주의자들의 생각에서는 지극히 규범적인 건축 형식만이 나올 수밖에 없다. 정신을 떠난 건축이란 존재하지 않는다. 그리고 규범적인 건축, 형식적인 건축이란 얼마나 쉬운 작업인가?

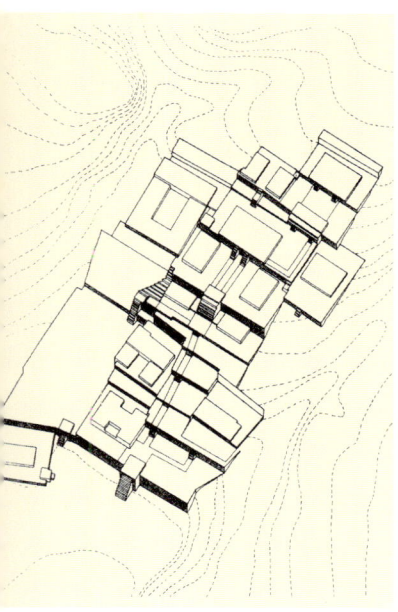

도산서원 기단과 지형 투상도 김봉렬 도면.

23_ 월천은 도산서원, 우복은 병산서원 건립의 입안자이며 계획가였다.

확장과 통합의 매개체들

규범을 떠난 형식의 파괴는 건물 단위에서도 수없이 일어났다. 동·서재에 대청을 두지 않은 것, 전교당을 4칸 짝수로 구성한 것, 전사청을 2개의 건물로 나누어 배열한 것, 특이한 동東·서광명실西光明室의 존재, 상하로 나누어진 고직사의 조직 등은 단순히 형식을 타파했다는 점에서 가치가 있는 것이 아니다. 오히려 지극히 실용적이고 논리적인 이유의 결과일 뿐이라는 점에 주목해야 할 것이다. 전체적인 비대칭의 배치 구성과 그 속에 흐르는 유기적 질서는 도산서당에서 보여주었던 퇴계 정신을 계승·구현한 결과로 읽어야 한다. 비록 퇴계는 세상에 없지만 위대한 정신은 사라지지 않았다.

일관되게 흐르는 퇴계 정신이 전체적인 바탕이라면, 물리적인 통합의 매개체는 바로 진도문까지 이르는 진입 공간이다. 기존 서당 영역을 보존하기 위해 어쩔 수 없이 길어진 진입부를 5개의 낮은 단으로 나누어 깊이감을 더

↙ **동·서광명실과 진도문** 여기서부터 새로이 확장된 서원이었다. 동·서광명실은 서원 영역 바깥이되 서원에 소속된다.

욱 강조했다. 또한 전교당의 중심축과 진입로를 약간 비틀어 놓아서 미묘한 시각적 입체감을 확보했다. 농운정사의 벽면과 연결된 긴 담장이 수직적 유도 요소라면, 넓게 펼쳐진 반복적인 테라스들은 수평적인 유도 요소다. 진입로를 담장 벽면에 가깝게 배열함으로써 수직과 수평적 요소 사이의 균형을 이루었다. 변화가 극심한 공간 속에 입체적인 질서를 부여했고, 그 질서가 워낙 강렬해서 기존 서당부와 신설된 서원부의 영역적 차이를 느낄 틈이 없게 된다.

　두 영역 사이의 경계를 없애는 데 공헌한 또 다른 존재는 바로 2개의 동·서광명실이다. 진도문 옆에 서 있는 두 건물의 위치에 주목하자. 두 건물은 서원 영역 바깥에 위치하지만, 누각 형식으로 처리해 출입은 서원 마당에서 가능하다. 다시 말해, 위치는 서원 담장 바깥이지만 소속은 서원 마당에 속해 있는 이중성을 갖는다. 기존 서당 영역에서 보면 서원과는 독립된 2층 건물이

도산서원의 서당 영역과 서원 영역을 이어주는 계단식 진입로　왼쪽의 진도문과 오른쪽의 동광명실이 한 쌍의 시각적 터미널이 된다.

지만, 서원 마당에서 보면 마당을 감싸는 단층 건물이 된다. 이러한 이중성은 서당 영역과 서원 영역을 통합하는 중요한 매개가 된다.

정문과 진도문이 약간 비껴 있고 진입로가 틀어져 있기 때문에, 정문에 서면 왼쪽으로는 진도문이, 오른쪽으로는 동광명실이 한 쌍의 집합적 장면으로 인식된다(현재 중간에 큰 나무들이 가려 동·서광명실의 존재가 쉽게 인식되지는 않지만). 동·서광명실은 원래부터 한 쌍이 아니었다. 서광명실은 1930년에 동광명실을 본떠서 건립된 건물이다.[24] 동광명실이 진입 공간의 중요한 시각적 초점이며 두 영역을 연결하는 매개체인 반면, 서광명실은 담장에 가려 보이지 않아 꼭 있어야 할 필요가 없었기 때문이다. 서광명실의 건립은 전교당 마당의 규범성을 충족시킨 것이기는 하지만, 퇴계의 실용적 정신에는 위배되는 후대의 변화다.

24_ 영남대학교 민족문화연구소, 앞의 보고서, p.36.

서원의 건물들

전교당

보물 210호인 전교당典教堂은 서원의 기능적 중심인 강당 건물이다. 4×2칸 규모의 팔작지붕 집으로, 정면 4칸의 구성은 조선 성리학자들이 기피했던 짝수 칸이다. 서쪽에만 온돌방을 들였기 때문에 이 건물은 완연한 비대칭이다. 성급한 눈에는 불완전하고 형식 파괴적인 돌출성만 보일 수도 있다. 그러나

도산서원 전교당 짝수 4칸의 구성이며 완연한 비대칭을 이룬다. 대청의 모퉁이를 타고 돌면 사당문과 마주친다.

비대칭과 불완전성은 치밀하게 계산된 논리의 소산이다. 바로 뒤에 전개되는 사당 영역과의 관계 때문이다. 또한 전체적인 서원의 무게중심이 동쪽으로 치우쳐 있기 때문에 동쪽을 마루로 비워서 유도하기 위한 방법이다.

장대석으로 정연하게 쌓은 기단과 계단은 어느 정도 형식적인 냄새가 난다. 퇴계의 정신을 계승하기는 했으되, 아무래도 규범화된 영향에서 완전히 자유롭지는 못했다. 전면에 부가된 2개의 계단은 들고 나는 동선을 구별하는 역할을 하며, 동쪽 길과 계단이 서원 전체의 정확한 중심 구성 축이 된다. 이 가상의 축을 중심으로 진도문과 동광명실의 위치를 잡고, 진입로를 비틀 수 있었다. 대청에서 동쪽 사당마당 쪽으로는 2개의 영쌍창이 나 있다. 제례 시의 진행을 위한 창이기도 하다. 지붕틀의 대공에 부착된 수염 모양으로 과장된 화반花盤[25]과 섬세하게 조각된 기둥 밑의 보아지[26]가 최소의 장식적 효과를 내고 있다.

25_ 장여를 받치기 위해 화분, 연꽃, 사자 등을 그려 초방 위에 끼우는 널조각을 화반花盤이라 하며, 그중에서 꽃 모양이나 잎 모양이 거꾸로 되도록 만든 것을 복화반이라 한다.

26_ 들보와 기둥이 만나는 부분에 들보를 도와주기 위하여 기둥머리에 끼우는 작은 부재. 양봉, 보 받침이라고도 부른다.

전교당의 동측면

↗ **상덕사 정문** 전면 기둥이 기단 아래까지 내려오는 것이 특이하다.

상덕사

보물 211호인 상덕사尚德祠[*]는 퇴계와 월천의 위패를 모신 사당으로 그 앞의 삼문과 함께 보물로 지정되어 있다. 그러나 항상 잠겨 있어서 특별한 경우가 아니면 볼 수 없다. 그렇다고 아쉬워할 필요는 전혀 없다. 건축적으로 특별하다거나 감동을 주는 요소가 없기 때문이다. 구조기법은 전교당과 같아서 동시에 같은 기술자가 지었다는 정도를 확인할 수 있다. 왜 보물로 지정됐는지 건축적인 관점에서는 이해하기 어렵다. 도산서원의 진짜 보물은 도산서당과 농운정사 그리고 사당 옆의 전사청이지만, 이들은 모두 국가문화재가 아니다.

상덕사 건물의 한 가지 특징은 팔작지붕을 얹었다는 점이다. 일반적으로 사당 건물은 맞배지붕으로 구성된다. 단순 근엄한 맞배지붕이 사당의 인상과 잘 어우러지기 때문이다. 팔작지붕의 사당은 아무래도 가벼워 보이기 때문에 거의 사용되지 않았다. 이 대단한 서원의 사당에 웬 팔작지붕인가? 강당과 형태적인 통일감을 맞추기 위함인가, 아니면 규범을 무시하는 퇴계 정신의 계승인가?

27_ 보물 211호의 정식 명칭은 「도산서원 상덕사부정문급사주토병」이다. 한자로는 「陶山書院尙德祠附正門及四周土屛」. '도산서원 상덕사와 그 앞의 정문, 그리고 사방의 흙담'이라는 뜻이며, 건축문화재 가운데 가장 길고 이해하기 힘든 이름이다.

전사청

전사청典祀廳은 사당에서 제사를 지낼 때 쓰일 음식(제수祭需)을 상에 차리고 보관하는 장소다. 따라서 제수의 원재료를 날라오는 고직사와 사당 사이의 동선에 위치해야 한다. 제수를 담당하는 유사가 하룻밤을 지내기 위한 온돌방, 상을 보관하기 위한 마루방, 그리고 평소에 제기들을 보관하기 위한 제기고祭器庫가 필요하다. 보통은 이 세 기능을 한 건물 안에 수용한다. 이상이 전사청의 교과서적인 건축계획 각론이다.

도산서원의 전사청은 이상의 계획 각론들을 충실히 따르고 있다. 상고직사上庫直舍에서 사당에 이르는 내부 동선상에 위치를 잡았고, 모든 필요 기능을 갖추었다. 그러나 일반적인 전사청과는 전혀 다른 형식을 창안했다. 2개의 2칸 건물을 동서로 나눠 세워서 동쪽은 주청主廳으로, 서쪽은 제기고로 삼았다. 역시 금기해온 2칸, 짝수 칸을 구애치 않고 채택했다. 주청은 마루 1칸과 온돌방 1칸으로 구성되어 유사가 제사상을 마련하고 보관하는 곳이다. 제기고는 전돌을 깐 봉당 1칸과 마루 1칸으로 이루어져, 노비들이 제기와 음식 재료들을 지고 와서 내려놓는 반입구 기능에 편리하게 구성됐다.

전사청을 2개의 마주보는 건물로 분리함으로써 그 사이에 마당이 생겼다. 이 마당을 지나 샛문을 열면 바로 사당 마당의 측면으로 진입한다. 고직

◤ **전사청 영역의 주청** 마루 1칸과 온돌 1칸으로 이루어졌다.
◣ **전사청 제기고** 전돌 봉당 1칸과 마루방 1칸으로 이루어졌다.

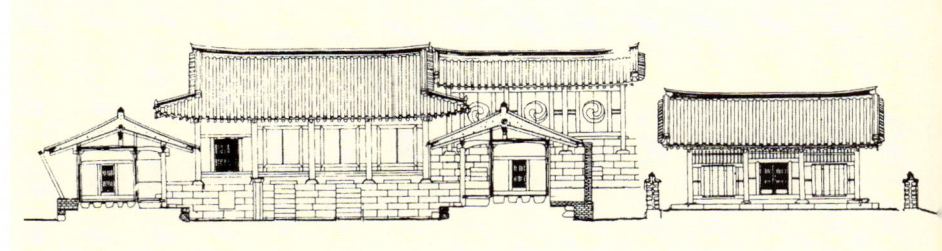

도산서원 강당과 사당, 장판각의 단면도 영남대학교 도면.

사에서 사당에 이르는 연속 동선을 확보하면서 건물을 배치하여, 가장 원론적이면서도 가장 독창적인 전사청을 창조했다. 이른바 기능의 프로그램이 형태로 바뀌고, 위상적 동선이 공간으로 치환된 뛰어난 예를 보여주고 있다.

장판각과 광명실

한창 때는 전국에 680여 개소에 이르는 서원들이 범람하고 있었고, 당연히 서원 간에도 등급이 매겨져 일류 서원이 있는가 하면, 삼류 서원도 있었다. 일류 서원의 조건으로는 규모와 역사, 전통 등이 있지만, 그 가운데 중요한 하나는 얼마만큼 다양하고 풍부한 서적을 보유하고 있는가였다. 출판사도 없고 판매망도 없어서 서적을 구하기도 어렵지만, 일단 분실되거나 파손되면 다시 보충할 길도 없었다. 따라서 서적보다 더 귀중한 것은 언제든지 책을 찍을 수 있는 목판이었다. 일류 서원이란 다름 아닌 귀중한 목판을 많이 가지고 있는 곳이었다. 주변 서원들은 일류 서원에 목판 인쇄를 요청하게 되고, 그 요청들이 어느 정도 쌓이면 각 서원과 서당에 통보하여 인쇄하고 배급하게 된다. 서원 간의 주도권과 연결망은 이러한 경로로도 형성됐다.

전교당 동쪽, 독립된 영역을 형성하고 있는 장판각藏板閣이 바로 목판을 보관하는 곳이다. 도산서원이 보유하고 있는 전적과 목판은 양과 질 모두 전국 최고의 수준이다.[28] 명성에 걸맞게 장판각 건물의 규모도 크고 기법도 고급이다. 장판각은 3×2칸 규모로 맞배집이다. 모든 벽은 나무판벽으로 만들어 습기 흡수에 유리하도록 했고, 지면에서 바닥을 띄우고 벽 윗부분에는 살

28. 도산서원 광명실에는 1,300여 종 5,000여 권의 책이 보관되어 있고, 장판각에는 37종 2,790여 판이 보관되었다.

▷ **장판각의 전경** 벽 전체가 판벽과 살창으로 구성되었다.

창을 내서 통풍을 쉽게 했다.

　광명실의 기능은 서책을 보관하고 열람할 수 있는 도서관이다. 원래는 동광명실만 있다가 20세기 초에 서광명실이 추가됐다. 보관할 책들이 많아졌기 때문이기도 했다. 광명실은 전교당 마당 축대 바깥에 위치하고, 아래를 필로티로 띄운 누각이다. 건물 주위 사방으로 쪽마루를 달고 난간을 설치해서 사람들의 통행이 가능하다. 이 복도들은 전망대의 역할도 겸한다. 동광명실이 서원 전체 구성에서 얼마나 중요한 역할을 하는지 이미 지적한 바 있지만, 광명실 복도에 서서 바라보는 서원 전경과 낙동강의 경관 또한 일품이다. 도산서원에는 본격적인 누각이 없기 때문에 광명실이 누각의 일부 기능까지 겸하도록 계획됐다.

상고직사와 하고직사

도산서원에는 3개의 주된 동선 체계가 있다. 가장 중요한 것은 말할 것도 없이 진입로에서 사당까지 이어지는 중심 통로다. 동쪽 산 밑에 형성된 통로는 낙동강변에서 탁영대濯纓臺, 절우사를 거쳐 도산서당과 뒤의 장판각으로 이어지는 산책 및 명상의 철학적 통로다. 반면 서쪽은 하고직사와 상고직사, 그리고 전사청으로 이어지는 서원지기들의 서비스 동선이다. 3개의 통로는 모두 정점인 사당에서 만난다.

동쪽 철학로는 퇴계급의 선생들만 사용하는 곳으로 신분적 위계가 가장 높고, 서쪽이 가장 낮다. 하지만 서쪽 서비스 통로야말로 가장 기능적으로 설계되어야 할 곳이다. 과거에는 그랬을 것이다. 그러나 1960년대 정화사업의 일환으로 하고직사 서쪽에 콘크리트 유물관이 들어서면서 상·하고직사를 연결하는 동선 체계가 파손되고 말았다. 하고직사의 대문은 축대 위에 떠 있게 되었고, 상고직사의 남쪽 대문도 왜 그리 낮은지 이유를 알 수 없게 되었다.

하고직사는 1932년에 이건된 것으로, 원래는 6칸의 ㄷ자 건물이었는데,

 ─ **하고직사의 날개채들** ㅗ자형 농운정사 건물의 오목한 뒤뜰을 향해 ㄷ자 하고직사의 동쪽 날개가 향하고 있는 모습이다.

29_ 김동욱, 앞의 논문, p.29.

◤ **하고직사에서 바라본 농운정사의 뒷마당** 두 건물의 요철凹凸이 잘 맞도록 계획되었다.

◣ **상고직사의 근엄한 안마당 모습** 하고직사에 비해 규범적이며 권위적인 형태로, 남북으로 긴 ㅁ자형을 이룬다.

이건 당시에 동서 날개부를 1칸씩 증축한 것으로 전한다.[29] 그러나 원래 이 자리에 있었던 것을 증축했다는 말인지, 아니면 다른 곳에서 통째로 옮겨왔다는 말인지 분명치 않다. 상식적인 구성이었다면, 앞의 증축설이 더 확실할 것이다. 앞의 농운정사와의 관계가 절묘하다. 工자형 농운정사 건물의 오목한 뒤뜰을 향해 ㄷ자 하고직사의 동쪽 날개가 향하고 있는 모습이다. 거꾸로 말해서 농운정사에서 하고직사로 들어가면, 우선 하고직사의 동쪽 날개 모서리가 정면으로 나타난 후에야 비로소 안마당으로 연결된다. 그러나 학생들이 고직사에 들어가며 감동을 느껴야 할 이유가 전혀 없기 때문에, 오히려 정사 뒷마당의 서비스부와 고직사의 부엌을 최대로 가깝게 하기 위한 배치로 해석함이 더 타당하다. 이 부분은 남쪽 농운정사와 동쪽 도산서당을 동시에 관리할 수 있는 중요한 위치이기도 하다.

하고직사가 서당 영역을 위한 것이라면, 상고직사는 서원 영역을 위한 것이다. 따라서 상고직사의 규모가 비례적으로 크고, 남북으로 긴 ㅁ자형을 이루고 있다. 총 21칸으로 온돌방은 7칸에 불과하고, 나머지는 모두 창고와 부엌이다. 유심히 살펴볼 점은 전사청과 하고직사 양쪽으로 연결되는 통로의 위치이며, 그에 따른 부엌의 배치다. 꽉 막힌 안마당이 3군데의 개방된 부엌 때문에 그나마 숨통이 트인다. 하고직사에 비해 규범적이며 권위적인 형태다.

퇴계와 관련된
건축들

진성 이씨 경류정 종택

퇴계의 5대조인 송안군 이자수李子脩가 지은 집이며, 1492년 이연이 별당인 경류정慶流亭을 세웠다고 전한다.[30] 그러나 사랑채는 20세기 전반에 중창된 것으로 보인다. 매우 완만한 경사지에 축대를 쌓아 2단으로 나누어, 윗단에는 살림채와 별당 등을, 아랫단에는 一자 행랑채를 배치했다. ㅁ자집 살림채의

[30]_ 서수용 편저, 『안동의 문화재』, 도서출판 영남사, 1995, p.300.

◁ **진성 이씨 경류정 종택의 사랑채** 툇마루의 퇴기둥을 지면에까지 닿게 하여 누각처럼 보이도록 처리하였다.

전면에는 날개채를 길게 달아 사랑채가 되었고, 동쪽에는 안행랑을, 서쪽에는 별당과 사당을 세웠다. 경류정 앞에 심어진 노송나무(일명 뚝향나무)는 줄기는 비비꼬이고 잎 부분은 30여 평 정도로 넓게 퍼진 별난 나무다. 천연기념물 314호로 지정되었다.

사랑채 앞에는 툇마루를 달았는데, 기단을 안으로 들여 쌓고 퇴기둥의 아랫부분이 지면까지 닿아서 마치 독립된 누각과 같아 보인다. 안마당에 들어서면 정면에 안방이 보이고 대청은 눈에 띄지 않는다. 안대청이 서북쪽 모퉁이에 위치하기 때문이다. 서쪽에 배치된 사당과 별당을 동시에 관리하기에 편하도록 변형한 것으로 보인다. 특히 이 집이 진성 이씨의 대종가이기 때문에 종손며느리는 사당 관리의 막중한 부담을 가지고 있었을 것이다. 평면 구성의 실용적인 자유스러움은 조선 전기의 건강한 생각의 흔적일 것이다.

퇴계태실

퇴계의 조부인 이계양李繼陽이 1454년에 세운 집으로, 집 전체의 명칭은 노송정종택老松亭宗宅이지만, 이 집에서 퇴계 선생이 태어났다 하여 '퇴계태실'退溪胎室로 더욱 유명하다.[31] 동쪽에는 ㄱ자 정자인 노송정이 있고, 서쪽에 살림채가 앉아 있다. 살림채는 동서로 긴 ㅁ자형집 가운데 2칸이 돌출하여 전체적으로 日자 모습을 갖는다. 가운데 돌출한 방이 바로 퇴계를 낳은 산실로서 집의 중심에 위치하는 특별한 구조다.

그러나 원래부터 태실을 집 중심에 돌출시켰다고 볼 수는 없다. 일반적인 살림집의 구조로는 여러 가지로 불편하기 때문이다. 퇴계가 유명해진 후, 후손들이 탄생을 기념하여 현재와 같은 모습으로 중창한 것으로 보인다. 위대한 인물의 산실로서 독특한 구조를 가지고 있고, 노송정의 구성 방법도 신선하다.

31_ 서수용 편저, 앞의 책, p.174.

▨ 퇴계태실의 태실과 누마루 ㅁ자 주택 마당 한가운데 태실과 누마루가 돌출되어 凹자 모양의 집이 되었다. 위인의 태실임을 강조하기 위한 상징적 구성이다.

▨ 퇴계태실의 노송정 4칸 팔작집에 1칸 맞배집이 덧붙은 모습이다.

퇴계종택

퇴계종택退溪宗宅은 도산서원에서 산 너머 북쪽에 위치하며, 이 집은 진성 이씨 퇴계파의 종갓집이다. 1929년 13대손인 이충호가 이전의 제도와 규모를 따라 새로 지은 집으로[32] 커다란 규모와 높은 층고, 과시적인 형태들이 일제강점기 지주층 한옥의 특징을 여실히 보여준다. 서쪽에 ㅁ자형의 큰 살림채가 자리하고 동쪽에는 '추월한수정' 秋月寒水亭이라는 정자를 세웠다. 이 집의 구성적 중심은 살림채와 정자 사이에 있는 사당이다. 가장 핵심이 되는 중심 위치에 사당을 두어 퇴계종택임을 과시하고 있고, 사당 영역의 구성 솜씨가 다른 부분을 훨씬 능가한다.

시사단

퇴계의 인품과 사상을 흠모했던 정조대왕은 어명을 내려 1792년의 과거를 도산서원에서 치르도록 했다.[33] 창덕궁 후원 마당에서 치르던 과거시험을 지방

32_ 서수용 편저, 앞의 책, p.166.
33_ 「正祖實錄」, 卷三十四, 正祖 十六年 三月 辛未 條

▶ 눈에 덮인 시사단 시사단은 서원에서 실시되었던 특별 과거를 기념하는 비석을 보호하기 위해 설치되었다.

의 벽지, 그것도 일개 민간서원에 위임한 것은 극히 이례적인 일이었다. 그만큼 도산서원의 위상이 높았다는 말도 된다. 도산서원에서 낙동강 건너 맞은편 들판에는 우뚝한 피라미드형의 측대가 솟아 있고, 그 위에 작은 기와집 한 채가 서 있다. 시사단試士壇은 서원에서 실시되었던 특별 과거를 기념하는 비석을 보호하기 위한 비각이다. 원래 이렇게까지 높지는 않았지만, 안동댐 축조로 일대가 수몰지역이 되면서 지금과 같이 10m 높이로 대를 쌓았다. 이곳의 과거시험에 전국에서 7천여 명이 모여들었다고 하니, 서원 안에서 시험을 치르기는 불가능했고, 이 벌판에서 그야말로 야단법석[34]을 피우며 시험 답안을 작성했었다.

[34] 야단법석野壇法席. 불교에서 야외 법회를 열려면 우선 벌판에 단을 차리고(野壇), 큰스님이 올라가 앉을 수 있는 자리(法席)를 마련해야 했다. 야단법석을 설치하고 야외 대중법회를 열면 그야말로 인산인해 야단법석이 일어난다 해서 유래한 용어다.

의인, 섬마을과 번남댁

시사단이 있는 의촌리는 섬마(섬마을)–중마–의인의 세 마을로 구성되며, 도산서원 앞의 나루터를 건너야 닿을 수 있다. 의인마을은 퇴계의 자손인 진성 이

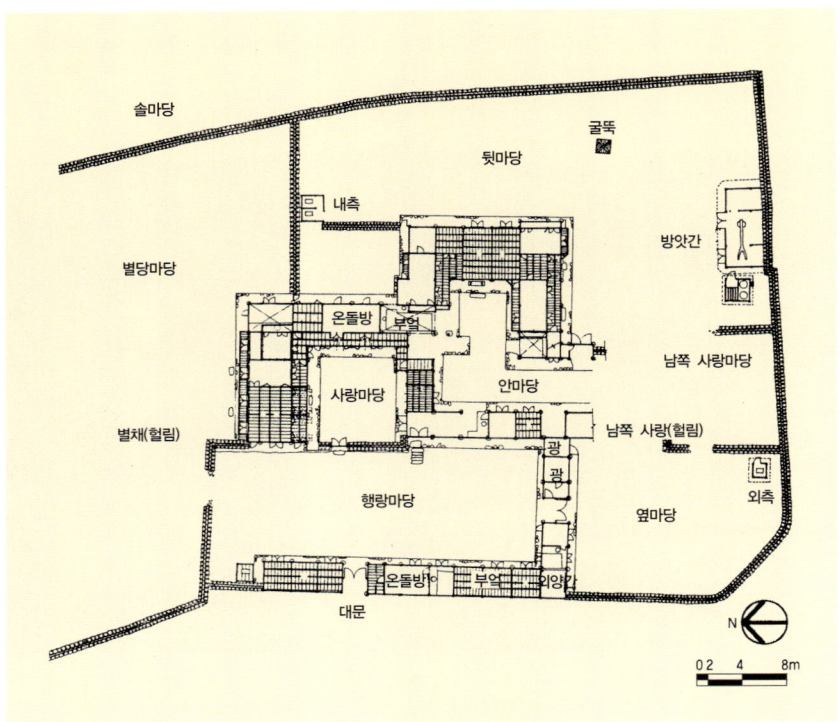

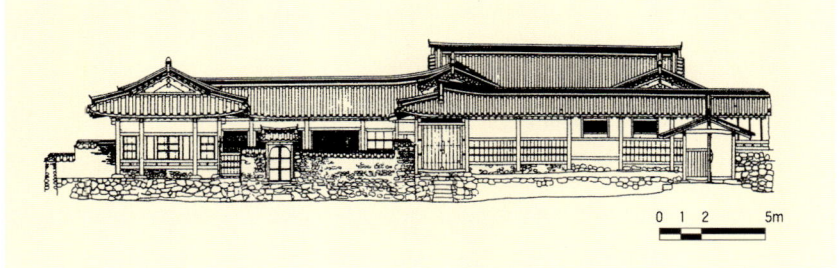

◤ 안동 번남댁 평면도 울산대학교 도면.
◤ 안동 번남댁 사랑채와 안채 입면도 울산대학교 도면.

씨 의인파의 씨족 마을이고, 섬마을은 도산서원이나 의인마을에 속한 소작인들의 마을이었다.[35] 1974년 안동댐 건설로 인해 의촌리의 저지대는 모두 수몰지구로 바뀌었고 대부분의 살림집들이 철거되어 현재는 의인마을의 일부 정도만 남아 있다. 울산공대 건축학과 팀에서는 수몰 직전에 마을과 살림집들의 상황을 실측조사하여 보고서로 간행한 적이 있다.

의인마을의 살림집 가운데 가장 큰 규모는 번남댁(樊南宅)이다. 이만윤이라는 인물이 1860년대 대원군 집정 시에 지은 집으로, 서울의 궁궐을 본떠

35_ 『안동댐 수몰지구 취락형태 현지조사 보고서: 의인-섬마을』, 울산대학교 건축학과, 1976, p.8.

번남댁 전경 의인마을의 살림집 가운데 가장 큰 규모로 조선 말기 대지주층 건축의 시대성과 계층성을 읽을 수 있다.

지은 것으로 전해온다. 원래는 99칸의 대규모였다고 하지만 6·25때 일부가 파손되어 현재는 50칸 정도가 남아 있다. 전면 행랑채의 육중하고 권위적인 모습이나, 뒤뜰에 설치된 든든한 벽돌 굴뚝의 모습에서 조선 말기 대지주층 건축의 시대성과 계층성을 읽게 된다.

6

목구조 형식의 시대사
봉정사

동아시아 건축의 목구조

목구조의 한계

중국, 한국, 일본을 잇는 동아시아 건축은 나무를 주재료로 사용해왔다. 재료는 구조 체계를 결정할 뿐 아니라 형태와 공간의 성격을 지시하며, 나아가 건축에 대한 인식 자체에 영향을 미친다. 흔히 언급되는 '동양 건축의 무상함'이란, 나무라는 재료가 갖는 비영구적인 성질 때문에 형성된 인식들이다.

목구조는 나무라는 재료의 성질 때문에 고유한 구조 체계와 형식을 만든다. 나무는 선線적인 재료다. 따라서 기둥과 보로 이루어지는 가구식架構式 구조를 이룰 수밖에 없고, 그 기본적인 단위는 4개의 기둥으로 만들어지는 한 '칸'이 된다. 또 나무 보는 나무의 종류에 따라 일정한 길이 이상을 구조재로 쓰지 못하는 한계가 뚜렷하다.

한국 목구조의 주재료인 소나무는 4m 이상 되는 것을 구하기 어려울 뿐더러 목질이 치밀하지 못해 그 이상이 될 경우 휘어진다. 이를 막기 위해 단면을 두껍게 하면, 자체의 하중이 지나치게 무거워진다. 따라서 1칸의 길이가 그 이상 되기가 어렵다. 반면 일본의 스기杉라는 재료는 목질이 치밀하며 곧고 긴 목재가 많아 1칸의 크기가 훨씬 커진다. 일본의 목조건물들이 한국에 비해 규모와 스케일이 커지는 이유는 일차적으로 목재의 성질 때문이다.

공포의 발생

목구조의 한계는 지붕틀의 구성에서 특히 두드러진다. 기와지붕의 하중을 지지하는 최초의 부재인 서까래의 경우 되도록 가는 부재를 사용해야 지붕의 하중을 줄일 수 있다. 동양 건축의 중요한 요소인 처마를 이루기 위해서는 서까래를 외벽 선 바깥으로 내밀어야 하는, 내민 보(cantilever beam)로 만들어야 하는데, 처마 부분의 지붕 하중을 지탱하기 위해서는 서까래가 굵을수록 안정된다. 이처럼 상충되는 요구 때문에 서까래의 단면 지름은 10cm 정도로 적정화된다. 따라서 웬만한 기와집의 처마는 1m 정도의 깊이를 가지며, 적정 단면의 서까래가 지탱할 수 있는 한계가 바로 이 정도 길이다. 그러나 대규모 건물일 때는 이 정도 깊이의 처마로는 적당하지 못하다. 건물의 규모가 커지면 당연히 지붕면도 커지고, 건물의 높이가 높아지면 처마의 깊이도 비례해서 길어져야 한다. 그래야 건물 전체의 비례를 맞출 수가 있기 때문이다. 또한 처마는 건물 벽면과 기둥에 직접 비가 들이치는 것을 막는 역할도 하는데, 높은 건물의 경우 한정된 처마 깊이로는 그 역할을 할 수가 없다. 대규모 건물에 맞는 깊은 처마를 만들기 위해서는 무언가 특별한 구조법을 필요로 한다.

트러스truss[01]를 기본으로 하는 서양 목구조와는 달리, 동양의 가구식 구조는 모든 부재들이 맞춤에 의해 결구되기 때문에 결구법에 따라 건물의 구조적 안정성이 크게 달라진다. 따라서 동양 목구조의 전개 과정은 근본적으로 결구법의 발전 과정이며, 새로운 건축이란 새로운 결구법의 발명과 직결되어 있다. 특히 지붕틀과 벽체의 틀이 만나는 부분은 아랫부분의 직교구조 체계와 윗부분의 사선구조 체계가 맞물리는 곳이기 때문에 더욱 단단한 결구법이 필요하다.

처마를 더욱 깊게 하려는 필요와 벽과 지붕 사이의 결구를 단단히 하려는 필요 때문에 발생한 것이 바로 공포栱包 또는 두공斗栱, 포작包作이라는 요소들이다. 공포는 기둥 상부와 지붕틀 하부(도리)를 붙잡아 매는 구조체이다. 서까래의 내민 길이는 한정되므로 처마를 깊이 할 수 있는 유일한 방법은 처마도리를 벽 선 바깥으로 내미는, 다시 말하면 서까래를 받치는 지점을 건

---

[01]_ 부재部材가 휘지 않게 접합점을 핀으로 연결한 골조 구조로, 지붕틀이나 보 사이(지점 사이의 거리)의 큰 보를 구성하는 데 사용한다.

물 벽으로부터 바깥으로 띄우는 것이다. 공포는 이러한 방법에 알맞도록 고안된 일종의 사장재이다. 중국 한漢나라 시절에 보이는 초기 공포는 이러한 구조적인 성격을 그대로 형태화하고 있다.

공포 형식이 건축 양식인가?

이처럼 공포는 동아시아 목조건축에 매우 중요한 요소임에 틀림없다. 공포의 종류에 따라 건물 구조의 계통 형식을 분류하는 것은 물론, 건물의 시대 구분까지 가능하게 한다. 그것이 갖는 계통성과 시대성 때문에 급기야 공포 형식은 곧 건축 양식 분류의 기준으로까지 확대되었다. 한국 목조건물은 주심포柱心包식, 다포多包식, 익공翼工식 등으로 분류되는 것이 일반화되었다.

"주심포양식이란 기둥의 상부(주심柱心)에만 공포를 갖는 것이고, 다포양식은 기둥 상부뿐 아니라 기둥과 기둥 사이(주간柱間)에도 공포를 쌓아 올리는 것이다. 익공翼工양식은 주심포가 간략화한 양식이다. 주심포양식은 고려 이전에, 다포는 고려 중기 이후에 중국으로부터 수입된 양식이고, 익공은 조선 초기에 국내에서 발생한 것으로 본다." 대략 이런 정도로 요약할 수 있다.

그러면 과연 구조의 부분적인 형식이 건축의 양식, 더 나아가 시대 구분의 기준이 될 수 있는 것인가? 물론 양식(style)이란 매우 폭넓은 의미를 갖는 개념어이므로 전혀 수긍 못할 것만은 아니다. 그러나 '시대적 양식'으로서의 양식이란 한 시대의 총체적인 건축적 패러다임으로서 구조 기법뿐 아니라 공간 형식과 형태 원리를 포함한 총체적인 건축관을 의미한다. 주심포와 다포 형식은 그 수입 시기가 다르다 할지라도, 조선시대에는 하나의 건축군 안에서 동시에 존재했기 때문에 적어도 시대적인 양식으로 규정할 수는 없다. 서양 고전건축의 도릭 오더Doric order, 이오니아 오더Ionic order, 코린트 오더Corinthian order 들은 건축 형식을 규정하는 매우 중요한 요소들이지만, 그것들을 양식이라 부르지는 않는다. 오더들은 동시에 존재하면서 선택적인 형식 규범으로 사용되었기 때문이다.

02_ 처마 끝의 무게를 받치기 위해 기둥 위에 짜 맞추어 댄 나무쪽들을 통틀어 공포라 한다. 이때 중심기둥에서 보를 받치거나 귄 모양의 부재를 살미라 하며, 그중에서도 살미가 새 날개 모양의 익공 형태로 만들어진 공포 양식을 말한다.

03_ 가장 오래된 도릭 오더는 직선적·남성적·장엄함이 느껴지며, 이오니아 오더는 고대오리엔트 세계의 영향을 받아서 여성적인 경쾌함과 우아함을 특징으로 한다. 코린트 오더는 가장 나중에 출현한 건축 양식으로, 아칸서스 잎을 묶은 것 같은 모양의 주두柱頭가 특징적이다.

한국 목구조의 원류인 중국의 경우에도 공포-중국에서는 두공斗栱-의 형식으로 건축 양식을 분류하지는 않는다. 그들은 공포를 결구법의 한 부분으로 취급할 뿐이며, 기술적인 분야로 간주한다. 그들의 분류는 건축의 총체적 성격에 따라 단좌單座건축과 조군組群건축으로 나누며,[04] 구조 형식은 대량식擡梁式, 천두식穿斗式, 정간식井幹式, 밀량평정식密梁平頂式[05] 등으로 우리와는 전혀 다른 분류법을 갖는다. 우리의 분류인 주심포양식과 다포양식은 모두 대량식 건축에 속하는 기법적 차원의 하위 분류일 뿐이다.

공포 형식을 건축 양식으로 확대 해석하는 버릇은 일제강점기에 전파된 일본식 분류에 기인한다. 일본인들은 그들의 건축을 공포-일본에서는 조물組物-의 형식으로 분류했다. 소위 천축양天竺樣과 당양唐樣 또는 대불양大佛樣과 선종양禪宗樣, 또는 마바라구미疎組 양식과 쓰메구미詰組 양식 등의 분류가 그것이다.[06] 분류의 정확성이나 명칭도 우스꽝스럽지만, 더욱 큰 문제는 공포 형식의 분류가 건축의 전부인 것같이 오도한 점에 있다. 적어도 한국의 건축은 건물 하나가 중요한 것이 아니다. 특히 사찰에서 건물 한 동은 하나의 내부 공간 즉 하나의 방에 불과하며, 그것들이 모여 건물군을 형성하고 외부 공간을 가져야만 형태도 공간도 성격을 갖기 시작한다. 일본식의 양식 분류는 내부 공간이 분화될 수 있는 거대한 단일 건물체를 갖는 일본 건축에 적합한 분류일 뿐이다. 한국건축에서 공포란 결구를 위한 선택적 구조 기법일 뿐이며, '건축적 성격'이 적용되지 않는다. 공포는 건축의 양식이 아니다. 건물의 구조 형식 혹은 기법일 뿐이다.

살아 있는 목구조 박물관, 봉정사와 개목사

봉정사鳳停寺에는 국보와 보물로 지정된 4동의 건물이 있다. 남아 있는 목조 건물 가운데 가장 오래되었다는 국보 15호 극락전, 보물 55호 대웅전, 보물 449호 고금당古金堂, 보물 448호 화엄강당華嚴講堂, 그리고 인근 개목사開目寺에는 보물 242호 원통전圓通殿이 있다. 이들은 각각 옛 법식의 주심포(극락

[04] 劉敦楨, 『中國古代建築史』, 中國建築工業出版社, 1984, pp.37~40. 단좌건축이란 건물군에서 중심이 되는 독립건물을, 조군건축이란 회랑, 정원 등과 같이 부속되는 건축을 말한다. 중국 건축은 건물 단위로 완결되지 않고 건물군으로 집합됨으로써 건축적 성격을 갖는다는 점을 저자는 명확히 인식하고 있다.

[05] 같은 책, pp.23~24. 대량식 건물은 '기둥+보'의 가구 단위를 첩첩이 쌓아 올려 넓은 기둥 간격을 얻는 방식이며 남아 있는 한국건축의 대부분이 여기에 속한다. 천두식은 지붕까지 올라가는 기둥들을 촘촘히 세우고 이들에 보를 관통시켜 일체화하는 방식, 정간식은 목재를 길이로 층층이 쌓아 올린 이른바 귀틀집 방식, 밀량평정식은 대들보를 촘촘히 깔아 일종의 목조 바닥판을 만드는 방식이다.

[06] 김동현, 『한국 목조건축의 기법』, 도서출판 발언, 1995, p.48. 일본 학자들은 한국 목구조를 그들 식의 분류에 꿰어 맞추어, 주심포계를 천축양-대불양-마바라구미 등으로 불렀고, 다포계를 당양-선종양-쓰메구미 등으로 분류했다. 천축양과 당양은 그 발생지가 인도와 당나라라고 오판했기 때문에 붙여진 이름이고, 대불양은 도다이지東大寺 대불전에 사용된 양식이라는 의미로, 선종양은 선종 계통의 사찰에 자주 사용되었다는 의미로 붙여진 명칭이다.

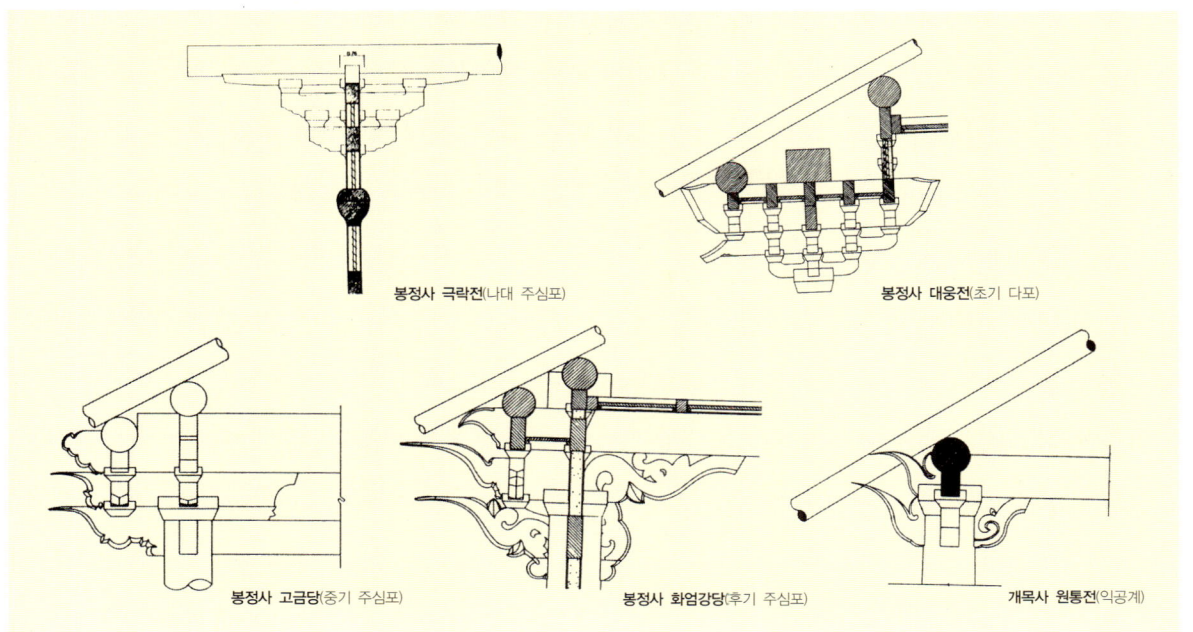

봉정사와 개목사 건물들의 공포 형식

전), 초기의 다포(대웅전), 중기의 주심포(개목사 원통전), 후기의 주심포(화엄강당) 혹은 익공계(개목사 원통전), 그리고 후기 다포계와 익공계(덕휘루德輝樓와 승방인 무량해회無量海會)의 공포 형식을 가지고 있다. 한국 목조 공포 형식의 종류 거의가 하나의 사찰 안에 진열되어 있는 것이다. 목구조 혹은 공포 형식에 관심이 있는 건축인들에게는 빠뜨릴 수 없는 성지다. 또한 이들을 통하여 고려 중기(극락전, 12~13세기), 고려 말~조선 초기(대웅전, 14세기 말), 조선 초기(개목사 원통전, 1457년), 조선 중기(고금당과 화엄강당), 조선 후기(덕휘루)의 시대적 특성들을 살펴볼 수 있다. 우연의 일치인지는 몰라도 한 사찰 안에 모든 구조 형식과 시대별 사례가 집적되어 있는 유일한 장소이며, 단순히 진열된 것이 아니라 나름대로 역사적 사연을 가지면서 서로 관계를 맺은 살아 있는 목구조 박물관인 셈이다.

하나의 구조적 형식은 도입되어 쇠퇴할 때까지 '형식의 실험→전형의 정착→형식의 절충과 변형→퇴화' 하는 이른바 양식적 변천 과정을 겪는다. 봉정사의 건물들을 비교해보면 이 과정을 실감나게 확인할 수 있다. 공포의 기능만 하더라도 초기에는 구조적인 필요에서 발생하였지만, 차츰 장식적 욕구가 증대되어 구조적 실험보다는 부재의 형태가 장식화되고 표현화하는 과정을 겪게 된다. 극락전이나 대웅전에서 구조적인 형상을 발견할 수 있다면, 화엄강당에서는 공포가 얼마나 강력한 형태 요소로 쓰였는지 쉽게 포착할 수 있다. 또한 초기의 규범적이고 절제된 형식이 후기에는 다른 계통의 요소들을 도입하여 형식들 사이에 절충되는 현상을 발견할 수도 있다. 봉정사의 건물들을 관찰할 때는 이러한 관점에서 서로를 비교하고 변화의 양상을 포착하는 것이 매우 중요하다.

그러나 봉정사의 건축적 가치는 여기서 그치지 않는다. 누하 진입의 전형적 장면을 연출하는 덕휘루, 대웅전과 극락전 두 영역의 구성과 공간 연결 방법, 지형에 대한 적극적인 해석, 그리고 무엇보다도 절 동쪽 산록에 있는 보석과도 같은 영선암靈仙庵의 존재. 목구조로서의 역사를 더듬어보면서 아울러 살펴보아야 할 귀중한 대상들이다.

봉정사의
역사와 환경

안동 천등산의 역사 환경

봉정사는 경북 안동시 서후면 태장동, 천등산 남쪽에 위치한다. 안동은 조선 유학의 중심지로 수많은 명문 족벌들, 뛰어난 학자들, 정치인들을 배출해온 곳이다. 과거뿐 아니라 해방 후 20세기 한국 사회의 지배세력을 형성한 이른바 TK(대구경북 세력)의 핵심은 안동 출신들이라 해도 과언이 아니다. 과거 이 지역의 지배층들은 정치와 치부에만 편협한 인물들이 아니라 학문과 문화예술에도 조예가 깊어서 수많은 의미 있는 영조활동을 지속했다. 안동을 중심으로 한 봉화, 영주, 의성 지역은 한국건축 연구의 가장 중요한 지역으로 꼽힌다.

봉정사가 위치한 서후면과 천등산 자락만 하더라도 수많은 대규모 살림집과 몇 개의 중요한 사찰건축들, 정자들, 그리고 매우 중요한 재실들이 남아 있다. 이 지방이 역사적으로 각광을 받기 시작한 때는 후삼국 시기였다. 이 지역의 병산瓶山에서 왕건과 견훤군 간의 중요한 전투가 있었는데, 이 고을 사람들인 김선평金宣平, 권행權幸, 장길張吉이 주동하여 왕건군에 가담함으로써 전멸 직전의 왕건군이 기사회생할 수 있는 전기를 마련해주었다. 각 지방의 호족들을 잘 이용한 왕건의 정치술이기도 했다. 결과적으로 고려 건국에 중요한 전공을 세운 3인은 태사太師로 봉해졌고, 안동의 명문가로 성장하였다. 김 태사의 묘는 천등산 동쪽 4km에, 권 태사의 묘는 남쪽 4km에, 장 태사의 묘는 서쪽 4km에 안치되었다. 그만큼 천등산은 안동의 역사가 시작된 곳으로 여겨졌고 중요한 기념 장소들이 조성되었다. 봉정사 삼거리에서 봉정사로 진입하기 직전 동쪽에 태장재사台庄齋숨가, 서후면 소재지 쪽 언덕 너머 능골에 능동재사陵洞齋숨가, 그리고 면소재지에서 깊숙이 장태사재실이 위치한다. 또 능동재사 위쪽에는 하회 류씨들의 재실인 숭실재崇實齋가 위치한다. 태장재사, 능동재사, 숭실재는 조선시대 재실건축으로는 매우 큰 규모이며, 아직 알려지지 않은 재실건축 특유의 기념성을 잘 보여준다.

비운의 개혁군주 공민왕과 봉정사

안동이 다시 한번 각광을 받은 때는 1361년 홍건적의 난을 피해 고려 공민왕이 이 지방에 피난을 오면서부터다. 피난 온 임시정부를 지방민들이 극진히 접대하여, 난이 평정된 후에도 2년을 더 머물다가 1363년에야 개경으로 돌아갈 정도였다. 이후 안동은 대도호부로 승격되어 정부의 혜택을 받았고, 1383년에는 안동도安東道로 승격되는 최고의 영광을 누리기도 했다. 피난 당시 안동과 상주에는 임시 수도의 격에 걸맞은 영조활동이 성행했으리라 짐작되지만, 기록이나 유구로 남아 있는 것은 발견하기 어렵다. 그러나 유독 봉정사에는 공민왕과 관련된 구전이 많다. 1363년에 극락전 지붕을 수리했다는 기록이 있고,[07] 조선 초의 것으로 알려진 대웅전은 고려 말 공민왕 시절에 지어진 것이라는 주장이 대두되고 있다.[08] 또한 대웅전 앞의 중문이었던 진여문眞如門의 현판이 공민왕의 친필이라는 설도 있다.[09] 이들 정황에 따르면 공민왕 피난 시기에 봉정사는 일대 중흥을 맞이하여, 기존의 극락전을 중수하고 새로이 대웅전과 그 일곽을 신축하여 현존의 구성 틀을 만든 것으로 추정할 수 있다. 이 시기의 봉정사는 왕실의 사찰로 승격되어 대대적인 확장이 이루어졌다고 볼 수 있다.

봉정사 중창과 깊은 관련이 있는 공민왕은 어떤 인물인가? 그가 왕위에 오른 1351년은, 1259년부터 시작된 몽골족 원元나라의 고려 지배가 시작된 지 1세기에 가까워오던 해다. 그의 등극은 오래된 관습대로 원의 지명에 의해 이루어졌고, 기철奇轍 일파의 친원파 세력이 전 국토의 부를 나누어 가지

[07] 「極樂殿上樑文」.
[08] 봉정사 측의 최근 주장. 대웅전 수미단에 모란꽃이 조각되어 있고, 대웅전 상부 닫집에는 5개의 발톱을 가진 용이 그려져 있다. 모란꽃이 불교 장식으로 등장하는 시기는 고려 말이라는 주장이다. 또한 중국의 용은 5개의 발톱을 갖지만, 한국의 용은 3개의 발톱을 갖도록 규범화되어 있는데, 강력한 반원정책을 시행하던 공민왕 대에만 주체성의 상징으로 5개 발톱을 갖는다는 것이다.
[09] 「安東鄕土誌」.

고 있을 때였다.[10] 공민왕은 재위 기간 내내 반원투쟁을 통한 자주성 회복과 친원 권문세족의 척결을 통한 왕권강화를 정치의 기조로 삼았다. 즉위 5년에 대대적으로 친원파들을 처단하고, 이제현李齊賢 등 개혁적 지식인 세력과 최영崔瑩·이성계 등 신흥 군벌 세력을 강력한 지지기반으로 삼았다. 또한 대사면과 부정축재자 처벌, 지방관서의 정상화, 전국 수송체계의 복원 등 과감한 내정개혁을 실시하였다.[11]

그러나 개혁의 가도는 순탄하지 못했다. 식민통치 1세기 동안 형성된 권문세족들은 강력한 정치적·경제적·인적 기반을 무기로 사사건건 방해를 했고, 몇 차례의 국왕 암살을 기도하기까지 했다. 원나라 역시 친정오빠의 숙청에 앙심을 품었던 기황후의 충동질로 공민왕을 해임하기도 했고,[12] 홍건적의 침입은 개혁가도에 결정적인 장애가 되었다. 또한 개혁의 강력한 지지자이며 정신적 힘의 근원이었던 노국대장공주魯國大長公主가 서거함에 따라 공민왕의 개혁의지는 풀이 꺾이고 말았다.[13] 1373년 내시 세력을 앞세운 구귀족들에 의해 비참하게 살해됨으로써 외로운 생애를 마감하였고, 그의 개혁적 이상도 완전히 괴멸하고 말았다. 공민왕의 죽음은 고려 사회의 모순을 더욱 극대화시켰고, 공민왕의 후원으로 성장한 신흥 지식인 그룹과 군벌들의 연합 세력이 조선왕조를 열게 되었다.

공민왕은 또한 뛰어난 예술가였다. 그가 그린 그림으로 현존하는 〈노국대장공주진〉魯國大長公主眞(실물 초상화), 〈천산대렵도〉天山大獵圖, 〈석가출산상〉釋迦出山像 등은 대단한 화가로서의 면모를 보여준다. 뿐만 아니라 당대의 명필로도 이름이 높았다.[14] 당대의 석학이며 공민왕의 충복이었던 이제현 역시 〈기마도강도〉騎馬渡江圖를 남기고 있다. 예술적 교양은 고려 지식층이 가져야 했던 덕목이었으며, 그러한 대중적 기반 위에서 고려의 조형예술은 꽃을 피웠던 것이다. 강력한 개혁군주이며 뛰어난 예술가였던 공민왕이 임시 수도에서 봉정사를 중창했을 가능성은 매우 높다. 봉정사에 면면히 흐르는 조형적 견고함과 당당한 기품은, 그리고 약간은 비장한 아름다움은 공민왕의 예술혼이 아닐까?

10_ 기철의 여동생은 원나라 황실의 궁녀로 들어가 천자 순제順帝의 제2황후를 거쳐 마침내 정실황후가 되었다. 고려 국왕이 원 황실의 사위임을 감안한다면, 기황후의 오빠인 기철은 고려 국왕의 외삼촌이 되는 셈이다. 친원파 권겸, 노정 등도 덩달아 누이와 딸들을 원나라 황실에 바쳐 석기, 손수경 등과 함께 강력한 친원 집단을 형성하게 된다. 공민왕이 즉위할 당시 고려의 정치적·경제적 실세는 이들 친원파들이었고, 왕은 형식적인 대표자였을 뿐이다.

11_ 『高麗史』, 卷三十九, 世家 恭愍王 五年 五月.

12_ 1363년 원 황실은 공민왕을 폐위하고 친원 앞잡이들을 충동하여 고려의 국경을 침략하기도 했다. 이후 최영과 이성계의 무공에 패전한 뒤, 하는 수 없이 공민왕을 고려 국왕으로 재인준하기도 했다.

13_ 노국대장공주는 원나라 제후의 딸로 공민왕이 20세 때 정략결혼했다. 그러나 왕 부부의 애정은 각별하였고, 반원 정치의 선봉에 나서 공민왕을 격려했던 개혁의 정신적 지주였으나, 1365년 산고产품으로 별세하고 말았다. 이후 공민왕은 개혁 의지가 약화됨은 물론 정신적 방황을 거듭하여 신돈 일파에게 정치를 맡기고 그림과 퇴폐생활로 도피하고 만다. 공민왕의 암살 역시 그의 변태적 애정행각이 빌미가 되었다. 왕비의 죽음 이후 황폐화된 사생활, 친위 세력의 발호, 친위 세력에 의한 암살, 사후 더욱 극심한 정치·사회적 혼란 등은, 유신시대 박정희 대통령의 말년을 보는 것 같다.

14_ 이제현은 『익재난고』益齋亂藁에서 공민왕의 웅장한 글씨에 대해 이렇게 비평하고 있다. "천 년이나 곧게 자란 나무를 찍어서 지은 집같이 필력이 굳세고 웅후하여 그 기품이 천지를 비추어 가득하게 한다."

봉정사의 창건과 중창

봉정사 창건에 대한 전래 기록은 극히 미약하다. 창건주가 의상義湘이라는 설과 능인能仁이라는 설이 전하는데, 여러 가지 정황으로 보아 능인 창건설이 더욱 신뢰할 만하다. 능인은 의상의 10대제자 중 한 명으로, 유명한 표훈表訓과 함께 금강산에 표훈사表訓寺를 창건한 인물이다. 능인이 이 산의 굴 속에서 수도하고 있을 때 옥황상제는 하늘의 등불을 내려보내 굴을 밝혀 수행을 도와주었다. 그래서 천등산天燈山이 되었다. 672년 능인이 수도를 마친 후 종이로 봉황을 만들어 날렸더니 지금의 봉정사 자리에 앉았고, 그가 이 자리에 절을 창건하니 봉황이 머무른 절(봉정사鳳停寺)이 되었다. 도교적 설화로 가득 찬 초창기 불교에 얽힌 전설이다.

창건 당시에는 지금의 극락전 일곽의 작은 암자 정도였을 것이다. 현재 극락전 서쪽의 고금당古金堂은 승방이지만 '옛 금당'이란 뜻으로 창건 당시의 암자 정도 규모를 말하는 것은 아닐까? 현 극락전은 고려 말에는 대장전大

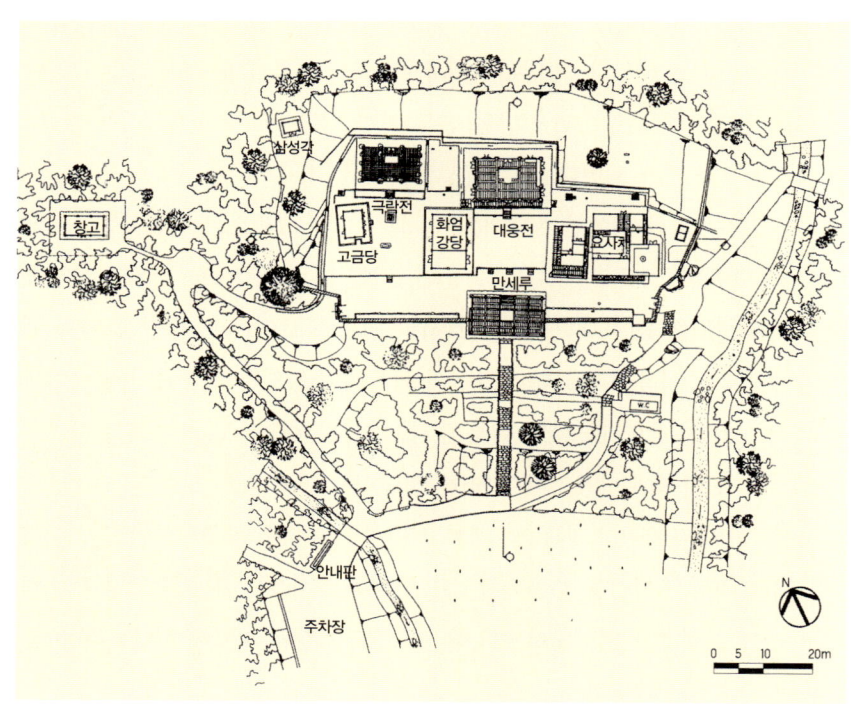

봉정사 현황 배치도 문화재연구소 도면.

藏殿이라고도 하여 불경을 보관하는 법당으로 기능을 했던 것 같다.[15] 그러나 일반적인 대장전에 봉안된 불상이 아미타불인 점으로 보아 극락전의 다른 이름일 뿐이라고 추정된다.[16]

공민왕의 중창을 사실로 받아들인다면, 1363년 극락전을 중수할 때 대웅전 영역을 확장하여 현재와 같이 전체를 구성한 것으로 볼 수 있다. 대웅전의 안정된 비례와 웅건한 구조는 뛰어난 안목 없이는 불가능하며, 극락전은 이에 비하면 건축적인 완성도가 부족한 건물이다. 다시 말하면, 극락전 정도의 건물이 섰던 산골 사찰에 누군가 안목과 재력을 가진 이가 나타나 대웅전 일곽을 창건·확장했을 것이며, 그 누군가가 바로 공민왕이었다고 추정한다. 인근 개목사 위에는 개목산성이 남아 있다. 고려 후기의 솜씨가 확실한 이 산성 역시 공민왕 피난 시절에 축조한 것이어서 공민왕의 봉정사 중창설은 더욱 근거를 갖는다.

고려 말 이후 조선 초의 기록은 전혀 나타나지 않는다. 단지 1516년 퇴계 선생이 봉정사에 묵으면서 공부하던 시절, 절 앞의 낙수대落水臺에 자주 놀러 갔다고 스스로 기록했을 뿐이다. 그러면서도 봉정사에 대해서는 일체 언급이 없다. 불교에 대한, 물질적인 구조물에 대한 도학자의 철저한 무관심을 보여주는 대목이다.

후지시마의 배치도

1625년과 1809년에 대대적인 중수를 한 사실이 전하고, 일제기에 후지시마 가이지로藤島亥治郎 박사가 봉정사를 답사한 후 작성한 조사기와 배치 약도가 기록되어 있다.[17] 그가 전해주는 봉정사의 모습은 지금과는 많이 달랐다.

극락전 앞에는 우화루雨花樓라는 7칸짜리 기다란 건물이 세워져 극락전의 영역을 폐쇄했다. 명칭은 누각이지만 아마 솟을대문이었을 것으로 보이며, 사대부 집의 행랑채와 같은 모습이었을 것이다. 대웅전 앞에는 3칸짜리 진여문眞如門이 세워져 역시 대웅전 마당을 감싸고 있었다. 다시 말해서 덕

15_ 「極樂殿上樑文」.
16_ 『한국의 고건축―11호』, 문화재관리국 문화재연구소, 1989, p.18.
17_ 『東洋美術』 復興 第16號, 1934. 11.

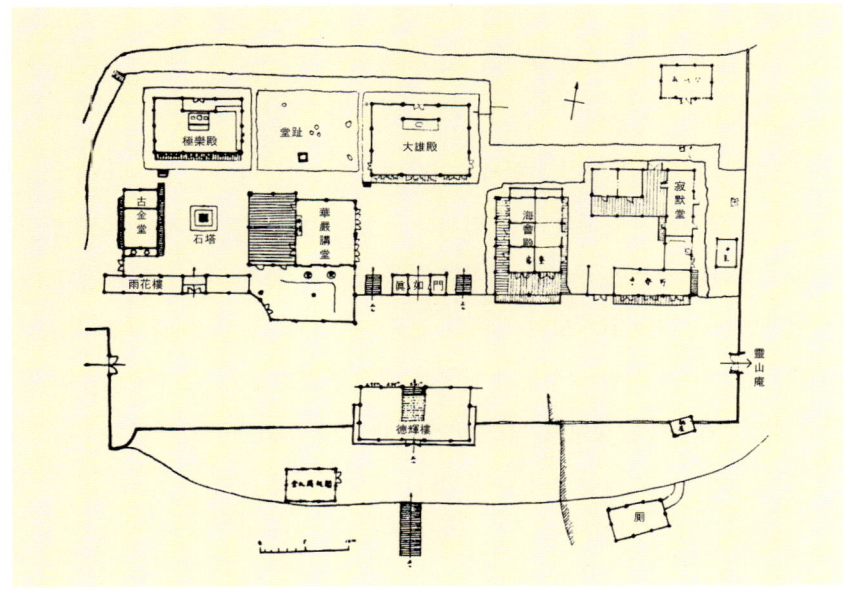

▷ **1930년대 봉정사의 배치 약도**
후지시마 도면.

휘루가 전체 사찰 영역의 입구였고, 이 밑을 통과해 들어오면 본전本殿들은 보이지 않고 진여문과 우화루의 폐쇄된 입면만 볼 수 있었다. 덕휘루 앞의 좁고 긴 마당은 마치 외부의 복도와 같이, 두 문간채들을 연결하는 외부 공간(corridor space)으로 설정된 것이다. 조선 후기 기록에 "절의 앞에는 대臺가 있고, 뒤에는 각閣이 있고 옛 법당과 새 법당이 있다"[18]고 했는데 대는 낙수대를, 각은 우화루의 행각을, 옛 법당은 극락전을, 새 법당은 대웅전을 말하는 것으로 보인다.

건물들은 서로 연결되어 이동에 편리하도록 했다. 극락전 앞에도 대웅전과 같이 툇마루를 달았고, 고금당도 앞뒤 모두에 툇마루가 있었다. 고금당과 우화루와 화엄강당은 모두 연결되어 극락전 마당은 매우 강하게 폐쇄되었고 대웅전 영역으로부터 독립적이었다. 화엄강당은 지금보다 부엌 부분이 확장되었고, 극락전 쪽으로 4칸 마루방이 가설되어 있었다. 이러한 극락전 일곽의 모습은 승려들의 수도생활을 위한 산중 암자와 같은 구성법으로, 대웅전 일곽이 일반 신도들을 위한 공간이라면 극락전 일곽은 승려들의 수도생활을 위한 공간이라 할 수 있다.

18_ 『天燈山鳳停寺記』, 1728년.

제3공화국의 해체와 복원

후지시마 당시의 사찰 구성이 지금과 같이 변화된 때가 언제인지는 확실치 않다. 다만 1962년에 보수하고, 1972년에 해체수리할 때 불필요한 부분이라 하여 철거한 것이 아닌가 추측할 뿐이다. 최근의 일임에도 불구하고 정확한 변화를 알 수 없는 이유는 1972년 허체수리할 때 기록이 남아 있지 않았기 때문이다.[19] 극락전 일곽의 변화에 대해서 '복원'이라고 강변하겠지만, 부속건물들이 ㄷ자로 연결되고 법당이 독립된 극락전 일곽의 옛 모습은 안동 일대 사찰들에서 흔히 볼 수 있는 구성법이다.[20] '복원'이라는 보존 방법을 적용할 때는 복원의 기준 시점을 설정해야 한다. 봉정사 창건 때를 말하는 것인지, 극락전이 세워진 13세기인지, 아니면 고금당이 중건된 17세기인지. 뚜렷한 근거 없이 과거의 기준 시점을 설정하는 것은 명백한 잘못이다. 정확히 알 수 없

[19] 1972년 해체수리 당시에는 조사보고서가 작성되지 않았고 실측 도면들만 작성되었다. 『봉정사극락전수리공사보고서』鳳停寺極樂殿修理工事報告書(문화재관리국 문화재연구소)는 20년이 지난 1992년에야 발간되었고, 보고서 필진들도 당시 참여자들이 아닌 젊은 연구자들이었다.

[20] 대표적으로 봉정사와 같은 서후면에 소재하는 광흥사廣興寺의 경우를 보라.

봉정사 극락전 고려시대 외관으로 복원된 모습이다.

으면 현재의 상태를 유지하는 것이 보존의 기본인데, 1972년도 수리공사에서는 이를 과감히 무시하고 있다. 복원의 근거라도 기록해야 했는데 하다못해 기존 배치도 한 장 남겨놓지 않았으니, 당시의 무지와 졸속에는 두 손을 들 수밖에 없다.

당시의 복원공사는 극락전을 해체수리하면서 병행된 공사였을 것이다. 후지시마가 본 극락전의 모습도 지금과는 매우 달랐다. 전면에 툇마루가 깔린 것은 물론, 앞면 전체에 창호지를 바른 살창문이 달려 있었다. 다행히 이때의 모습을 실측한 도면이 지각 간행된 보고서에 실려 있다. 그러나 조선시대 후기에 필요에 따라 이처럼 바뀐 것으로 판단하였고, 극락전 창건 당시로 추정하는 지금의 모습으로 복원하였다고 한다. 이 이유는 어느 정도 설득력을 갖는다. 그러나 우화루와 진여문을 없애서 두 마당이 개방되어버렸고, 덕휘루를 조성할 당시의 공간 구성 개념이 사라져버린 점은 너무나 애석하다. 또 부엌칸이 없어져 불구가 되어버린 고금당의 모습이나, 형식적 틀에 맞추어 복원된 화엄강당은 '복원'의 피해가 얼마나 심각해질 수 있는지를 보여준다.

1970년대 이른바 '한국적 민주주의'의 시대, 군사정권의 철권통치는 문화재 보존에도 예외가 없었다. 충무공의 생가 자리에 급조된 현충사를 만들어 '민족의 성지'로 삼는다든가, 강화도 전적지戰蹟地에 콘크리트 한옥을 만들고 계란색 단청을 입혀 위장된 한국적 전통을 고취하던 시대였다. 극락전

봉정사 전체 횡단면도 문화재연구소 도면.

복원공사는 이때 시행되었다. 극락전 자체의 복원은 그나마 의의가 있지만, 부속건물들의 철거는 곧 전체 공간의 파괴였다. 문화적 영웅주의와 쇼비니즘 chauvinism이 빚어낸 복원이라는 이름의 파괴였다. 개혁군주 공민왕은 산골 암자 봉정사를 웅휘한 기상의 예술적 장소로 발전시켰지만, 개발독재자 박정권은 건축은 파괴하고 건물만 남겨놓았다.

지형과 교리의 병렬형 구성

봉정사가 처한 지형은 부석사와 대조적이다. 부석사가 넓고 깊은 형국의 터에 자리를 잡았다면, 봉정사는 작고 얕지만 옆으로 긴 형국에 자리를 잡았다. 따라서 봉정사는 대웅전과 극락전 두 영역을 나란히 배치한 병렬형으로 구성되었다. 부분적 영역들을 깊이 있게 중첩시킨 부석사의 종심형終心型 구성과는 다르며, 그 차이는 지형적 차이에 기인한 것이다.

앞서 말한 대로 창건 때는 극락전 일곽만 조성되었다가 고려 말에 대웅전 일곽이 확장되었다. 사찰을 확장하는 건축적 방법은 여러 가지다. 봉정사와 같이 하나의 영역을 더 만들어 사찰을 확장하는 방법이 있는가 하면, 법주사와 같이 기존 축과는 다른 또 하나의 축선을 설정하여 확장하는 방법도 있다. 새로운 영역을 부가하는 방법은 아미타신앙 계통의 사찰에서 흔히 볼 수 있는 방법이다. 특히 서쪽에 극락전 일곽을, 동쪽에 대웅전 일곽을 배치한 것

↘ **봉정사 전체 종단면도** 문화재연구소 도면.

은 '동 석가, 서 아미타'의 교리에 충실한 표현으로 볼 수 있다. 봉정사의 창건주 능인能仁은 화엄학의 시조인 의상의 직계 제자이다. 또 봉정사의 중요한 건물인 화엄강당의 명칭으로 보아도 이 절은 화엄종 계통의 사찰이었음에 분명하다. 그러나 화엄종찰인 부석사가 아미타신앙에 근거해 건축되었듯, 봉정사 역시 아미타신앙에 근거한 화엄사찰로 창건되었다고 추정할 수 있다.

두 영역의 차이

공민왕 중창 당시 대웅전을 신축한 것으로 보아 조계종으로 종파가 바뀌었을 가능성이 크다. 경사지를 여러 단으로 잘라 구성한 진입부의 처리라든가, 덕휘루를 세워 누하 진입을 유도한 기법 등이 조계종 계통의 사찰에서 주로 사용하는 방법들이다. 종파가 어찌되었든 아미타신앙의 전통은 계속 지켜졌던 모양이다. 대웅전 일곽을 새로 건축함으로써 봉정사의 주 영역은 극락전에서 대웅전 쪽으로 이동하였다. 두 영역의 구성 방법은 사뭇 다르다. 주 영역인 대웅전 일곽은 좌측에 승방을, 우측에 화엄강당을 비교적 직교체계에 맞추어 배치하였고 좌우 건물들은 비교적 규모가 크다. 따라서 대웅전 마당은 폐쇄도가 높고 규범적으로 구성된다. 반면 극락전 일곽은 소규모의 고금당과 화엄강당 뒷면으로 이루어지며, 고금당은 극락전과는 비틀어진 각도로 배치되어 마당은 사다리꼴로 형성된다. 또 고금당의 스케일이 작아서 뒤쪽 언덕이 중첩되어 다가오며, 그 위에 있는 삼성각까지 영역의 확장이 이루어진다. 대웅전 일곽이 규범적이라면, 극락전 일곽은 유기적으로 구성되었다고 할 수 있다.

봉정사 투상도 김봉렬 도면.

▷ **대웅전과 극락전** 두 영역을 묶어주는 덕휘루 뒤의 외부 복도

앞서 말한 대로 두 영역 모두 전면에 부속 건물들이 있어서 독립적이었으나, 해방 이후 철거되어 현재와 같이 앞이 터진 모습으로 남아 어딘가 미완인 듯한 구성을 보인다. 그러나 두 영역과 덕휘루 사이의 얕고 긴 마당의 구성은 주목할 만하다. 또한 경사진 단들과 결합되어 있는 덕휘루의 구성 역시 예사로운 것은 아니다. 사찰 터를 거의 평지로 다듬으면서 생긴 석축의 경계에 누각을 걸쳐서, 반은 누마루로 반은 뒤편 마당과 수평을 이루는 마루면으로 기능하게 된다. 덕휘루의 존재 때문에 진입해서 다시 올라온 길을 뒤돌아보게 하는 위상기하적 공간이 구성된다.

구조 형식으로 본
건물들

가장 오래된 고려시대의 평균작

'한국 최고最古의 목조건물', '고려시대의 대표작', '전통적 주심포양식의 유일한 예' 등은 봉정사 극락전에 으레 따라다니는 수식어들이다. 가장 오래되었다는 수식은 '현존하는 건물들 가운데'라는 전제가 생략된 표현이다. 1363년에 지붕을 수리했다는 기록이 발견되었기 때문에, 적어도 이보다 150년 전인 13세기 초에는 창건되었을 것으로 추정한다. 그래서 가장 오래되었다는 표현은 틀리지 않다.

그러나 고려시대의 대표작이라는 수식은 잘못된 표현이다. 극락전의 외관을 보면 알겠지만, 매우 소박하고 구조 체계가 과잉되게 설계되었다. 내부 공간이라 부를 것도 형태 구성이라 할 것도 없이 단지 희소가치만 돋보일 뿐이다. 현재 남아 있는 고려시대 건물이 남북한을 통틀어 10점을 넘지 못하기 때문에 과도한 가치를 부여하고 있지만, 당대의 기준으로 따지자면 강릉의 객사문은 지방군청의 정문일 뿐이고 은해사銀海寺 거조암居祖庵 영산전靈山殿은 판본 창고로 사용하던 건물이다. 봉정사 극락전은 지금으로 말하면 산골 농촌에 세워진 함석교회라고나 할까?

부석사와 수덕사는 예외적이지만, 지금 남아 있는 고려 건물들은 그 시대를 대표한다기보다는 매우 대중적인 평범한 건물들이다. 대표작들은 당연히 고려의 수도였던 개성 지방에 집중적으로 분포했을 것이다. 현존하는 고려 건물들은 그 건축적 가치 때문에 보존된 것이 아니라, 대부분 너무 외진 곳에 있다거나 하여 전란의 피해를 입지 않아 우연히 남겨진 것들이다. 그러나 역으로 산골에 지어진 초라한 교회, 창고, 대문들이 이처럼 견실하고 세련되었다면, 고려시대 건축의 문화적 깊이와 기술적 완벽함을, 그리고 예술적 완성도를 능히 짐작할 수 있다.

극락전, 신라계 주심포형식의 반영

극락전은 무엇보다도 특이한 구조 방식 때문에 많은 연구의 대상이 되어왔다. 극락전에 적용된 구조법은 남아 있는 것 가운데 유일하기 때문이다. 결론부터 말하자면, 극락전은 신라시대부터 지속되어 온 전통적인 구조 방식을 따르고 있는 유일한 건물이다. 이 건물은 주심포형식의 공포를 갖는다. 그러나 부석사 무량수전이나 수덕사 대웅전의 주심포형식과는 전혀 다른 계통의 형식이라는 점이 문제가 된다. 공포와 지붕 틀을 구성하는 부재들의 형태와 결구 방식에서 차이가 나기 때문이다. 두 계통 형식의 차이를 설명하자면 세부적이고도 전문적인 용어가 동원되어야 한다.

예컨대 봉정사 극락전은 보뺄목[21]의 끝머리를 직절直切[22] 했다든가, 주두柱頭[23] 굽의 단면이 굽받침[24] 없이 곡선을 이룬다든가 하는 차이들이다. 더 자세한 서술은 상당한 기초지식이 필요하기 때문에 생략하겠으나, 봉정사 극락전의 공포 형식이 부석사나 수덕사보다 오래된 형식임은 확실하다. 부석사나 수덕사 이후의 형식이 고려 중기에 중국 남부로부터 수입된 새로운 구조 형식이라 한다면,[25] 봉정사 극락전의 주심포형식은 신라시대부터 사용되어왔던 오래된 형식이다. 이를 일컬어 나대羅代 주심포라 부르고 부석사 이후의 것을 여대麗代 주심포라 구별 지어 부른다.[26] 신라시대의 주심포형식으로는 유일하게 현존하는 사례로 대단한 희소가치를 가진 집이다.

극락전에서는 이후의 건물에서 볼 수 없는 독특한 부재들을 발견할 수 있다. 주심포와 주심포 사이에는 山자 모양의 소위 낙타혹(타봉駝峯)형 화반이 결구되었다. 고구려 고분에 자주 등장하는 人자대공이 변형된 것으로 추정하

21_ 대들보가 건물 외벽 바깥으로 튀어나온 경우, 그 부분의 명칭.
22_ 몇 개의 짧은 직선으로 끊어서 가공하는 기법.
23_ 기둥머리에 놓이는 목침과 같이 생긴 부재.
24_ 주두 아래 끝이 튀어나온 얇은 몰딩.
25_ 김정기, 『한국목조건축』, 일지사, 1982, pp.37~39.
26_ 김동현, 『한국 목조건축의 기법』, 도서출판 발언, 1995, p.50.

기도 한다. 종도리를 양옆에서 받치는 솟을합장재도 이후의 것들과 차이가 나는 오래된 법식을 보여준다.

극락전의 구조 체계는 천두식인가

공포 형식의 차이보다도 더욱 주목해야 할 것은 극락전의 전체적인 구조 체계이다. 매우 작은 집임에도 불구하고 7m 정도의 측면에 5개의 기둥을 세웠다. 결과적으로 측면은 4칸이 되어 3칸 정면보다 칸수가 많아지는 기형적인 칸살이 구성을 한 것이다. 측면 1칸의 길이는 불과 1.75m 정도다. 또한 기둥의 구성법도 판이하다. 가운데 높은 기둥을 종도리까지 올리고 그 옆에 중간 기둥을, 그리고 양 끝에 낮은 기둥을 세운 후 3단의 수평재를 걸어 기둥 사이를 잡아맨다. 기둥 상부에는 7개의 도리(처마도리까지 포함하면 총 9개)를 걸고 다시 도리들 사이를 경사진 합장부재들로 연결했다. 이렇게 수많은 수직, 수평

봉정사 극락전 구조 대들보 위에 놓인 낙타혹 모양의 작은 기둥을 주목하시길.

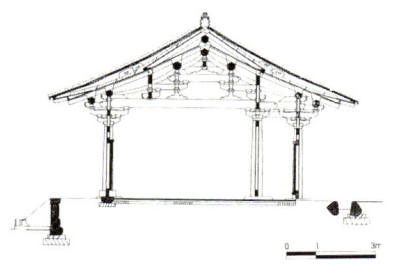

↗ **봉정사 극락전 측면** 규모에 비해 구조 요소들이 과도하게 표현되었다.

↗ **봉정사 극락전 단면도** 문화재연구소 도면.

사장재들이 결구된 양측면은 마치 견고한 내력벽耐力壁과 같이 구성된다. 여기에 지붕을 얹고 내부 공간을 구성한다. 이러한 구조 체계는 다른 건물들과는 확연하게 다른 계통으로 보아야 한다. 아직 이 점에 대해서는 누구도 주목하지 않아서 정설은 없지만, 필자의 독단으로는 극락전의 구조 체계가 중국 건축의 천두식 구조의 영향을 받은 것으로 추정한다. 중국식의 분류를 따르자면 극락전을 제외하고 현존하는 한국 목구조는 전부 대량식 구조이다. 극락전이 고려 중기 이전의 전통적인 형식이었다고 한다면, 당시에는 우리가 흔히 생각하는 대량식 구조뿐 아니라 천두식 구조의 건물도 많이 존재했었다는 단초를 찾을 수 있다. 이렇게 되면 한국의 목조건축을 공포 형식에 따라 분류하는 것은 큰 의미를 잃을 수밖에 없다. 구조 형식은 구조 시스템에 의해 분류하는 것이 합당한 방법일 것이다.

내부 공간은 전돌을 깔고 불단을 형성해 고려시대 불전의 내부를 여실히 보여준다. 정면 가운데 나무판문을 달고 양옆은 나무살대만 지른 채광용 창을 뚫었다. 이러한 형태도 고려시대 이전의 모습이다. 전면 개구부가 작기 때문에 내부는 무척 어둡고 광창光窓을 통해 전돌 바닥에 떨어지는 광선이 반사해서 불상을 비치게 된다.

▷ 봉정사 극락전의 내부 불단과 닫집
전형적인 다포계 구조로 이루어졌다.

주목되는 것은 불단 위에 가설된 닫집으로 전형적인 다포계 구조로 이루어졌다. 문화재연구소 배병선 박사의 주장에 따르면 이 닫집은 극락전 중창 때 함께 제작된 것으로서 완벽한 다포계 구조 형식이다.[27] 다포계 형식은 고려 후기 원나라로부터 수입된 것으로 연탄 심원사心源寺 보광전普光殿(1374년)이 가장 오래된 사례라는 것이 기존의 정설이었다. 배 박사는 극락전 닫집의 예(1200년대 초)를 들어 고려 후기 수입설은 일본인 학자들의 편견이라 반박하고, 더 나아가 다포계 형식은 중국에서 수입된 것이 아니라 국내에서 자생적으로 발생하였을 가능성까지 주창하여 주목을 받았다. 그는 이를 식민사관 청산의 문제로까지 확대하고 있다. 어쨌든 봉정사 극락전은 구조 형식의 측면에서 끊임없이 논란거리를 제공하는 건물이다.

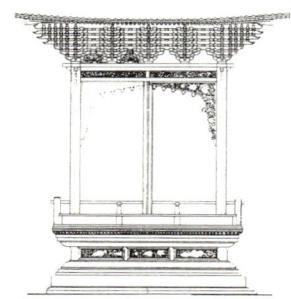

▷ 봉정사 극락전 닫집 입면도   문화재연구소 도면.

대웅전, 다포계와 주심포계의 차이

대웅전 건물은 전형적인 다포계 형식으로 지어졌다. 건립연대는 조선 초기로 여겨져왔다. 그러나 앞서 말한 대로 1363년 공민왕 피난 시절에 왕실 차원에서 건립되었을 가능성도 간과할 수는 없다. 그렇다면 현존하는 다포계 건물

27_ 배병선, 「고려시대 다포계 법식의 흐름 ─ 봉정사 극락전 닫집을 중심으로」, 『한국건축역사학회 학술발표대회 자료집』, 1995. 3, p.48.

로는 가장 오래된 예가 되며, 건립 시기가 언제든 상관없이 중요한 점은 다포계 형식이 지시하는 건물의 모든 요소를 가지고 있는 규범성일 것이다.

다포계 건축이 주심포계와 다른 점을 몇 가지 지적할 수 있다. 주심포형식이 공포를 건물의 앞뒷면에만 배열하는 것과는 달리, 다포계 건물은 건물의 4벽 모두에 공포를 배열할 수 있다. 때문에 사방이 공포대에 의해 감싸인 완결된 공간 형식을 갖게 되고, 여기에 가장 적합한 형태는 팔작지붕이다. 예외인 경우인 부석사 무량수전을 제외하면, 초기 주심포 건물의 대부분이 맞배지붕집인 점과 대조를 이룬다. 내부 공간 역시 큰 차이가 있다. 주심포계 건물은 구조체를 그대로 노출시켜 구조미를 주조로 한 내부를 이룬다. 구조체가 비교적 단순하고 공예적이기 때문이다. 그러나 상대적으로 복잡한 구조를 갖는 다포계는 지붕 틀 아래에 천장을 달아 구조체를 은폐하고, 대신 우물천장28의 격자 패턴과 무늬들로 장식적인 내부를 이룬다.

주심포와 다포의 차이는 단지 공포 형식의 차이일 뿐 아니라 건물의 형태와 공간의 성격을 규정짓는 규범적 차이를 야기한다. 물론 이들 규범은 서로 절충되고 해체되어 다양한 변형들을 만들어왔다. 그러나 봉정사 대웅전은 다포계 건물의 규범에 매우 충실하다. 이후의 다포계 건물이 공포를 구조재보다는 장식재로 활용하여 건물의 형태를 화려하고 장식적으로 꾸며나가는

28 가로 세로 살대를 격자형으로 보내 '井'자 모양으로 구성한 천장의 형태. 사찰건축의 우물천장은 주로 다포계 건물에 사용되었다.

봉정사 대웅전 단면도   문화재연구소 도면.

◤ **봉정사 대웅전**   규범성과 수평성이 조화를 이룬다.
◣ **봉정사 대웅전의 다포계 공포**

것에 비한다면, 이 건물은 초기의 규범적 건물답게 장식적인 디테일을 배제하고 구성을 명확하게 나타내고 있다.

대웅전, 형식의 규범성과 일관된 수평성

극락전의 명성에 가려 그다지 주목받지 못하는 봉정사의 주 불전. 역사가들이나 일반인들은 '가장 오래된', '가장 높은', '가장 큰' 등의 형용사에 민감하다. 그러나 그런 평가들은 저널리스틱한 것에 불과하다. 중요한 것은 건축적 완성도이며, 이러한 측면에서 본다면 대웅전이야말로 최고의 점수를 받을 만하다. 안정된 외관과 수평적으로 구성된 평온한 내부 공간, 평면과 입면의 정확한 비례 등은 규범에 충실한 완성작임을 보여준다.

■ 봉정사 대웅전 내부의 함입형 닫집
수평적 공간을 위한 장치이다.

이 건물은 기둥 높이와 기둥 간격의 비가 1.43 : 1로, 1칸의 비례가 옆으로 길게 되어 있다. 일반적인 다포계 건물은 1.1 : 1로 수직적인 느낌을 주는 데 비하여 수평적인 느낌이 강한 집이다. 또한 처마의 들림도 심하지 않아 전체 외관의 인상은 수평성이 강하다. 수평적 형태는 안정감을 수반한다. 외관의 수평성은 내부 공간의 수평성으로 일관된다. 이 건물의 공포는 내외2출목出目으로 안과 밖이 동일하다. 대부분의 다포계는 바깥보다 안의 출목 수가 크고, 그 높이 차이를 이용하여 천장을 몇 단으로 나누어 설치함으로써 내부 공간의 수직성을 강조한다. 하지만 이 건물은 단일한 수평면의 천장을 가지며 그 높이는 외부 벽면의 높이와 동일하다. 내·외 공간의 상관성을 강하게 의식한 구성이다. 내부 공간의 수평성을 유지하기 위한 노력은 닫집의 형태에서도 나타난다. 불단 상부의 천장을 뚫고 소위 함입형陷入形 닫집을 설치한 것이다. 이러한 닫집은 극히 소수의 예에서만 발견되는 특수형이다.[29] 또한 전면 모두에 창호지 문을 달아 매우 밝고 안정된 내부를 이루며, 이는 건물 전체에 흐르는 수평적 의도와 일치하고 있다. 대웅전 전면에 설치된 툇마루는 나중에 동선상의 편의를 위해 가설된 것으로 여겨지지만, 툇마루가 있음으로써 이 건물의 형태적 수평성이 더 강조되고 있다.

고금당, 예고되는 익공계의 출현

고금당은 '古수堂'이 아니라 '古金堂'이다. 금당이란 원래 불상(금인金人)을 봉안한 불전을 의미하고, 명칭대로라면 원래의 금당이란 뜻이지만 지형의 구조나 건물의 형식상 그대로 믿기는 어렵다. 조선시대의 금당은 사찰 내 원로 스님의 거처를 의미했다. 현재도 승방의 기능을 갖는 건물이며, 극락전에 딸린 노전爐殿채이다.[30] 1616년 중수했다는 기록[31]을 기준으로 한다면 16~17세기 초에 건립된 건물이다.

3×2칸의 칸살이지만 건물의 규모는 무척 작아 1칸이 1.9m에 불과하다. 또한 5개의 도리를 올리고 이중 서까래로 구성하여 규모에 비해 과다할 정도의 구조체를 갖는다. 극락전 측면의 구조 체계를 연상케 하는 스케일이다. 반면 6칸 내부는 하나의 통칸으로 처리해 온돌을 들였다. 이 건물의 과다한 구조와 축소된 스케일은 극락전의 스케일에 맞추기 위한 수단으로 보이며, 역시 대단한 조형적 센스가 엿보인다.

형태 역시 맞배지붕집이며, 구조는 주심포형식이다. 비록 공포 형식은 다른 주심포지만 형태와 구조도 극락전에 맞추어졌다. 이 건물의 주심포는 극락전과도 다르고, 부석사 무량수전과도 다른 조선 중기의 주심포형식이다. 공포의 끝을 학의 부리와 같이 날카롭게 초각하여 장식성을 높였고, 공포 부재도 넓어져 '선'적인 형상에서 '면'적인 형상으로 바뀌었다. 이런 점에서 익공계 형식으로 해석되기도 한다. 조선 후기에 오면 익공계와 주심포계를 구별할 수 없을 정도로 두 형식 간의 절충과 교합이 이루어진다. 어쩌면 이러

29_ 『한국의 고건축-11호』, p.20. 다른 예로는 무위사 극락전과 장곡사 하대웅전 정도에서 함입형 닫집을 발견할 수 있다.
30_ 중요한 불전을 관리하는 스님을 노전 스님이라 하며, 그 거처를 노전, 또는 노전채라 부른다.
31_「古金堂上樑文」.

봉정사 고금당의 주심포 익공계 구
조와 구별하기 어렵다.

한 형식상의 구분이 건축적 실체에 접근하는 데는 무의미한 것이라. 조선 중기 이후의 목구조는 더욱 장식화되고 절충적이며, 규범에서 이탈하는 낭만성을 보인다는 정도로 시대적인 상황을 이해하면 될 것이다.

과장과 해학의 화엄강당

대웅전 서쪽에 부속된 화엄강당은 대웅전 처마 밑에 지붕을 끼워 넣기 위해 하는 수 없이 기둥의 높이를 낮추었다. 그러다보니 지붕면에 비해 벽면이 낮은 가분수형의 왜곡된 비례가 형성되었다. 왜곡된 비례는 공포의 모습에서도 나타난다. 이 건물 역시 익공계와 구별하기 어려운 주심포식 공포를 갖는데, 기둥 높이에 비해 유난히 공포가 크며, 위로 들린 공포 끝의 조각이 과장되어 있다. 정확한 기록은 없지만 17세기의 건물로 추정된다. 흔히 말하는 양식 후기의 매너리즘인가?

　　건물의 명칭과도 같이 승려들이 경전(화엄경전)을 공부하고 강론을 벌이는 강학용 건물이었을 것이나, 지금은 6칸 중 4칸은 하나의 온돌방으로 꾸며

◤ 봉정사 화엄강당 단면도 문화재연구소 도면.
◣ 봉정사 화엄강당 외관이 가분수형의 비례를 보인다.

화엄강당의 과장된 공포 모습

대중방으로 이용하고, 2칸은 부엌이다. 맞배지붕집으로 구조 체계는 간단하다. 앞뒤 외벽 기둥에 4개의 대들보를 가로질러 지붕 틀을 지지한다. 물론 내부에는 가운데 기둥이 없다. 양 측벽에만 가운데 기둥이 설치되어 3×2칸의 칸살이를 갖는데, 재미있는 것은 측벽의 가운데 기둥과 그 위에 달려 있는 작은 채광창이다. 가운데 기둥의 기둥머리는 대들보에 닿지 않고, 대들보와 기둥 사이에는 얇고 넓적한 판부재(화반花盤)가 끼워져 있다. 기둥은 기둥이되 힘을 받지 않는 기둥임을 뚜렷이 나타내고 있다. 다른 곳은 모두 원기둥인데 이곳만 사각기둥인 점도 이 표현과 무관하지 않다. 입면의 비례나 창호 구성에만 필요한 비역학적 기둥이기 때문이다. 상부의 채광창은 천장 위의 공간으로 통한다. 지금은 전혀 쓸모가 없지만, 원래 내부가 개방된 강당이었을 때는 꽤 의미 있는 요소였을 것이다.

공포 이야기는 이제 그만

봉정사의 건축을 공포 형식과 구조를 중심으로 이야기해보았다. 전문적인 용어나 까다로운 학술적 논란거리를 피해가며 흥미를 잃지 않으려고 애썼지만 기대만큼 전달될 것 같지 않다. 매우 지루한 이야기였는지도 모르겠다. 그러나 기존의 한국건축사에 관련된 서적과 연구들이 공포의 형식을 주조로 전개되었기 때문에, 그리고 한국건축을 목구조적인 측면에서 이해하려면 최소한의 지식은 전제되어야 하기 때문에 불가피한 순서였다. 공포恐怖의 공포栱包 이야기는 언젠가 한번은 극복해야 할 대상이기 때문이다. 다시 한번 강조하거니와 한국건축의 영역에서 건물은 방이며 부분이고, 건물군이 '건축'이다. 공포는 그나마 건물의 일부일 뿐이다. 따라서 공포 형식에 따라 건물의 양식을 분류하기에는 무리가 많고, '건축'의 양식은 더더욱 될 수 없다. 이 책의 대부분의 이야기는 전체로서의 '건축'을 대상으로 한 이유이다. 단지 극히 필요한 부분에 한해서만 공포 이야기가 잠깐 등장할 것이다.

또 하나의 봉정사, 영선암

달마가 동쪽으로 간 곳

대웅전에서 동쪽으로 난 직선계단을 오르면 영선암靈仙庵, 혹은 영산암靈山庵이 나타난다.[32] 여러 건축가 그룹과 몇 차례 봉정사를 답사한 적이 있는데, 그들은 예상대로 봉정사 건물들의 구조나 공포 형식에는 관심이 없다. 건축가들은 감정에 매우 솔직하여 싫고 좋음, 실망과 감동의 반응을 즉각적으로 표현하고야 만다. 자기들 눈에 별 볼일 없어 보이는 건축에 대해서는 말이 많아진다. 그러나 감동적인 건축 앞에서는 입을 다물고 만다. 봉정사에서는 그렇게 시끄럽다가도 영선암에 오르는 순간 일행 모두는 말을 잃는다. 중원 미륵대원 터에서도, 내소사 승방에서도, 라 투레트 수도원[33]의 채플chapel에서도 이러한 광경들을 목격했다.

영선암에 관계되는 기록은 전무하다. 학술적인 조사는커녕 흔한 답사기

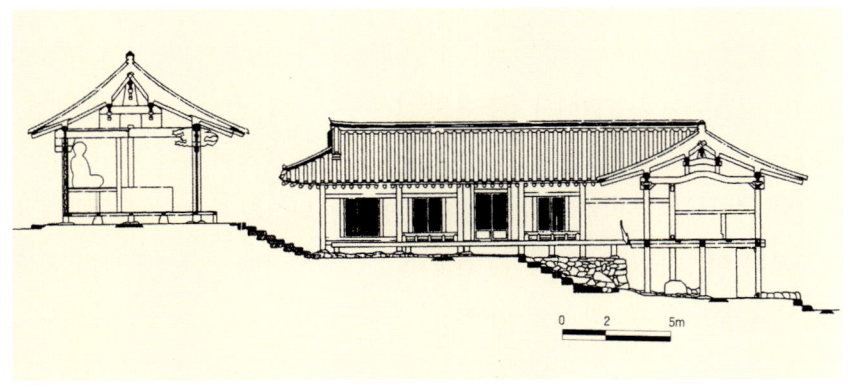

[32] 『영가지』永嘉誌에는 "사찰 좌우에 안적암安寂庵과 영산암靈山庵이 있다"고 기록되었다. 현재 안적암은 없고 서쪽 멀리 산속에 지조암知照庵이 있다. 지조암의 건물들은 20세기 후반에 중건되었다.

[33] 프랑스 리용 교외인 라 투레트 지역에 세워진 그 코르뷔지에 최후의 걸작. 경사진 대지 위에 3층 높이의 수도원과 작은 예배당을 순수 콘크리트 조로 구축했다. 콘크리트라는 재료로 구현할 수 있는 최고의 조형을 보여주며, 절제된 규범 속에서도 감동적인 공간을 창조했다.

◁ 봉정사 영선암 단면도   김봉렬 도면.

봉정사 영선암 전경 정면의 검은 판장벽과 흰 회벽의 입체적인 구성이 흥미롭고, 그 사이에 뚫린 3칸 누마루가 왼쪽 2층 부분이 오른쪽 1층으로 이어지는 매개 공간 역할을 한다.

에도 언급된 적이 없는 이 조용한 암자가 주목받기 시작한 것은 영화의 무대가 되면서부터다. 1980년대 이곳에서 촬영된 배용균 감독의 '달마가 동쪽으로 간 까닭은'이 해외 영화제에서 수상하면서 일반에게 알려졌고, 관심 있는 건축가들은 영화의 내용보다는 그 무대가 어디인지 궁금해 했다. 영화를 본 이들은 기억할 것이다. 낡은 요사채 바라지창을 열고 노스님이 햇빛에 반사되어 앉아 있던 광경을. 그후에도 '산산이 부서진 이름이여'의 무대로 영화계에서는 자주 찾는 곳이 되었다. 영화를 통해서 나타난 배용균의 사물을 투시하는 능력은 매우 탁월하다. 참선과 동양적 사유의 본질에 접근하려던 그는 날카로운 시각으로 영선암의 정신성을 발견했다. 관념에 가득 찬 교종의 논리를 거부하고 직관으로써 본질에 이르고자 했던, 선종의 창시자 달마대사가 머물렀음직한 장소를 발견한 것이다.

그때부터 봉정사에 들른 참배자들과 답사객들에게 영선암은 필수 코스

▷ **영선암의 우화루 부분** 흑백과 허실로 처리된 입면의 배열을 느낄 수 있다.
↗ **영선암 진입부** 흐르는 공간을 위한 계단들이 자리한다.

가 되었고, 사찰 측에서는 친절하게도 계곡을 메워 주차장을 만들고 넓은 다리와 계단을 설치하여 접근하기 편리하도록 지형을 바꾸었다. 원래 영선암은 계곡을 사이에 두고 봉정사와 격리되어 있었고, 계곡 건너 꼬불거리는 작은 계단의 오솔길을 오르면 숲 속에 적막하게 자리잡고 있었다. 지나친 친절이 고적한 암자의 분위기를 파괴해버린 것이다.

흐르는 공간들

영선암의 구성은 단순하다. 좌우 승방들이 전면의 누각과 함께 ㄷ자의 마당을 이루며, 그 뒤에 응진전과 삼성각을 배열하고 삼성각 옆에 노전채를 둔 총 6동의 건물군에 불과하다. 주 불전인 응진전은 19세기 말의 건물로,[34] 구조적인 격식도 없고 부재는 빈약하며 형태적 비례도 어설프다. 다른 건물들도 19세기의 것들이며 빈약한 부재들이 엉성하게 결구된, 목구조적 측면에서는 봉정사의 것들과는 비교도 되지 않는다. 그러나 영선암에는 단순하면서도 복합적으로 구성된 집합체가 있고, 그 사이로 유동하는 공간이 있다.

영선암의 공간을 분석하려면 입체적인 시야가 필요하다. 특히 지면 레벨의 변화에 주목해야 한다. 전체는 3개의 레벨로 구성된다. 우화루 아래의 아

[34] 건물의 기록은 없지만, 응진전 내부의 후불탱화가 광서光緖 14년(1884)에 제작되었다. 건물의 기법으로 보아 탱화 제작 연대와 비슷할 것으로 판단된다.

↗ **영선암의 흐르는 공간들** 작은 소나무의 그림자가 중간마당과 윗마당을 분절한다.

랫마당-동·서 승방 사이의 중간마당-삼성각과 응진전의 윗마당이 차례로 높아진다.

출입은 우화루 아래로 통하는 이른바 '누하 진입'을 택했는데, 다른 예와는 달리, 누 밑 공간은 평지를 이루고 누 밑을 빠져나와야 계단을 통해 중간마당으로 오를 수 있다. 또 누 밑 공간의 층고가 150cm밖에 되지 않아 머리를 숙여야 하고 시선은 자연히 다음에 나타나는 계단의 아래쪽을 쳐다보게 된다. 봉정사 덕휘루 밑을 통과할 때의 상승감과는 전혀 다른 체험이다. 이러한 방법은 중간마당을 강하게 폐쇄하면서, 누 밑을 통과하고 나서야 중간마당과 응진전의 장면이 극적으로 출현하는 효과를 거둔다.

아랫마당보다 한층 높게 조성된 중간마당은 독립된 공간이라기보다는 하나의 과정적인 공간의 역할을 한다. 평면적으로는 정방형의 모양이지만, 주지실의 툇마루가 한 자 높이도 채 되지 않아 주지실 쪽으로 확산되어버리고, 마당 입구 계단에서 대각선 방향으로 놓인 삼성각 쪽으로 강하게 유인되기 때문이다. 중간마당은 승방, 우화루, 주지실의 툇마루에 의해 3면이 감싸인다. 그들 세 건물의 툇마루는 모두 동일한 수평면에서 만난다. 연결된 툇마루들은 다시 주지실의 누마루와 우화루로 연속된다. 주지실 누마루와 우화루는 두 건물의 모서리끼리 연결된다. 매우 역동적인 연결 방법이다.

구성 축과 시각 축의 분리

주 불전인 응진전은 본마당의 중심에서 동쪽으로 치우쳐 놓여 있다. 응진전 동쪽 협칸은 승방에 가려 아예 안 보일 정도로 치우쳐 있다. 우화루 밑의 출입구 역시 5칸 중 동쪽 두번째 칸으로 치우쳐 있어, 출입구와 응진전을 잇는 구성 축은 승방 쪽으로 붙게 된다. 출입구와 대각선 방향 끝에 삼성각이 위치하고 그 사이에 큼직한 바위와 작은 소나무 사이로 휘어진 계단이 위치한다. 이러한 요소들은 들어온 이들의 시선을 끌어당기기에 충분하며, 화단의 그늘에 가린 응진전 앞 계단은 인식되지 않는다. 다시 말하면, 우화루와 응진전을 잇는 구성 축과 우화루 윗마당을 잇는 시각축이 분리된 이중적 구조를 갖는다.

분리된 구성 축과 시각 축의 이중성은 동선의 체계를 매우 복합적으로 만들어나간다. 우화루 밑을 통과하여 중간마당에 들어선 참배자들은 응진전 쪽이 아니라 삼성각의 윗마당으로 유도된다. 그러나 막상 윗마당에 오르게 되면 초라한 삼성각이 그들의 목표가 아님을 발견하게 되고, 동쪽 응진전의 옆문으로 들어가 참배를 한다. 참배 후에는 전면 우화루를 내려다보며 응진전 앞의 계단을 통해 중간마당으로 내려서고, 승방의 툇마루로 올라서게 된다. 아니면 삼성각을 참배하고 주지실 쪽 작은 계단으로 내려가서 주지실의 툇마루에 오른다. 앞서 말한 대로 툇마루들은 우화루로 자연스레 연결된다. 우화루의 6칸 대청에서 자신들이 걸어온 길을 되돌아보게 된다. 마치 위상기하학의 '뫼비우스의 띠'와도 같이 앞과 뒤, 위와 아래가 하나로 연결되는 동선의 흐름을 구성하면서 영선암의 모든 부분들을 하나의 전체로서 인식하게 만든다. 수도 영역과 예배 영역이 분리된 본절과는 달리, 암자는 모든 공간과

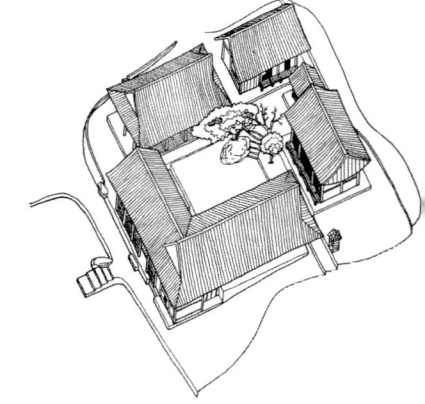

봉정사 영선암 투상도 김봉렬 도면.

↗ **영선암 우화루에서 본 응진전** 마당의 한쪽으로 치우쳐 있다.
↘ **영선암 삼성각에서 우화루 쪽을 바라본 풍경** 3개의 마당이 하나가 된다.

장소가 하나로써 통합되어야 한다. 영선암은 상상을 뛰어넘는 방법을 구사하면서 통합된 집합체를 이루었다. 그러나 그 절묘한 방법들은 너무나 자연스러워 쉽게 읽어낼 수는 없는 것들이다.

우연을 가장한 요소들

그다지 크지 않은 면적을 3개의 마당으로 나누고, 그들을 연속되게 만들기 위해서 선택된 요소들에 주목해보자. 우화루 밑에 좁고 길게 형성된 아랫마당의 영역감을 지배하는 것은 석축 밑의 우물이다. 크기가 작아 자칫 의식하지 못할 마당의 존재를 깨닫게 해주는 요소다. 아랫마당과 중간마당은 한 길 정도 높이의 석축으로 분리되지만, 넓고 자연스럽게 놓인 계단이 두 마당을 연결하고 있다. 아랫마당과 윗마당 사이의 경계는 너무나 자연적이다. 원래부

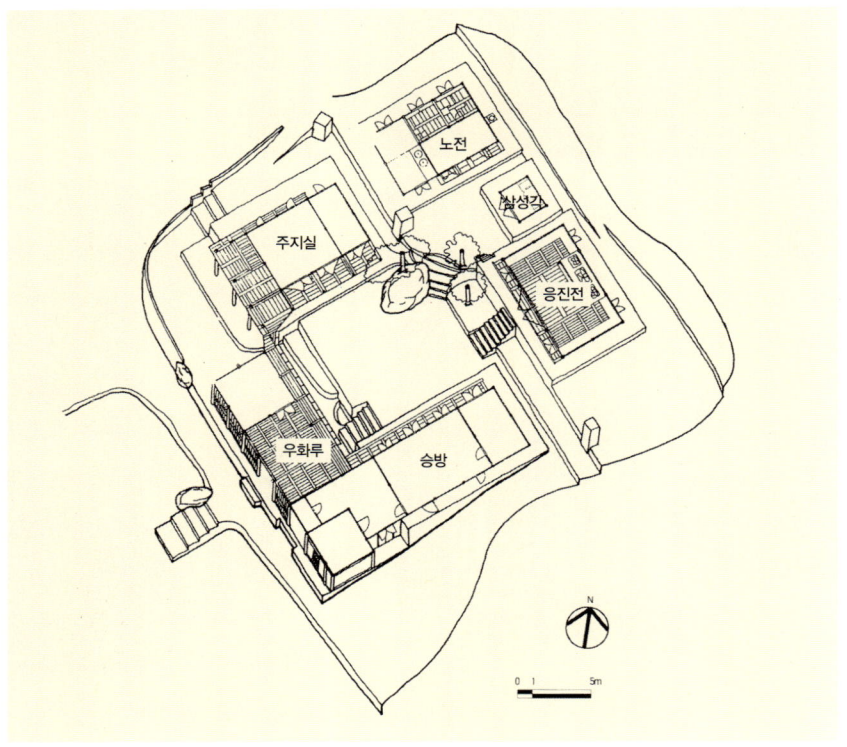

◸ 봉정사 영선암 평면 투상도　김봉렬 도면.

▷ 주지실 앞 누마루를 만들기 위한 기단의 조작들
▷ 윗마당으로 오르는 계단과 소나무

터 있는 듯한 바위와 화단을 만들고 그 사이에 3개의 좁고 넓은 계단을 놓았다. 우연히 만들어진 것 같지만, 자세히 보면 바위는 3개의 큰 돌을 조합한 인공품임을 알 수 있다. 그 속에 분재와 같은 소나무를 키웠다. 분리를 하되 연속되도록, 인공을 가하되 자연스럽게 요소들을 선택하고 배열한 것이다.

주지실 북쪽에 있는 굴뚝은 당장이라도 쓰러질 듯 불안정하다. 그러나 여기서 응진전 쪽을 응시하면 또 다른 놀라운 경관을 발견한다. 주지실-노전채-승방의 굴뚝이 일직선을 이루며 배열되기 때문이다. 불안한 요소들이 모여서 안정된 구도를 만든다. 이것이 과연 우연일까?

주변의 건축

개목사 원통전, 비대칭의 맞배지붕

개목사開目寺는 천등산 정상 바로 밑에 숨어 있는 작은 사찰이다. 봉정사에서 가려면 영선암을 거쳐 산길 2km를 걸어야 하고, 최소한 사륜구동 지프차로 가려면 광평2리 진입로로 들어가 험한 산악도로를 올라야 한다. 사찰 건물은 원통전과 그 앞의 문간채뿐이다. 접근도 어렵고 규모도 보잘것없지만, '목조건물의 시대사'를 완성하기 위해서는 꼭 들러야 할 곳이다. 원통전 건물이 있기 때문이다.

개목사는 7세기 초 흥국사라는 이름으로 창건되었다. 역시 의상이 창건주라는 수식이 붙는다. 조선시대 세종 때 해학으로 유명한 정치가 맹사성孟思誠(1360~1438)이 안동부사로 부임했을 때 이 고장에 장님들이 많은 사실에 고심했다. 풍수를 살핀 끝에 천등산 흥국사의 이름을 개목사로 바꾸니 장님들이 사라졌다. 맹사성다운 처방이기도 하고, 개목사가 원래부터 비보용으로 세워진 암자였음을 말해주는 설화이기도 하다. 맹 부사는 그 공덕을 기념하여 개목사에 원통전을 건립하였다. 1457년의 일이었다. 원통전은 조

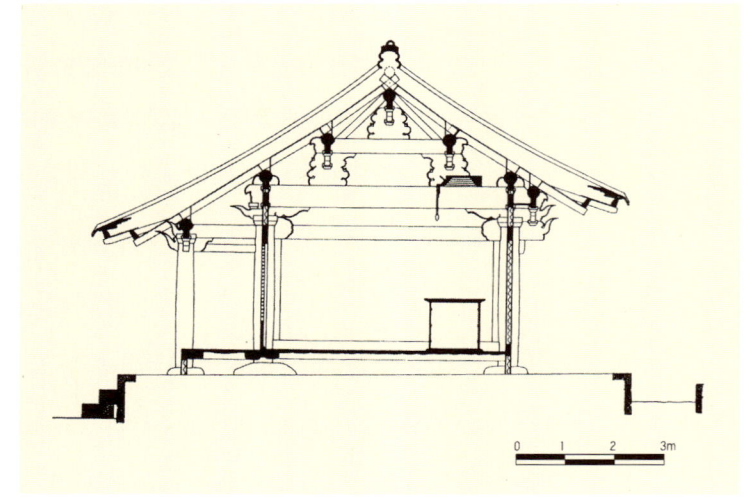

◢ **개목사 원통전 단면도** 문화재연구소 도면.

↗ 개목사 원통전 공포 부분

선 초기 건물로는 드물게 뚜렷한 건립연대를 가지고 있다. 때문에 이 건물의 구조 형식이 시대를 판단하는 절대기준이 된다.

칸살은 3×1.5칸으로, 3×1칸 몸채 앞에 반 칸의 퇴칸을 붙이고 툇마루를 깔았다. 불전 앞에 깔린 바깥마루는 봉정사에서도 눈에 익은 요소이며, 안동 일대 절집의 특징이기도 하다. 이 건물과 같이 기둥을 세워 정식의 퇴칸을 만든 경우는 강화도 정수사 법당에서 발견할 수 있지만, 정수사 법당은 3×3칸 몸채에 퇴칸을 나중에 가설한 것이고, 개목사 원통전은 처음부터 계획된 차이를 갖는다.

재미있는 것은 지붕의 형태다. 지붕의 용마루를 전체 건물의 가운데에 두지 않고, 불전 내부의 중앙에 두었다. 결과적으로 앞쪽 지붕면이 뒤쪽 면보다 넓게 비대칭으로 구성되었다. 건물 전체의 형태보다는 내부 공간을 대칭으로 만들려는 의도였다. 따라서 내부는 천장이 없이 지붕틀 구조가 노출된다. 양쪽 지붕의 경사도를 똑같이 했기 때문에 앞쪽 처마는 한 단 내려오게 된다. 앞면 퇴칸의 기둥을 낮출 수밖에 없다. 이렇게 되면 앞뒷면의 공포의 구성이 달라질 수밖에 없다. 상대적으로 높은 뒷면 기둥 위에는 1출목의 주심포를 결구했지만, 낮은 앞면에는 행공첨차를 둘 수 없어서 이익공의 형태와 같아져버렸다. 벌써 이 시기부터 주심포와 익공의 차이를 구별하는 것이 무의미함을 보여준다.

개목사 원통전은 인도에서 온 건물?

원통전의 구조에 관심이 없는 이들은 대문채를 감상하는 것으로 만족해야 한다. 대문채에 붙어 있는 소박한 누각(?)에서 이른바 민중적 건축술을 읽을 수 있다. 그래도 실망할까봐 필자의 쓸쓸한 경험을 소개한다.

개목사를 처음 찾은 것은 대학원 시절이었다. 당시에는 봉정사까지도 교

▷ 개목사 대문채 간이 누강당

통편이 없어서 버스에서 1시간을 걸어가야 했으며, 개목사까지는 허기에 지친 채 산길을 헤매야 했다. 그 고생을 하면서도 굳이 이 절을 찾은 이유는 어느 책의 구절 때문이었다. "개목사 원통전은 천축양天竺樣 구조를 가지고 있어서 인도 건축의 영향을 엿볼 수 있다"는 대목은 호기심에 가득 찬 필자의 눈을 번쩍 뜨이게 했다. 세상에, 한국에서 인도 건축의 영향을 발견할 수 있다니. 그러나 며칠을 벼른 끝에 찾아간 원통전은 어느 구석에서도 인도의 영향은커녕, 중국의 영향도 발견할 수 없었다. 그 책의 저자는 일본인들이 이 건물을 천축양으로 분류한 오류를 맹목적으로 믿고 친절하게도 "인도의 영향……"을 후학들에게 전한 것이다. 당시 한국건축학계의 최고봉으로 자타가 인정했던 그분의 확신이 웃지 못할 에피소드였음을 깨달은 것은 몇 년이 지난 후였다.

함벽당

개목사에 차량으로 접근하기 위해서는 서후면 광평 2리 마을을 지나야 한다. 이 마을 끝 언덕 위에 매우 독특한 모양의 함벽당涵碧堂이 있다. 함벽당은 조

봉정사 입구의 명옥대

선 중기에 세워진 누각으로, 丁자형으로 구성된 정자의 꼬리 부분 2칸은 모두 개방된 마루이며, 전면에 놓여 있다. 여기에 앉아 가까이는 마을의 전경을, 멀리는 안동 쪽 산들의 전망을 즐길 수 있다. 전망을 위해 통상적인 목조건축의 정면성을 뒤집은 신선한 발상에서 이 건물이 창건되던 16세기 당시의 자유로운 생각들을 읽을 수 있다.

명옥대

봉정사 버스종점 주차장에서 절로 향하는 산길을 오르면 바로 오른쪽 숲 속에 3칸 정자가 숨어 있다. 명옥대鳴玉臺라는 현판이 걸린 이 정자와 일대의 장소가 퇴계 이황이 봉정사에서 공부하던 시절 자주 놀러왔다는 낙수대落水臺이다. 정자 건물은 평범하지만 흐르는 계곡물을 자세히 관찰할 필요가 있다. 크지 않은 물줄기가 바위를 타고 내려가면서 수량에 비해 커다란 소리를 내며 떨어진다. 물줄기의 군데군데 인공적으로 바위를 깎아 물소리를 증폭시킨 수법을 발견할 것이다.

7

순환동선과 두 면의 유형학
안동의 재사들

건축의 유형과
유형학

재사건축의 경이로움

안동 봉정사로 가려면 북후면과 서후면을 잇는 지방도로에서 북쪽으로 빠지는 삼거리를 거쳐야 한다. 이 삼거리를 지날 때마다 동쪽 숲 속에 감춰져 언뜻 보이는 기와집이 있는데, 그 규모가 결코 범상치 않아 호기심을 자극하곤 했다. 그러나 대부분 단체 답사 일정이라 버스를 세우고 내려 확인할 수 없어 못내 궁금하기만 했다. 그 호기심이 몇 년을 지속한 끝에 찾은 어느 여름날, 봉정사를 찾는 비교적 자유로운 여행의 기회에 드디어 미지의 건축을 찾아 숲 속을 뚫고 들어갔다. 웬만한 살림집이겠지 상상하고 걸어들어간 숲 속에는 놀랄만한 건물군이 우리 일행을 압도하며 우뚝 서 있었다. 울창한 소나무 숲 가운데 밝은 햇빛을 받으며 불쑥 나타난 대규모의 한옥군은 마치 전설 속의 궁전을 대하는 놀라움과도 같았다. 그 건물의 이름이 태장재사台庄齋舍라는 것도 처음 알았다.

   태장재사의 외형적 놀라움은 내부의 낯선 공간 구성에서도 계속되었다. 안마당에는 규격에 맞춰진 방들이 마치 여관방과 같이 일렬로 늘어서 있었고, 그 앞에 넓게 펼쳐진 누각은 외부에 대해 완전히 폐쇄되어 있었다. 이 많은 방들과 넓은 누마루가 무엇에 쓰였는지, 도대체 '재사' 齋舍 라는 건축 유형이 왜 만들어졌는지, 그리고 다른 재사들이 얼마나 어떻게 있는지 의문은 꼬리를 물었다. 현존하는 한국건축물 가운데 웬만한 곳은 거의 가 보았고, 모든 건축 유형에 어느 정도 지식을 가졌다는 내 자만심이 여지없이 허물어지는 순

↖ 태장재사 전경

간이었다.

　그 다음부터의 일정은 마치 지도도 없이 보물을 찾아 나선 탐험의 길과도 같았다. 봉정사 답사는 아예 포기하고 인근의 능동재사陵洞齋舍와 금계재사金溪齋舍, 그리고 서지재사西枝齋舍를 물어물어 찾아다녔다. 가는 곳마다 새롭고 낯선 장소들뿐이었다. 깜짝 놀랄 만한 규모와 변화무쌍한 내부 공간들, 상식을 초월하는 스케일의 조정, 이유를 알 수 없는 복잡한 동선 구성…… 하루 동안 4개의 건축들을 헤맸지만, 무엇 하나 시원하게 대답을 얻을 수 없었다. 물론 그 전에도 '재실' 건축들을 알고는 있었다. 그러나 그것들은 대부분 동네 위쪽 높은 곳에 단출하게 자리잡은 一자형의 작은 건물들로서 형태도, 공간도, 구성의 특이함도 찾을 수 없어 건축적인 관심의 대상은 아니었다. 반면, 그 하루 동안 보았던 4개의 재사들은 풍부한 공간과 다양한 요소들을 가지고 있었고, 그러면서도 매우 생소한 건축들이었다.

　바로 그해, 연구실로 우송된 한 편의 논문은 재사건축에 대한 놀라움을 한층 더 증폭시켰다. 부산 고신대학교의 김동인 교수는 그의 학위논문에서[01] 현존하는 경북 지방의 재실건축만도 154개에 이르고, 내가 본 4개 예 정도는 20여 가소 더 있다고 밝혔다. 그때부터 기회만 되면 여러 곳의 재사건축들을 찾아다녔지만, 아직 반도 못 보았다고 고백할 수밖에 없다.

01_ 김동인, 「朝鮮時代 齋室建築의 配置와 平面類型에 關한 硏究―경상북도 지역을 중심으로」, 영남대학교 대학원, 1993. 6. 김 교수는 경북 지방의 재실들을 빠짐없이 조사하여 분류를 시도했다. 재실건축에 대한 최초의 본격적인 연구라는 의의 말고도, 150여 개 조사 대상의 평면도를 작성한 자료집으로서도 가치가 높다. 그 이전의 연구로는 목원대학교 이왕기 교수 팀이 몇 개의 예를 대상으로 연구한 「안동지방 재사건축에 관한 연구 I, II」(대한건축학회 논문집, 4권 1-2호, 1988)가 있을 뿐이다.

재사의 유형학적 기대

지역에 따라 재실齋室, 재사齋舍, 자궁齋宮, 재각齋閣이라 불리는 재실건축은 유력한 조상의 묘에 제사를 지내기 위해 건립된 것들이다.[02] 묘제墓祭의 용도 외에도, 마을 안에서 서당書堂의 기능이나 회관會館의 기능을 하는 것들도 통칭하여 '재실'이라 불러 혼란이 있기도 하다.[03] 재실은 전국 어느 곳에나 분포하며, 조상에 대한 제사가 아직까지 중요한 미덕으로 여겨지는 현재에 가장 활발하게 이용되고 꾸준히 건립되고 있는 한국건축의 전통적인 유형이기도 하다. 특히 유력한 사림세력들이 자리잡았던 안동, 봉화, 영주 지역의 재실들은 수적으로도 으뜸이고, 규모가 크고, 풍부한 건축적 요소를 가지고 있다. 이 지역에서는 묘제를 위한 재실을 '재사'라고 구별해 부르고 있다.

여기에 소개하는 3개의 재사들이 수많은 예 가운데 특별히 대표적이라거나 전형적인 것들이라 할 수는 없다. 단지 답사해본 대상 가운데 건축적인 감흥이 강했던 곳을 택한 것에 불과하다. 아직 재사라는 건축적 유형에 대해 총체적인 정리가 이루어지지는 않았지만, 그들이 가진 뛰어난 공간성 때문에 몇 곳이라도 서둘러 소개할 필요를 느꼈다. 이 글은 결코 재사건축의 일반론이나 계통적 분류, 혹은 지역적 특성 등을 밝히기 위해 쓰인 것이 아니다. 그러한 유형론적 지식이 없더라도, 소개되는 하나하나 재사들의 공간 조직과 구성은 한국건축 전반에 대한 새롭고 풍부한 인식을 제공할 것이다. 아울러 조선 초·중기에 새롭게 등장한 재사라는 건축 유형의 발생과 정착과정을 살펴보는 작업은 건축의 유형학적 관점에서도 매우 중요한 일이 될 것이다.

우리가 익숙해 하는 사찰이나 서원, 향교 등의 건축 유형들은 일정한 형식과 배경 원리를 갖기 때문에 그들의 유형적 내용도 비교적 단순하다. 그러나 적어도 안동 지역의 150여 개 재사들은 여러 가지의 발생 연원이 혼재된 다양한 형식들을 취하고 있으며, 동일 형식 안에서도 매우 개별적인 건축 해법들을 보여준다. 유형적 분류와 분석도 그만큼 복잡해질 수밖에 없다. 그러나 복잡하고 다양한 형식들을 가능케 했던 유형학적 원형 또는 핵심적 개념이 있다면, 그것은 대단한 가치를 가질 것이다.

02_ 金履萬 贊,「重建賓洞齋舍記」, 1754. 이 글에서 밝히는 재사의 용도는 ①자손들이 모이는 장소, ②묘제를 지내는 곳, ③제사음식을 준비하는 곳, ④음복飮福하는 곳, ⑤묘墓를 지키기 위한 곳, ⑥선인先人들의 정자후子라고 규정하고 있다.

03_ 김동인, 앞의 논문, p.6. 김 교수의 조사에 따르면, 경북 재실 154곳 가운데, 묘제의 용도가 61.4%, 서당용이 6.5%, 사당祠堂용이 19.5%, 회관용이 12.4%로 다양한 용도로 쓰이지만, 주된 기능은 역시 묘제를 위한 건물임을 알 수 있다.

유형과 유형학

진부한 지적이지만 건축은 작가에 의해 '창조'되는 대상이기도 한 반면, 사회적 제도로서 '생산'되기도 한다. 창조적 대상으로서의 건축은 예술적 범주로 다루어지지만, 생산물로서의 건축은 기술과 경제, 사회적 범주에서 다루어진다. 사실 한 사회의 수많은 건축물들 모두가 건축가의 개성을 담은 예술적 창작품이기는 불가능하다. 오히려 대부분의 건축은 사회의 인습과 산업 메커니즘에 의해 반복·재생산되는 대상이다. 특히 건축가의 개성 발현이 제약되었던 근대 이전의 건축은 시대적, 지역적 양식이라는 거대한 틀 속에서 생산될 수밖에 없었다. 물론 시대를 불문하고 뛰어난 건축은 그러한 규범성보다는 개별성이 돋보이는 '창작품'으로서의 가치가 우선되기는 하지만, 전체적 수량에 비한다면 소수에 불과하다.

따라서 과거의 건축을 통시대적으로 이해하기 위한 양식사적 접근은 기본적으로 유형론적일 수밖에 없다. 수많은 개별 건물들을 분석하여 공통적인 보편성을 추출하고 조직화하여 하나의 거대한 개념을 설정하다. 또는 한 시대의 주도적 사상과 사회상에서 연역된 '시대정신'의 관념을 적용하여 개별 건축의 구조를 설정하기도 한다. '양식' 혹은 '형식'의 개념은 방대한 건축사를 체계적으로 이해할 수 있게 한다. 이러한 유용성 때문에 아직도 대부분의 건축사 텍스트가 양식사적 관점에서 서술된다.

그러나 아이러니하게도 '양식'이 지시하는 공간과 형태 요소들의 구성에 정확히 일치하는 개별 건축물은 하나도 없다. '이러이러한 것이 고딕양식이다'라고 규정할 수는 있지만, 어느 고딕 교회도 그 규정에 완벽히 부합하지는 않는다. 양식은 추론된 관념일 뿐이며, 개별 건물은 구체적인 실재이기 때문이다. 그렇다고 개별성에 대한 분석만으로는 역사적·사회적 산물인 건축의 총체적 이해가 불가능하다. 따라서 대다수 건축의 생산을 가능케 하는 하나의 제도적 틀을 상정하되 개별적 건축의 창작적 행위를 설명할 수 있는 개념, 즉 '유형'적 사고가 등장하게 된다.

거침없이 '유형' 또는 '유형학'이라는 용어를 사용했지만, 모든 개념어들이 그렇듯이, 서로 다른 수많은 정의가 난무하고 있어서 용어 사용에 위험 부담이 있다. '유형'의 개념이 건축 행위에 유용한 도구적 이론으로서 파악되기 시작한 18세기의 마크 안톤 로지에Marc-Antonie Laugier부터 현대의 라파엘 모네오Rafael Moneo[04]에 이르기까지 유형학적 접근들을 크게 두 범주로 요약할 수 있다.

첫째는 건축을 기능과 용도에 따라 분류하여 대표적인 건축 형식을 유추하는 관점이다. 예를 들면 병원건축의 형식, 공동주택의 연립 형식 등 이른바 건축 계획 각론적 접근이다. 다양하게 요구되는 각종 용도의 건축 계획을 시행착오를 줄이고 귀납적인 방법으로 풀어가려는 목적에서 출발한다. 이 관점을 과거의 한국건축에 대입하면, 궁궐건축-사찰건축-서원건축 등으로 분류할 수 있고 이는 분류의 대표적인 혹은 시대적인 건축 형식들을 파악하는 방법론으로 전환된다.

둘째는 유형을 건축에 내재하는 불변적 원형으로 파악하는 관점이다. 이때의 유형이란 역사적·문화적 산물이며, 건축 형태를 구성하는 논리적 법칙이 된다.[05] 현대건축가 알도 로씨Aldo Rossi의 이론을 예로 들면, 그는 이탈리아의 역사적 도시와 건축의 분석에서 원초적인 기하학 형태와 기념성이라는 유형학적 개념을 도출하여 자신의 건축 창작의 원천으로 삼는다. 한국건축에 이 관점을 도입한다면—아직 본격적인 시도가 없어 초보적인 예만 들 수 있지만—'지형에 따른 구성 축의 굴절' 방법이나 '집합성'의 개념들을 도출할 수 있다.

관심의 초점인 안동 지역의 재사건축을 들여다보기 위해서 위의 두 가지 관점을 모두 적용하려 한다. 굳이 왜 이처럼 딱딱하면서도 서구적인 논의를 거쳐야 하는가? 우선 재실건축, 좁게는 안동의 재사건축은 아직은 낯선 건축 형식이어서 '유형'(분류 방법론으로서의 유형)에 대한 전반적인 이해가 필요하기 때문이다. 그러나 더욱 중요한 것은 이들만이 가지고 있는 독특한 '유형학적'(원형적 존재로서의 유형) 구조와 요소들이기 때문이다.[06]

04_ 스페인의 현대건축가. 역사적 형식들에서 유래한 건축 요소와 공간들을 유형학적 방법을 통해 적절히 현대화시킨 여러 작품들을 창조했다. 메리다 박물관이 대표적 작품이다.

05_ Aldo Rossi, *The Architecture of the City*, MIT Press, Cambridge, Mass., 1982, p.31.

06_ 이 글에서 사용하는 '유형'과 '유형학'의 개념은 현대 건축계에서 통용되는 내용과 약간의 차이가 있다. 1960년대 이후 유럽의 신합리주의 계열에서 사용하는 유형학은 대략 세 가지를 의미한다. ① Krier 형제로 대표되는 도시 형태학과 건물유형과의 관계를 설명하기 위한 수단으로서, ② 건축을 양식적 또는 문화적 개념으로 논의하기 위한 수단으로서, ③ Moneo나 Rossi와 같이 새로운 건축을 산출하기 위한 이론적 틀로서 유형학적 방법론을 사용하고 있다(Micha Bandini, "Typology as a Form of Convention", *AA Files*, No.6, p.74~75). 개인적으로, 이들의 개념과 방법론이 한국건축계에도 하나의 비전을 던져줄 수 있기 때문에 깊이 연구되어야 한다고 생각한다. 그러나 도시와 건축의 역사적·문화적 전개과정이 상이한 한국건축에 그대로 적용하기에는 무리가 많다. 이 글에서는 유형학의 방법론보다는 근본적 개념만을 차용하기로 한다.

재사건축 유형의 발생

재사, 씨족주의의 성전

흔히 고려를 귀족사회, 조선을 양반사회로 규정한다. 귀족이나 양반 모두 과거 사회의 특권층이라는 점에서는 차이가 없는 듯하다. 그러나 고려의 귀족은 극소수의 세습 특권층으로 대토지 소유와 대규모 농장 경영을 경제적 기반으로 삼은 데 비해, 조선시대의 양반층은 상대적으로 다수를 점하며, 개인의 실력에 의해 위상이 결정되고, 향촌에 토착된 중소 지주층이라는 차이가 있다. 고려의 중세적 모순이 극에 달했던 13세기에는 불과 수십 개의 유력 문벌들이 전국의 경제력을 장악하여 한 집안에 소속된 노비만도 2~3천 명에 달할 정도였다. 고려의 귀족층이 재벌급이었다면, 불과 기백 명의 노비를 소유한 조선의 양반층은 중소기업 사장이었다.

고려의 신분구조에서 조선적 구조로 이행되는 시기는 고려 말인 14세기였다. 이 시기에는 원나라의 지배를 벗어나 식민잔재를 씻어내기 위해 여러 개혁을 시도했고, 그 과정에서 친원파 구귀족들의 대토지 소유가 약화되었으며, 새로운 유력계층인 이른바 '사대부' 士大夫 층이 등장했다. 개혁의 물결을 타고 중앙 정계에 진출한 사대부층은 중소 지주층 가운데 성리학이라는 신사상을 수용한 지식층이었다. 이들은 주로 지방 관청의 중하급 관리층들이 점진적인 토지 증식을 통해 경제적 기반을 쌓고, 동시에 신학문을 수용해서 지식 기반을 축적한 계층들이었다.[07] '사대부'라는 명칭이 의미하는 바와 같이,[08] 직업적 관료와는 달리 사대부들이란 향촌이라는 지역적·경제적 기반이

[07]_ 이수건, 『嶺南 士林派의 形成』, 영남대학교 출판부, 1984, p.24. 이러한 계층적 변화를 '군현사족郡縣士族의 사족화士族化'라 일컫는다.

[08]_ '사' 士는 향촌에 묻혀 학문에만 정진하는 선비를, '대부' 大夫는 정계에 진출한 벼슬아치를 의미한다. 사대부는 벼슬을 하지 않으면 선비로, 정계에 진출하면 대부로 역할하는 새로운 계층이었다.

없으면 성립할 수 없는 계층이었다.

이들은 향촌의 경제적·사회적 유력층으로 자리를 잡으면서, 지역을 대표하는 씨족인 '토성' 土姓을 형성한다. 이제는 김씨냐 박씨냐가 중요한 것이 아니라, 같은 김씨라도 광산 김씨냐 김해 김씨냐 하는 본관本貫이 중요한 출신의 기준이 되었다. 토착 성씨의 출현이란 지연적 촌락공동체와 혈연적 씨족공동체가 일체화되었다는 사실을 의미한다. 또한 고려적인 귀족사회에서는 정치적, 경제적 이해에 따라 문벌들이 형성되지만, 조선적 사족구조에서는 혈연과 지연을 중심으로 한 1차적 공동체인 가문이 중요한 사회 세력이 된다. 가문의 힘은 곧 구성원 개개인의 정치적·사회적 이권을 의미했기 때문에, 가문의 단합이 필연적인 이슈로 등장했고 단합을 위한 중심적 존재가 필요했다. 자연스럽게 상징적 존재로 떠오른 대상은 토착 성씨의 시조, 곧 지역 씨족공동체의 입향조였다. 조선사회가 안정된 중기에는 시조뿐 아니라 후손 가운데서도 고위관료나 뛰어난 학자가 배출되면 '중시조'라 하여 그 대상이 되기도 했다. 자손들은 가문의 중심 선조를 위해 사당을 짓고 제사를 지내며, 그들의 묘소는 가문의 성지요, 순례지가 되었다.

시조 묘는 최고의 명당을 찾아 자리잡게 되는데, 씨족 마을에서 가깝든 멀든 관계가 없었다. 심지어는 다른 군, 다른 도에도 좋은 명당만 있다면 어디든 서슴지 않았다. 따라서 대개 이들의 묘소는 인가에서 멀리 떨어진 깊은 골짜기나, 연고가 없는 타지에 자리잡기 일쑤였다. 한번 묘제를 지내려면 하루 이틀의 여정은 물론이고, 묘제 자체가 기본적으로 하룻밤의 일정을 요하게 된다. 또한 각지에 흩어져 있던 문중들이 1년에 한 번 모일 수 있는 절호의 기회여서 보통 사나흘을 머물 수 있는 장소가 필요하게 된다. 여러 가지 이유에서 묘소 부근에 대규모 인원이 숙식하며 제사를 준비할 수 있는 건축물, 즉 재실건축이 필요하게 되었다.

영남 지방, 특히 안동 지역은 전국에서도 가장 먼저 토착 성씨가 발생하였고 씨족의 수도 많았다. 역대로 안동 지역은 역사의 승리자 편에 서왔다. 신라 초창기에 일찌감치 동맹하여 삼국 통일의 과실을 향유할 수 있었고, 후삼국 때는 왕건 편에 헌신적으로 참여하여 고려 건국의 조역이 되었다. 고려 말 홍건적의 난 때는 공민왕을 호위하여 수도를 안동으로 옮겨올 정도였다. 태조 왕건은 안동의 세 성씨에 태사의 지위를 부여하여, 안동 권씨, 안동 김씨, 안동 장씨들은 이후로 계속 유력한 토착 성씨의 지위를 누리게 되었다. 고려 말에는 더욱 많은 토성 씨족들이 발생하였고, 조선 중기에는 이 지역 씨족들이 중심적 성리학자들을 배출함으로써 씨족적 구조가 최고로 발전된 지역이 되었다. 한 지역에 밀집된 유력 씨족들은 서로 경쟁적인 관계에 설 수밖에 없었다.

재실건축은 '재실', '재궁', '재사', '재각' 등으로 다양하게 불린다. 재실이 일반적인 명칭이기는 하지만, 유독 안동 지역에서는 '재사'라는 명칭이 일반화되었다. 또한 재사란 재실에 비해 규모가 크고 고급이다. 이보다 더 큰 것은 재궁이라 불린다. 안동 지역의 재사건축들이 다른 지역에 비해 유난히 많고, 규모가 큰 이유는 앞서 말한 역사적 배경에서 찾아야 할 것이다. 씨족주의의 발달은 재사건축의 발전을 수반한다. 재사는 곧 씨족들의 성전이므로.

조선 초에 등장한 건축 유형인 재사건축은 임진왜란 직후부터 극성을 떨치게 된다. 참혹한 전란을 통해 모든 가치기준이 무너지고, 오로지 의지할 곳은 가문의 혈연뿐이었다. 대부분의 족보가 편찬된 기점도 이 시기였다. 그만큼 씨족에 대한 기대가 증대됐고, 시조에 대한 제사와 숭모崇慕는 지고의 가치요, 최대의 행사였다. 안동의 씨족들이 다른 가문보다 더욱 크고, 빛나고, 개성 있는 재사 건물들을 경쟁적으로 건설하기 시작한 것도 대략 이 시기였다.

재실건축의 프로그램, 묘제 지내기

예법의 시대였던 조선 중기, 관혼상제冠婚喪祭의 예제 중에서도 가장 까다롭고 종류도 많은 것이 제례였다. 하기야 성인식·결혼식·장례식은 일생에 한 번 있는 일이지만, 제사는 4대조 부부만 하더라도 1년에 8번 이상 돌아오는 월례행사이니 그럴 만하다. 예학의 경전인 『주자가례』에 등장하는 제사의 종류는 사시제四時祭, 시조제始祖祭, 선조제先祖祭, 미제禰祭, 기일제忌日祭, 삭망천신제朔望薦新祭, 속절제俗節祭, 묘제墓祭 등 8종류나 된다.[09] 이 가운데 묘제는 시제時祭라고도 하며, 문중의 입향조나 중시조부터 5대조 이상까지의 조상을 한꺼번에 모시는 제사다. 묘제는 연 1회, 3월이나 10월에 지내며 장소는 당연히 시조의 묘소가 된다.

묘제는 가문 구성원들이 모여서 같은 조상의 자손임을 상기하며 서로간의 결속을 다지는 역할도 하지만, 지역사회와 다른 가문에 대하여 힘 있는 명문 가문임을 과시하는 대외적 효과도 거둔다.[10] 묘소 근처에 대단한 재사를 지어야 했던 이유가 될 것이다.

묘제 참석자들은 제사가 있기 전날까지 재실에 도착해야 한다. 웬만한 가문의 묘제에는 100명 이상이 참석했다고 한다. 원로층은 참제인 방에서 숙식하고, 나머지는 대청과 누마루 등에서 새우잠을 자야만 했다. 모든 제사에서 가장 중요한 일은 제사에 바칠 음식(제수祭需)을 마련하는 일이다. 제사의 실질적 책임자인 유사有司의 지휘 아래 제수는 미리 장만하여 전날 밤에 재실로 운반되며 전사청에 보관된다. 유사들은 보통 3~4명이며 많게는 7명까지 구성된다.[11] 제삿날 아침에 임원(종손과 유사)들이 모여 제사에서 정해진 의례를 담당할 제관들을 결정한다. 이런 역할분담을 분정分定이라 하며, 분정이 끝나면 제수를 점검하고 제수를 선두로 모든 참례인들이 일렬로 묘소로 향한다.

묘소에 도착하면 정해진 의례(홀기笏記)에 따라 제사를 지내고 제수는 다시 재실로 돌아온다. 이때 의례 동선은 갔던 길을 반복하지 않는다는 원칙에 따라, 나갈 때와 들어올 때의 출입구가 달라야 한다. 따라서 재실에는 2개의 출입구를 두어 하나는 묘제 때만 개방하는 의례적인 문이 되고, 다른 하나는 묘제와 평상시 모두에 사용하는 일상적인 문으로 분리된다.

제사가 끝나면 모두 누각이나 대청에 모인다. 임원들은 내년의 유사와 제관을 선정하는 모임(망기望記)을 갖고, 망기가 끝나면 참제인 모두 음식을 나

09_ 이광규, 「親族集團과 祖上崇拜」, 『한국문화인류학』 제9집, 1979. 12, p.17. 사시제는 4계절, 3달마다 한 번씩 길일을 정해 4대조까지 지내는 제사, 시조제는 문중 전체에서 동짓날 시조에게 지내는 제사, 선조제는 시조 이하 여러 조상에 대해 입춘에 지내는 제사, 미제는 가을에 선친에 지내는 제사, 기일제는 4대조 이하 조상의 기일에 행하는 제사, 삭망천신제란 매월 보름과 그믐에 지내는 제사, 속절제는 정초, 한식, 단오, 유두, 초석, 중양 등 각 절기에 지내는 제사로 정말 많기도 많다.
10_ 임돈희, 「韓國 祖上崇拜의 未來像」, 『한국문화인류학』 제18집, 1986. 12, p.153.
11_ 조현범, 「安東地域 口字型 齋室의 計劃槪念과 類型的 性格」, 울산대학교 대학원 석사학위논문, 1996. 2, p.11.

누어 먹는 음복례飮福禮를 치름으로써 제사가 끝난다.[12] 대략 이때가 점심 즈음으로, 인근에 사는 참제인들은 집으로 돌아가지만 멀리 사는 이들과 원로들은 하루나 이틀을 더 유숙하고 헤어진다.

재실의 기능과 요소

이상의 묘제 절차는 재실건축이 담아야 할 절대적인 프로그램이었다. 그러나 묘제란 1년에 1회, 그것도 3~4일만 필요한 일과성 행사다. 일과성 용도를 위해 거대한 규모의 시설물을 짓는다는 것 자체가 무리한 계획이었다. 큰 재실의 경우 묘제에 100명 이상이 참례한다면, 한 방에 5명씩만 잔다고 해도 20개 이상의 온돌방이 필요하게 된다. 단 며칠을 위한 규모로서는 매우 비경제적이다. 따라서 재실 계획에서 가장 먼저 결정할 내용은 적정 규모를 산정하는 일이다.

또한 외진 곳에 있는 대규모 시설을 평소에는 어떻게 관리할 것인가도 고민거리였다. 보통의 경우 재실에는 관리인이 상주하여 건물과 묘소 관리는 물론, 재원으로 설정된 인근 토지의 농사를 관장하게 된다. 따라서 재실은 제사용 시설과 관리인 가족의 생활을 위한 시설로 이루어지며, 관리인은 소작농이거나 노비층이어서 두 영역 사이의 공간적 위계도 뚜렷이 나타난다. 일상적 관리 영역과 비일상적 제사 영역의 비율을 어떻게 할 것인지, 두 영역 요소의 겸용과 생략을 통해 건물 규모를 어떻게 조절할 것인지가 우선 결정돼야 할 내용이었다.

제사용 시설은 제사 준비의 의례적 공간, 참제인들의 숙식 공간, 제사용품의 수장 공간으로 이루어진다. 의례적 공간의 중심은 대청마루와 누마루다. 안동의 큰 재사들은 대개 대청과 누를 동시에 갖고 있다. 대청은 유사의 주관 아래 상차림을 하고 원로들의 실무적인 회의가 열리는 데 비해, 누마루는 음복례나 비올 때 묘제를 대신 치르는 등 더욱 공식적인 장소가 된다. 대청이 유사들의 장소라면, 누마루는 종손을 중심으로 문중 교류의 장소로 쓰

12_ 조현범, 앞의 논문, p.12.

였다. 또한 밤에는 참제인들의 숙박 장소가 되는 등 다용도로 쓰인다. 방들은 한정되어 있고 숙식해야 할 참제인들은 많아서, 참제인의 신분적 위계에 따라 방들을 배정하는 것도 커다란 계획 중 하나였다.

묘제에서 가장 상징적인 인물은 다름 아닌 종손宗孫이다. 나이가 어려도 종손은 문중의 최고 대표이며 제사의 초헌관初獻官으로서 대접을 받아 종손의 방은 독립적이고 중요한 위치에 배치된다. 종손이 어릴 경우에는 초헌관을 문중의 원로가 대리하기도 한다. 그를 수임受任이라 하여 규모가 큰 재실에서는 종손 방과 수임 방을 분리하기도 한다.

묘제의 상징적 중심이 종손이라면, 모든 행정 절차와 재정을 담당하는 실질적 주관자는 유사다. 특히 가장 중요한 제수 관리가 유사의 임무이기 때문에, 유사 방은 다른 참제인 방과 분리하여 누나 대청을 관장할 수 있는 위치에 설정된다. 묘제 의례를 집전하는 원로들인 헌관獻官을 위한 헌관실, 고문격인 전임유사前任有司를 위한 전임실, 그리고 나머지 참제인參祭人들을 위한 참제인실이 마련된다. 참제인실은 연령별로 구획된다.

제사용 수장 공간으로 전사청과 고방이 마련된다. 전사청은 이미 상차림된 제수와 제기를 보관하는 신성한 창고다. 재실뿐 아니라 모든 제사용 건축에는 필수적인 시설이며, 의례 동선과 밀접한 관계가 있는 위치에 배치된다. 고방庫房은 주로 참제인들의 물건과 의관을 보관하는 곳으로, 일회적인 재실의 용도에 따른 고유한 기능이다.

관리시설은 관리인이 생활하는 관리인 방이 중심이다. 이를 말방 혹은 고직이 방이라고도 하며, 일상용 출입구와 가까운 곳에 있다. 고직이 방은 묘제 때는 참제인들에게 비워주는 것이 일반적이다. 평소 관리인의 부엌으로 이용되는 정지는 묘제 때 참제인의 식사와 제수 마련을 겸하는 곳이다. 그 외에 묘전에서 생산되는 수확물을 저장하는 고간, 마구, 다락 등이 마련된다.[13]

13_ 조현범, 앞의 논문, p.13~15.

재사건축 유형의 조건과 근원

재실건축은 한국건축의 기능적 유형들 가운데 비교적 늦게 발생하여 정착했고, 토착적인 가문들을 중심으로 한 매우 사적인 건축 유형이었다. 따라서 공공부문의 향교나 서원과 같이 일정한 건축적 모델이 존재하기 어려웠다. 건축가의 창조적 역할이 보장되지 못한 시대에, 모델도 존재하지 않는 상태에서 새로운 유형을 구축하기는 매우 어려운 작업이다. 따라서 재실건축의 형식들이 지역별로 다양하게 전개되고, 안동 지역 내의 재사 사이에도 이질적인 형식들이 혼재할 수밖에 없었다.

재사라는 건축 유형은 다음과 같은 3개의 구성상의 조건을 충족시켜야 했다.

첫째로 재사는 묘소 근처에 세워진다는 입지적 조건이었다. 당연한 조건이지만, 묘소에 적용되는 풍수론과 재실이라는 건물에 적용되는 풍수론의 구조는 다를 수밖에 없다. 이른바 음기陰基에 적합한 지리 형국과 양기陽基에 적합한 형국은 정반대의 경우마저 있기 때문에, 음기의 명당인 묘소 근처에서 재실의 입지를 정하기는 그다지 쉬운 일이 아니었다. 따라서 어느 정도 묘소에서 떨어진 곳에 위치할 수밖에 없었지만, 묘소와의 상징적인 연관성은 그대로 추구되어야 했다. 결과적으로 대다수의 재사들은 묘소에서 한 골짜기 정도 떨어진 곳에 위치하기 때문에 시각적으로 연결되지는 않는다. 그러나 재사 누마루의 방향이 묘소 쪽을 지시하도록 맞추어 상징적인 연관성을 강조한다. 간혹 재사가 놓일 지형의 향과 묘소의 향이 일치하지 않는 경우에도, 지형과 묘소의 2개 향을 동시에 만족시킬 수 있는 다양한 형식이 등장하게 된다.

둘째로 묘제의 절차와 행위를 수용할 수 있는 기능적 조건이다. 제수의 상차림과 음복례 등 의례를 위해 대청과 누마루가 동시에 필요하다든지, 의례 동선의 중복을 피하기 위해 2개의 대문이 설치되어야 한다든지 하는 기능적 원칙이 세워지게 된다. 그러나 묘제를 수용한다는 것 역시 그다지 쉬운 일은 아니다. 앞에서 지적한 대로, 일시적 대규모의 이용 인원을 위해 어느 정도의 규모를 설정해야 하는지, 또 관리 영역과 제사 영역의 관계를 어떻게 구성할 것인지 등 초기에 결정해야 할 프로그램들이 만만치 않기 때문이다. 그 설정에 의해 건물의 규모와 형식이 결정된다.

셋째로 가문 내의 위계질서를 상징할 수 있는 내부 공간의 관계를 형성해야 하고, 동시에 대외적으로 가문의 단합과 파워를 과시할 수 있는 형태를 가져야 한다. 따라서 대부분의 재사들이 외부적으로는 폐쇄적이며 강렬한 형태를 갖는 반면, 내부로는 개방적인 구성을 취하게 된다. 특히 묘제는 철저하게 장손과 원로의 지휘로 일사불란하게 진행되기 때문에 안마당을 중심으로 모든 방들이 노출되어 관계를 맺게 된다. 또한 방들의 배열과 공간의 구성은 철저하게 가문 내 구성원의 위계에 따라 질서화된다.

이 3가지 조건만 충족한다면 어떠한 형태와 형식이어도 무방했다. 그렇다고 전혀 새로운 형식이 추구된 것은 아니다. 결국 기존의 다른 건축 유형 가운데 하나를 변형시키거나, 아니면 두 가지 유형을 결합하는 등 갖가지 유형학적 실험들이 벌어졌다. 재실건축에 대해 가장 많은 정보를 가지고 있는 김동인 교수의 연구에 따르면, 경북 지역의 재실들을 발생 근원에 따라 강당형, 암자형, 민가형, 복합형의 4가지로 분류할 수 있다고 한다.[14]

강당형이란 서원 향교나 서당 등 공부와 관련된 시설물의 패턴을 차용해 만든 형식이다. 가운데 큰 대청을 사이에 두고 양쪽에 온돌방이 있는 형식으로 소규모 재실들에 많이 적용되었다. 다른 지역에서도 가장 일반적으로 채택된 형식이다.

암자형이란 기존의 불교사찰이나 암자를 개조하던가, 목재를 다시 사용하여 만든 재실의 형식이다. 암자를 그대로 사용할 수는 없기 때문에 재실 용도에 맞추어 증축 변형하게 된다. 암자의 원래 규모도 작지 않은 데다 증축까지 하여 비교적 대규모의 재실들이 여기에 속한다.

민가형이란 안동 지방 살림집의 구조를 모델로 삼아 계획된 재실들이다. 안동의 살림집은 최하층부터 상류층까지 매우 다양한 건축 유형을 갖는 바, 재실들도 규모와 격식에 맞추어 다양한 형식으로 전개되었다. 그러나 많은 경우, 상류층의 주거 형식인 '뜰집' 유형을 차용하여 평면을 폐쇄된 ㅁ자형으

14_ 김동인, 앞의 논문, pp.47~48.

로 만들고, 대청을 중심으로 좌우대칭으로 방을 배열하는 형식을 갖는다. 그러나 민가의 기능과 재실의 기능은 서로 다르기 때문에 살림집의 사랑채 대신에 누마루가 전면에 부가되는 등 다양한 변화가 있다.

강강형, 암자형, 민가형 등의 분류가 정확치 않다거나 용어가 부적절하다는 지적이 따를 수 있지만, 재사 유형의 발생 연원을 규명하자는 것이 목적은 아니므로 소개에 그치도록 한다. 어쨌든 중요한 사실은, 새로운 건축 유형을 형성하기 위해 기존의 유형들이 차용되고 변형되었다는 사실이다. "인간의 모든 창조물 가운데 어떤 것도 무無에서 온 것은 없다. 모든 사물에는 지속되는 변화에도 불구하고 이성과 감성을 통해 보존되는 기본적 원리가 있다. 이는 일종의 세포핵과 같아서, 원리를 중심으로 여러 요소들이 모이고 조정되며, 또한 형태적 발전과 변화는 이것과 긴밀하게 연관된다. …… 이는 건축에서의 '유형'이라 불려야 할 것이다."[15] 태양 아래 새로운 것은 없다는 구약성경의 구절을 떠올리게 한다.

15_ Quatremere de Quincy, *Dictionaire Historique dell' Architecture*, 1837. Anthony Vidler, "The Production of Types", *Opposition*, No.13, Spring 1977, p.107에서 재인용.

영양 남씨들의 재실, 남흥재사

마을 속의 기념비

남흥재사南興齋舍는 안동시 와룡면 중가구리 남흥동에 있다. 고려 공민왕 때 판서를 지낸 남휘주南暉珠(1326~1372)와 참판을 지낸 그 아들 민생敏生의 묘제를 지내기 위한[16] 영양 남씨들의 재실이다. 1,500년대에 암자 규모의 남흥사南興寺를 개조하여 만든 것이라고 전한다. 정확한 기록은 없지만 누마루인 원모루에 사용된 두꺼운 영쌍창楹雙窓[17]이나 날카롭게 조각된 초익공의 모습, 그리고 모를 죽인 사각기둥의 기법에서 16세기에 합당하는 오래된 건축의 흔

16_「齋舍重修記」, 1684.
17_ 두 짝으로 된 창문 사이 창틀에 작은 기둥을 끼운 창문 형식. 가운데 기둥을 영쌍이라 부르며, 문짝을 굳게 닫으려는 장치로 추정한다. 영쌍창 형식은 적어도 18세기 이전의 건축에 나타나던 것이다.

■ 마을 뒷산에서 본 남흥재사 전경 재사의 앞에 남흥동 마을이 펼쳐진다.

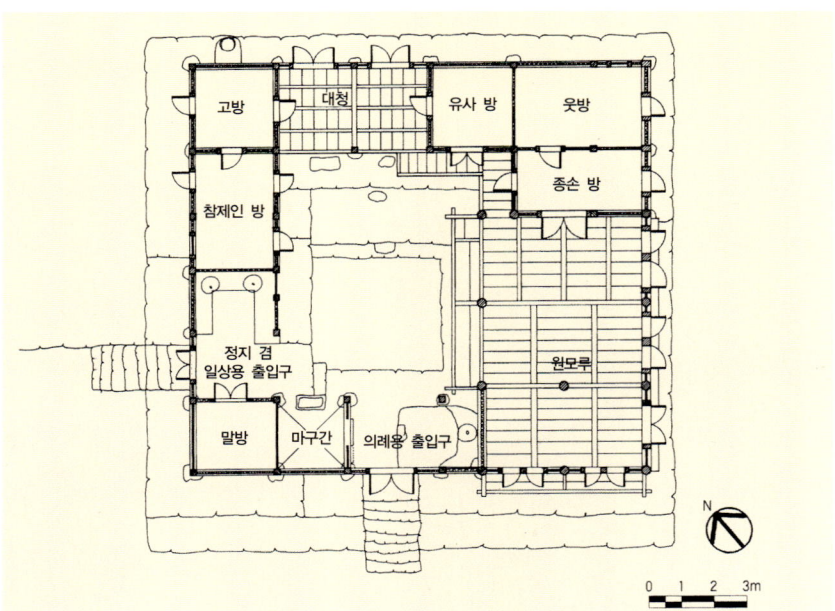

◤ 남흥재사 횡단면도(위)와 종단면도(아래)
김봉렬 도면.
◢ 남흥재사 평면도 김봉렬 도면.

적을 읽는다.

남흥재사의 가장 큰 구성상 특징은 대청마루와 누마루가 앞뒤로 놓이지 않고, 서로 직각 방향으로 놓인 점이다. 통상적인 구조라면 대청의 전면에 있어야 할 누마루가 동쪽 날개로 옮겨간 모습이다. 대청과 원모루 바닥은 같은 레벨이지만, 지붕의 층고는 누 쪽이 훨씬 높다. 원모루는 높은 층고와 함께 초익공의 고급스러운 구조로 대청보다 상위의 공간임을 나타낸다. 경사지에 세로로 놓여진 원모루의 남쪽 정면은 완전한 2층의 누각으로 나타난다. 또한 이 부분 2칸만 지붕을 꺾어서 원모루의 전체 지붕 모양은 T자형을 이루게 된다. 결과적으로 T자의 머리 부분만 건물 정면으로 노출되어서, 바깥에서 보면 마치 ㅁ자형 뜰집에 2칸 누각이 결합되어 있는 형태로 나타난다.

마을 진입로에서 바라본 남흥재사의 경관 진입로의 폭과 시점에 맞추어 원모루의 남쪽 끝 2칸을 정면화하였다.

이처럼 복잡하게 원모루를 구성한 이유를 마을에서 바라볼 때 쉽게 이해할 수 있다. 재사는 남향한 경사면 중턱에 자리잡았고, 그 아래에는 영양 남씨 씨족 마을인 남흥동이 전개된다. 마을은 많이 축소되어 현재 15호 정도의 살림집과, 2동의 정자와 재실(회관용)이 남아 있다. 마을의 중심 길은 가운데 휘어져 오르는 좁은 오솔길이다. 이 길을 따라 오르면 곧 남흥재사에 다다르는데, 살림집들 사이의 오솔길로 보이는 부분이 바로 원모루의 남쪽 정면이다. 꼭 2칸 크기의 폭만큼 시야가 전개되는 것은 우연의 결과가 아니다. 2칸의 누각이 수직적으로 부상하는 것 같은 이 경관을 얻기 위해서 복잡한 방법으로 원모루를 구성한 의도적 결과다. 남흥재사는 외떨어진 건축물이 아니라, 씨족 마을과 일체화된 마을 속의 기념비가 된다. 마치 중세 유럽의 마을들이 가장 높은 곳에 교회를 이고 있듯이, 그들의 선조를 위한 재사를 마을의 중심으로 삼은 것이다.

　원모루가 대청에 직각으로 놓인 까닭을 묘소와의 관계에서도 찾을 수 있다. 마을의 남쪽 안산에는 시조묘가 있고, 그 아래 마을 어귀에 6대조까지의 유허비가 서 있다. 보통의 경우 재사의 정면향과 묘소의 방향은 서로 직교하여, 재사의 전면에 누마루가 놓일 경우 누마루의 길이 방향이 묘소를 향하게 된다. 이는 누마루 내부 공간의 방향성과도 일치된다. 남흥재사의 경우 정면과 묘소의 방향이 동일하기 때문에, 누마루의 모서리가 묘소를 향하게 하려면 동쪽으로 비켜 놓는 것이 타당하다. 동시에 남쪽 면에 정면성을 부여하기 위해서 원모루의 묘한 형태가 구성된 것이다.

누마루의 의외성과 새로움

여러 가지 이유로 직각으로 놓인 대청과 누마루의 관계가 재사의 내부 공간을 지배한다. 대청은 2칸이지만 원모루는 무려 6칸이며 초익공의 구조로 결구되어 있다. 규모나 질적으로나 원모루가 중심 공간임은 확실하다. 그럼에도 불구하고 대청이 결코 원모루의 공간적 영향력에 끌려들어가지 않고 오히려 대등한 관계를 이루어 안마당 공간의 균형을 이룬다. 바로 대청의 위치 때문이다. 건물의 남북 구성 축선상에 대청이 놓여서 위치적 중심성을 회복하면서, 동시에 의례시 대문에서 시각적인 정면성을 얻었다. 반면 원모루는 큰 규모에도 불구하고 한쪽으로 치우치게 된다.

　또 하나 유심히 볼 것은 원모루에서 대청으로 이어지는 툇마루의 방향성이다. 이는 대청을 정중앙에 놓지 않고 서쪽으로 1칸을 치우침으로써, 원모루에서 대청으로 연결되는 2개의 툇마루 역시 서쪽으로 향하는 방향성을 가지게 됐다. 큰 공간에서 작은 공간으로 방향성을 부여함으로써, 두 마루 사이의 균형이 유지되었다.

　2개의 마루면이 동일한 높이로 ㄱ자형의 주된 면을 이루고, 유사 방에 속한 대청에서는 마을을 바라보고, 종손 방에 속한 원모루는 묘소 쪽을 향해 강

▷ **남흥재사 안마당**　정면이 대청, 오른쪽으로 원모루이다. 대청과 누라는 2개의 마루면을 동일 평면상에 직각 방향으로 배열했다.

▷ **원모루의 모습**　외부에 대해 완전히 폐쇄된 내부 공간. 남쪽 끝 2칸의 지붕 처리에 주목해보자.

▷ **원모루에서 대청으로 흘러가는 마루면의 방향성**

한 방향성을 갖는다. 두 마루면으로 감싸진 안마당의 바닥은 3단의 석축으로 상승된다. 비교적 급한 대지의 경사를 안마당에서 흡수하여, 원모루는 누각의 부유감을, 대청은 오히려 안정감을 얻게 된다. 지형적 조건에 성공적으로 대응한 결과다.

　남흥재사는 재사건축이 충족시켜야 할 여러 조건을 해결하면서도 매우 독창적으로 구성되었다. 원모루를 동쪽 날개로 놓은 비대칭적 평면은 도면상으로는 불안해 보이지만, 입체적으로는 매우 안정되고 평온한 내부 공간을 구성한다. 이처럼 작은 규모 속에서 이처럼 역동적인 동시에 균형 잡힌, 그리고 지극히 입체적인 공간을 구현한 한국건축의 예는 드물다. 또 약간 억지스럽게 보이는 원모루 지붕의 변형이 마을의 경관과 묘소와의 관계를 맺는 성공적인 요소로 고안되었다는 점을 인식하면서, 남흥재사의 자유롭되 경건하고 신선한 건축적 가치를 새삼 깨닫는다.

국보급의 지방민속자료

경상북도 민속자료 28호인 남흥재사는 문화재 등급상으로는 하위에 속한다. 건축물의 경우 국가문화재의 최상은 국보이며, 그 다음이 보물, 사적, 중요민속자료다. 그 다음은 한 차원이 낮은 지방문화재로서 유형문화재, 지방민속자료, 그리고 문화재자료다. 그러나 이 서열대로 건축물의 가치가 평가되는 것은 아니다. 국보 1호가 서울 남대문이라고 해서 남대문이 한국 최고의 건축은 아니다. 마찬가지로 남흥재사를 지방민속자료라고 해서 무지렁이 촌건물로 평가해서는 안 된다.

　안동 지역은 전통건축들이 가장 밀집되어 있는 곳이고 보존률도 매우 높다. 다른 지방관서에서는 하나라도 더 문화재로 지정하려 애쓰는 반면 안동시는 문화재 지정에 소극적이다. 안동시 관내 지정문화재가 230여 점에 이르니, 적은 예산과 인원으로 그들을 관리하기가 벅차기 때문이다. 그만큼 문화재적 가치를 가진 것들이 한 지역에 밀집되었다는 말이기도 하다. 범위를 넓

↗ **남흥재사 서쪽 위** 계단식으로 상승하면서 경사를 흡수한다.

혀 인근의 의성, 봉화, 영주, 청송까지를 안동문화권이라 할 때, 의미 있는 전통건축 가운데 적어도 1/3 이상이 안동문화권에 집중되어 있다. 아직 관심을 못 돌려서 그렇지, 체계적인 연구와 행정적 뒷받침만 있다면 경주에 버금가는 역사 관광 지역이 될 것이다. 사실 경주에는 불국사와 석굴암을 제외하고 모두 박물관과 땅속에 묻힌 옛 신라의 희미한 흔적뿐 아닌가. 그에 비한다면, 부석사와 봉정사의 불교문화, 소수·병산·도산서원의 유교문화, 하회를 비롯한 수많은 전통마을과 주택들이 보존되고 더욱이 현재도 유지·활용되고 있는 곳이 바로 안동이다.

안동 지역의 전통건축만큼 제대로 대접받지 못하는 곳도 드물다. 워낙 그 숫자가 많기 때문이다. 150여 개에 달하는 재사건축들은 대표적으로 소외된 문화재들이다. 대부분 지정도 안 되었을 뿐더러, 지정되었더라도 기껏 문화재자료나 지방민속자료다. 드물게 서지재사가 중요민속자료로 국가문화재급이 되었을 뿐이다. 서지재사는 국도변에 위치한 입지적 장점과 학봉 김성일의 후손들의 역량으로 예외적인 대접을 받고 있는 경우다. 남흥재사의 경우는 더욱 억울하다. 아마도 경기도나 충청도에 남흥재사가 있었다면 못해도 보물급으로 지정되었을 것이다. 이 건물의 건축적 가치를 생각한다면 그 정도의 대접도 충분하지 않다.

학봉 김성일을 위한 재실,
서지재사

전형의 완성

안동시 와룡면 서지리 가수내 마을 어귀에 있는 학봉 김성일의 묘제를 위한 재실이다. 김성일은 하회마을의 류성룡과 함께 이황의 학맥을 이은 양대 거두이며, 임진왜란 때 종군하던 중 병사하여 후대의 추앙을 받은, 의성 김씨 금계동파의 중시조다. 학봉의 묘소는 재사의 서쪽 낮은 산 위에 있어 매우 가까운 위치다. 묘소 앞으로는 씨족 마을이 전개되며, 서지재사西枝齋舍는 마을 앞 낮은 경사지에 서 있다. 재사로는 드물게 접근성이 좋은 입지다.

1634년 창건될 당시 순수하게 재실용으로 계획·신축된 예로서, 아직 창

▶ **서지재사** 내부의 기능이 그대로 드러나는 매우 논리적인 형태로 구성됐다.

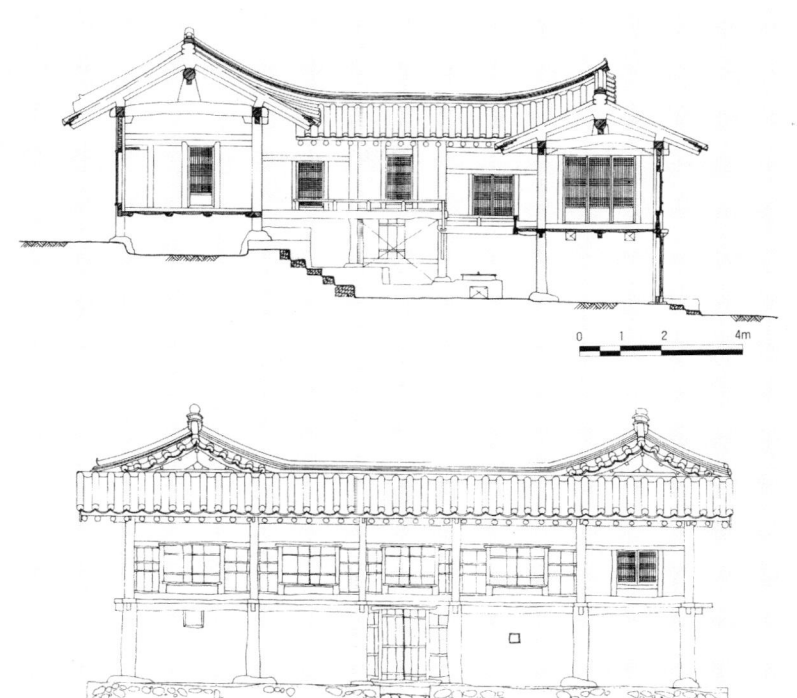

︎ 서지재사 종단면도(위)와 입면도(아래)
　김봉렬 도면.
︎ 서지재사 1층 평면도(왼쪽)와 서지재사
　2층 평면도(오른쪽)　김봉렬 도면.

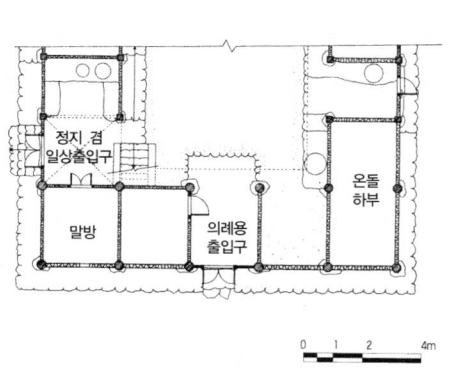
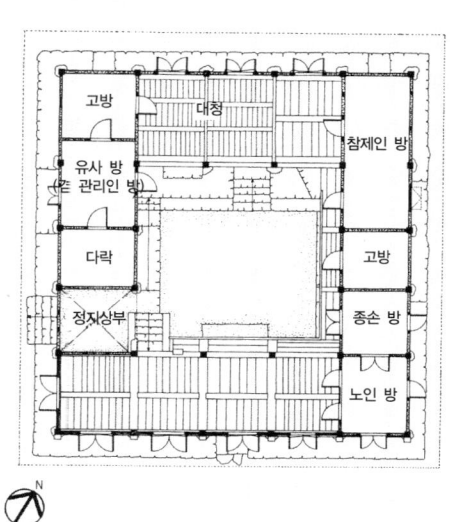

건 시의 구성이 그대로 보존돼 있다. 중요민속자료 102호로 지정된 후에 오히려 시멘트 몰탈로 외벽과 정지 바닥을 보수하여 원형에 손상이 갔다. 언젠가는 바로잡아야 할 부분이다.

서지재사의 전체 형식은 이 지역의 대표적인 주거형 '뜰집'의 구성을 따랐다. 3×3칸의 안마당을 중심으로 완전한 ㅁ자형 건물을 계획하여 5×5칸의 규칙적인 구조 골격을 만든다. 건물 가운데를 3칸의 대청으로 개방하고 양쪽 날개채는 모두 방으로 채운다. 여기까지는 완벽하게 뜰집의 구성과 일치하며, 지붕의 구성도 뜰집 그대로다. 그러나 전면에는 누마루를 설치하여 2층이 되었고, 사랑채는 물론 없다. 누마루의 동쪽 칸에 노인 방을 앉힘으로써 누마루는 서쪽으로 향하는 방향성을 갖도록 했다. 바로 그쪽이 김성일의 묘소가 있는 방향이다. 뜰집의 형식을 바탕으로 재실로서의 기능과 요소를 수용한 예다.

이 집은 평소 관리인이 사용하기에 딱 맞을 정도로 재사 중에서는 작은 규모에 속한다. 유사 방을 관리인 방과 겸하게 하는 등 경제적 규모를 추구한 결과다. 최소 규모에 맞추어 공간의 쓰임새를 겹치도록 배분한 합리성과 절제성이 강하게 표출된다. 이미 교조적 단계에 들어선 조선 중기 성리학계의 전형적 공간이 이런 것이리라.

대청은 유사가 관장하며, 누마루는 종손이 관장한다. 비슷한 크기의 누와 대청을 앞뒤로 평행하게 놓았으며, 그 사이 간격이 그다지 넓지 않아 둘 사이의 긴장감이 형성되어 대칭적인 안마당은 한층 더 공식적인 장소로 바뀌게 된다. 마당을 감싸는 툇마루와 계단식 통로가 자칫 경직되기 쉬운 안마당의 분위기를 이완시킨다. 다양한 요소들로, 그러나 매우 규칙적으로 구성된 순환 통로는 물론 제례를 위해 고안된 것들이다.

외투와 닿는 벽면들을 모두 폐쇄하고 안마당을 향해서만 방들의 개구부를 냄으로써, 안마당의 하늘에서만 빛이 유입된다. 안마당의 크기가 건물 높이에 비해 좁기 때문에 넓은 마루면들에는 반사되는 간접 광선들이 뿌옇게 스며들게 된다. 추모용 건물로는 제격인 빛의 처리다.

▽ **서지재사** 의례용 출입구를 들어서면 높은 대청의 기단부가 압도한다.
▷ **대청에서 본 누마루** 누마루 밑의 작은 의례용 출입구와 안마당.
▽ **서지재사 투상도** 김봉렬 도면.

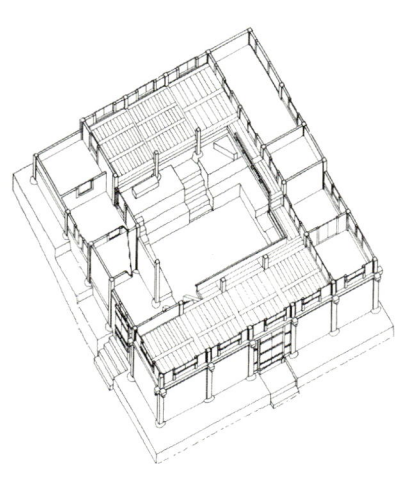

극도의 인위성

뜰집의 형식에 재실 기능을 담으려는 시도가 성공적인 것만은 아니다. 뜰집은 사랑채보다 안채가 훨씬 높게 구성된다. 산악 지역인 안동 일대의 지형적 조건 때문에 형성된 형식적 특성일 것이다. 그러나 재사의 전면에는 누마루를 설치하기 때문에 단면 구성의 모순에 빠지게 된다. 즉 앞의 2층 누각보다 단층인 뒤의 대청 부분이 더 높아야 한다. 이 원칙을 고수하려면 앞의 누각을 최소로 낮추고, 뒤 대청면의 높이는 크게 높일 수밖에 없다. 따라서 서지재사 대청마루는 2층에 가깝게 높여졌고, 기단과 석축들이 엄청나게 높아지는 결과를 빚었다. 물론 대지의 지형이 더 심한 경사였으면, 이러한 레벨 처리의 부자연스러움이 약화되었을 것이다.

그러나 불행히도 서지재사의 입지는 거의 평지에 가깝다. 거의 2층 구조와 같이 나타나는 외부 형태는 더욱 부자연스럽게 대지와 만난다. 형식적 원칙에만 충실한 결과, 지형에 대한 융통성을 발휘하지 못한 결과가 아닐까. 비

▽ 안마당을 감싸는 순환통로 안마당을 감싸는 순환통로가 중간에서 1자 정도의 높이 차이를 보인다.

↗ 서지재사 누마루와 대청의 연결 관계

숱한 원칙을 지키면서도 지형과 입지조건에 충실히 대응했던 남흥재사와 좋은 비교거리가 된다. 마을과도 그다지 유기적으로 관계를 맺지 않고 있다. 마을의 살림집들과 거의 같은 레벨의 대지에 세워진 까닭이다.

서지재사의 중심은 바로 안마당이다. 안마당의 전후좌우 대칭적 구성과, 빛의 효과와, 이를 감싸는 순환동선 띠의 설정은 안마당에 방들이 딸려 있는 듯 보이게 한다. 공간이 오브제로 역할하고 매스는 배경으로 나타나는 역설적인 구성이다. 또한 예외 없이 규칙적인 구조적 골격, 매우 낮은 출입문과 그에 대응하는 높고 큰 대청 사이의 과장된 스케일, 논리적인 공간의 배분 등 인위적 계획과 조작으로 일관하고 있다. 근본주의적인 학봉파의 학풍과도 같이, 서지재사는 고도의 인위성으로 하나의 전형을 이루었다. 이후 많은 재사건축의 모델이 되었던 것도 사실이다. 그러나 여기에는 유형적 변용의 자유와 융통성이 제거되고, 경직된 유형학적 원칙들만 추려져 있다.

진성 이씨의 휴양단지, 가창재사

진성 이씨 전용 휴양단지

가창재사可슘齋舍는 안동시 북후면 물한리 물한동 마을과 인접한 골짜기에 위치한다. 인근에서는 작산재사鵲山齋舍라고도 부르며, 안동-영주 간 국도에서 좁은 농로로 빠져 4km 정도를 들어가야 되는 찾기 어려운 곳에 자리잡

가창재사 숲 속의 성전으로, 매우 단아한 정면의 수평적 형태를 취하고 있다.

◸ 가창재사가 있는 작산 골짜기의 전경 연못 뒤의 송림을 뚫고 들어가면 재실과 정자들의 건축군이 나타난다.
◺ 가창재사 일대 배치 평면도 김봉렬 도면.

고 있다. 마을에 닿아서도 재사는 보이지 않는다. 마을의 동쪽 골짜기에 자리 잡고 있는데, 골짜기 어귀에 인공으로 심어진 큰 소나무 30여 그루가 길이 100m의 띠를 이루고 있다. 소나무 띠와 아울러 그 앞에는 저수지가 만들어져서, 얼핏 보면 골짜기가 끝나고 숲이 시작되는 것으로 보인다.

그러나 소나무 띠를 뚫고 들어가면, 큰 바위들과 거목들로 이루어진 아름다운 골짜기가 전개되고, 숲 속에 띄엄띄엄 자리잡은 5동의 건물군이 무리를 이루고 있다. 외부와는 완전히 차단된 또 하나의 별천지를 이룬 것이다. 모두 퇴계 이황을 배출한 진성 이씨 문중의 기념 건축들이고, 가장 높은 곳에 자리한 것이 퇴계의 4대조인 이정李楨의 묘제를 위한 가창재사다. 이정의 묘소는 안산인 작산에 있다. 이정이 퇴계 집안의 중시조라면, 진성 이씨의 입향조는 고려 말의 송안군松安君 이자수李子脩였다. 송안군의 사당이 가창재사 바로 서쪽에 있고, 그 아래에는 송안군을 기념하기 위해 세운 서당용의 작산정사鵲山精舍가 있다. 더 아래 동쪽에는 작산 구강당舊講堂과 전체 건물군을 관리하기 위한 ㅁ자형의 주소廚所가 있다.

가창재사는 퇴계의 할아버지 3형제가 1480년 창건하였고, 처음에는 기존 암자를 접수하여 사용했으나 수차례의 증축과 중수를 거쳐 지금의 모습을 이루었다.[18] 1715년 중수 때 지금의 누마루를, 1776년 부엌과 참제인실을 넓혔다.[19] 송안군 사당은 1565년에 강당은 1775년에 신축한 것이고, 입구의 소나무 숲은 1776년 조성한 것이다.[20] 여러 개의 건물군들이 산재하고, 본격적인 서비스 시설인 주소까지 갖추어져서, 이곳은 비단 묘제 때만 아니라 항상 문중의 사람들이 머물면서 공부하고 수양하는 장소로 이용되었을 것이다.

유력 가문들의 세도정치가 실권을 가졌던 시절, 가문은 하나의 정당이었으며 묘제는 일종의 전당대회였다. 여기서는 명목상의 제사만 이루어진 것이 아니라, 가문의 중요한 일들을 상의하고 끼리끼리 서로의 정치적 입지를 챙겨주는 비공식적 접촉들이 일어났다. 이런 의미에서 재실은 일종의 전당대회장이었다. 가창재사는 한술 더 떠 인공적으로 만들어진 고립된 골짜기에 가문의 휴양단지 겸 씨족의 본부를 만들었다.

18_ 조현범, 앞의 논문, p.25.
19_ 「可倉齋舍 重修記」.
20_ 조현범, 앞의 논문, p.26.

누마루 중심의 수평적 구성

가창재사는 전면의 5칸 누마루가 내부 공간의 중심을 이룬다. 동쪽의 종손 방부터 길게 늘어진 누마루는 서쪽에 있는 묘소 쪽으로 방향성을 가진다. 또한 안마당도 동서로 긴 4칸 규모여서 누마루의 방향과 일치하며, 누마루에 부속된 것처럼 보인다. 통상적으로 존재해야 할 건너편의 대청은 나타나지 않고 모두 온돌방으로 구성되었다. 참제인실과 누마루 사이 서쪽 날개채 중앙에 유사 방이 놓이고 그 양쪽이 전사청과 상차림을 위한 마루다. 유사 방은 또한 안마당의 중심을 향해 출입문을 냄으로써 3방향의 제례를 진두지휘하는 위치

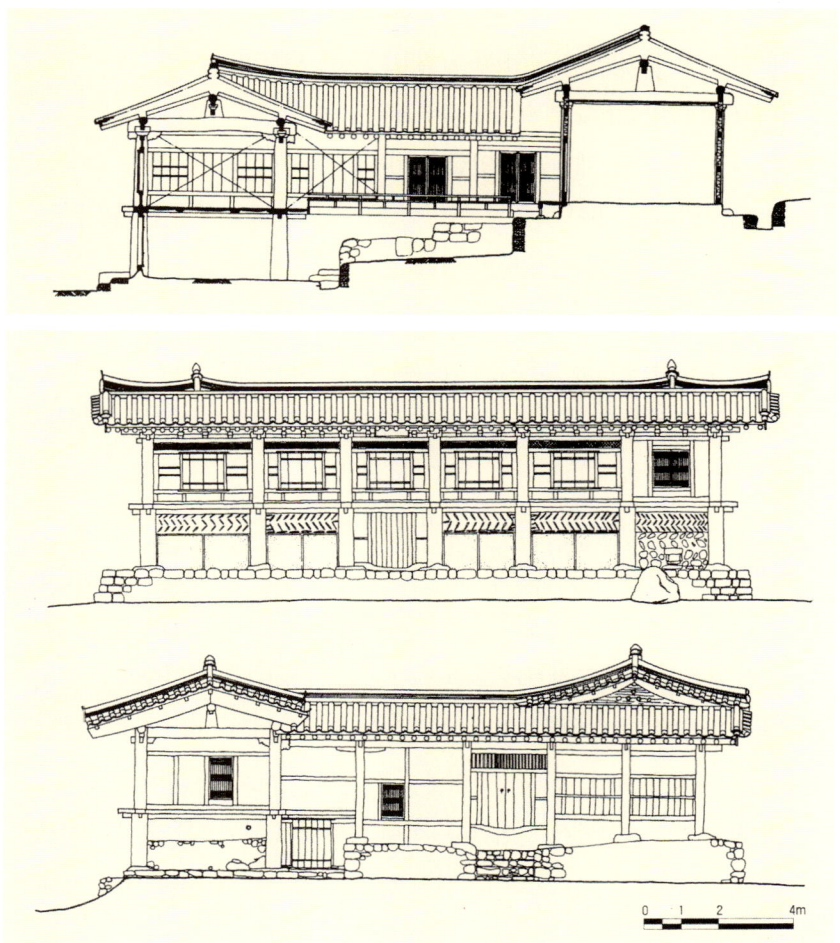

◸ **가창재사 단면도**　김봉렬 도면.
◺ **가창재사 입면도**(위)**와 측면도**(아래)
김봉렬 도면.

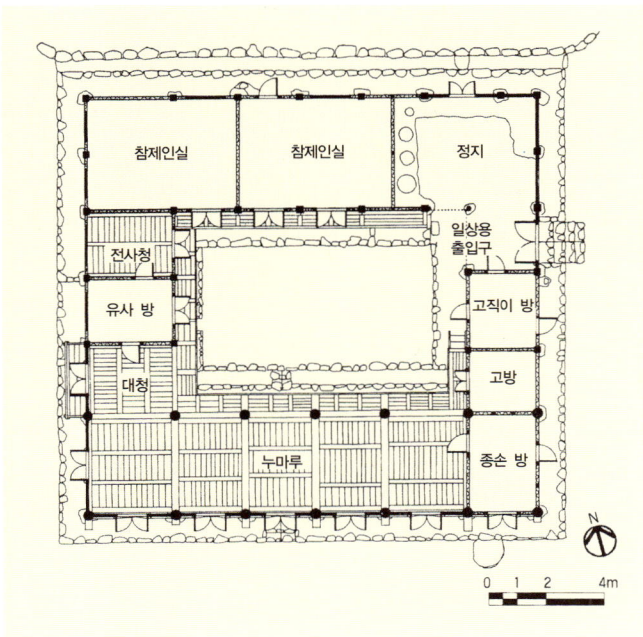

가창재사 평면도   김봉렬 도면.

를 확보했다. 대청 대신 마련된 1칸 마루는 누마루의 한쪽으로 접속된다. 그러나 마루널의 방향이 다르고, 어두운 누마루에 비해 밝으므로 두 공간 사이에 차이를 두었다. 유사용의 마루에 서쪽으로 난 창을 열면 마치 발코니와 같은 쪽마루가 부가되어 외부로 나갈 수 있도록 고안되었다. 이 쪽마루는 지면에서부터 1.8m 가량 높게 달려 있어서 한국건축의 외관으로는 매우 특이한 모습을 보여준다.

정지 부분을 제외한 안마당의 4면 모두에 긴 쪽마루가 가설됨으로써 순환동선 체계를 구축했다. 정지에서 누마루로 4단의 계단을 오르도록 되어 있지만, 한 바퀴를 돌아 1단만 내려서면 정지로 다시 돌아올 수 있다. 경사진 대지의 조건을 안마당에서 해결했기 때문이다. 단면도에서 확연히 나타나듯이, 누마루와 건너편 온돌방 부분의 바닥 레벨을 하나의 평면으로 설정했고, 안마당을 2개의 단으로 나누면서 누마루는 2층으로, 온돌방 부분은 1층이 되도록 조절했다. 누마루 부분의 층고는 되도록 낮추어 온돌방 부분의 지붕이 높아지도록 형태적인 위계를 부여했다.

가창재사는 가장 짜임새 있고 아름다운 입면을 자랑한다. 공간의 조직도 수평적이지만, 입면의 비례도 수평적이며 1층과 2층 사이에 전돌무늬를 박아 넣은 장식적 띠들과 기단까지를 포함한 전체의 구성이 대단한 솜씨임을 보여준다. 전면 기단 동쪽에는 큰 자연 암석이 노출되어, 재사 건물뿐 아니라 골짜기 전체에 널린 바위들과의 연관성을 떠올리게 한다. 재사의 내부는 제대로 관리하지 못해 어수선하더라도, 골짜기 전체의 건축적 분위기와 재사 건물의 정면만은 눈여겨볼 만한 가치가 충분하다.

입체적 공간을 위한
유형학적 요소

두 개의 마루면에서 보이는 입체성의 실체

다양하게 실험되었던 재사건축들에서 가장 핵심적인 요소들은 결국 대청마루와 누마루라는 2개의 요소로 압축된다. 묘제의 절차가 상징적 주인인 종손과 실질적 책임자인 유사에 의해 이원화되듯이, 이들이 주재하는 누마루와 대청마루가 재사의 두 중심 요소를 차지한다. 공간의 사회적 관계라고 할 수 있겠다. 두 마루 사이의 관계는 종손과 유사 사이의 역학관계를 암시하기도 한

◤ **가창재사 서측면의 발코니** 내부에서 발코니를 향해 창을 열면 바로 묘소 쪽을 향하게 된다.

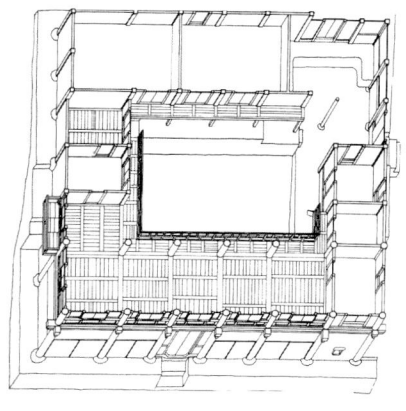

↗ **가창재사 투상도** 김봉렬 도면.

다. 예컨대 문중의 시조를 위한 재사들에서는 종손의 위상이 강화되고 수많은 문중인들이 모여야 하기 때문에 누마루가 발달한다. 유사는 단지 실무자에 불과하여 상차림만 가능한 1~2칸의 대청을 할애받을 뿐이다. 그러나 중시조中始祖 혹은 파시조派始祖를 위한 재사에는 참제 인원도 적고 종손의 위상도 높지 못해 누마루와 대등한 대청마루가 형성되거나, 아예 대청 중심으로 누마루가 없어지기도 한다.

두 마루의 건축적 관계는 수직적 높이 차와 수평적 방향성으로 결정된다. 보통은 이동상의 편리나 구조적 편의를 위해 두 마루면을 동일하게 처리한다. 그러나 서지재사의 예와 같이 두 마루가 서로 마주보는 경우에는 대청면을 누마루보다 약간 높게 처리하기도 한다. 둘 사이의 거리가 가깝기 때문에 중간의 마당면은 인식되지 않고, 두 면 사이의 높이적 위계만 강조된다. 불과 한 자 정도의 차이지만, 대청에서 보는 누마루는 완전한 수평면으로 인식되어 내려다보는 시각이 강조된다.

두 마루면의 높이가 같을 경우, 흔히 두 면을 직각 방향으로 놓아 변화 있는 관계를 맺는다. 이 경우는 물론 지형과 묘소의 방향이 엇갈리는 경우에 나타나는 결과적인 양상이지만, 엇갈린 두 마루면은 역동적인 방향감을 얻고 두 면이 서로 관입하는 듯한 효과도 이룬다. 두 면이 평행되게 놓이면 안마당은 정적인 공간이 되지만, 두 면이 직교하면 매우 동적인 공간으로 바뀌게 된다. 재사건축 내부 공간의 성격은 근본적으로 '대청'과 '누'라는 두 수평면 사이의 관계로 결정된다. 둘 사이가 넓은가 좁은가, 또는 높이 차이가 나는가, 또는 평행한가 직교하는가 등.

재사건축에서 또 하나의 공간적 특징은 입체적으로 변화하는 바닥면들이다. 한국의 전통 건물은 대부분 단층이어서 내부 공간의 입체적 변화가 미약하고, 수직적인 변화는 건물의 외부 공간에서 이루어지는 것이 일반적이다. 화엄사華嚴寺 각황전覺皇殿 같이 2층 건물이라 하더라도 내부는 단일 공간이어서 공간적 변화가 없다. 입체적인 변화는 겨우 사찰의 요사채들에서나 찾아볼 수 있었다. 그러나 안동의 재사건축들은 2층인 누와 단층인 대청의 결

◁ 가창재사 안마당과 순환통로

합에서 시작하므로, 그 중간을 1.5층이나 계단식으로 연결하는 중간층들이 생겨난다. 또 대청과 누면을 동일하게 설정하려면, 대지의 바닥면을 변화시켜야 한다. 다시 말해서 하나의 인공적 수평면을 설정하고, 그 아래의 바닥면이 푹 꺼지면 2층, 올라오면 1층, 중간이면 1.5층이 되도록 조절한다. 층고가 변하는 것이 아니라 대지의 바닥면이 변하는 수법으로 입체적인 변화를 시도하고 있다.

순환하는 안마당

재사의 부분 공간들은 살림집과 같이 독립적인 보호를 필요로 하는 것들이 아니다. 2~3일의 짧은 기간 동안 대규모의 친족들이 함께 생활하는 공공적·개방적 공간들이다. 따라서 부분 공간들을 서로 유기적으로 연결할 수 있는 통로를 필요로 한다. 공공적인 통로는 우선 높이의 변화가 크지 않아야 하고, 단순한 동선을 구성해야 한다. 당연히 중심 안마당을 감싸며 순환되는 통로가 설정된다. 물론 순환통로는 중심 공간들을 연결해야 하므로 대청과 누마루를 두 핵으로 나머지 부분들을 연결한다. 따라서 마당과 마루면 사이의 부분적인 수직적 이동을 수반한다.

수평적인 순환동선면이 삽입됨으로써 수직적으로 변화하는 재사의 내부 공간에 질서와 통일성을 부여한다. 수직적 변화와 수평적 통합을 통해서 비로소 입체적인 볼륨들이 결합하게 된다. 순환동선은 주로 툇마루와 경사진 기단 혹은 계단으로 이루어지는 일정한 폭을 가진 공간의 띠다. 안마당과 건물이 순환통로라는 중간적 띠를 매개로 만남으로써, 안마당의 깊이감은 더욱 깊어진다.

기능적 필요에서 만들어진 요소들이 공간적인 통합체로 역할하고 건축 전체의 중심으로 확장될 때, 이를 '건축화 과정'이라 부를 수 있을 것이다. 안동의 재사건축이 갖는 뛰어남은 기능과 구조와 공간이 통합된 이러한 '건축화 과정'에 있고, 최소한의 요소와 공간으로 그 과정을 이행하고 있다는 점이다.

재사건축에 대한 유형학적 접근은 두 가지 성과를 얻을 수 있다. 첫째는

작산정사에서 가창재사를 본 모습

21_ Aldo Rossi, 앞의 책, p.9. Quincy의 이야기를 재인용.
22_ Aldo Rossi, 앞의 책, p.10.

◸ 작산 골짜기 전체를 관리하는 주소 건물
◿ 작산재사 사당에 오르는 계단

재사라는 건축 유형의 전반적 성격과 구조를 밝히는 일, 둘째는 원형적 요소를 발견하고 무수히 변환될 수 있는 가능성을 이해하는 일이다. 여기서 말하는 재사의 건축적 유형이란 고정되고 경직된 형식을 말하는 것이 아니다.

모델은 그대로 반복되는 대상이다. 여기에 비해 유형은 하나의 대상이긴 하지만 서로 전혀 다른 작품을 만들어낼 수 있는 것이다. 모델의 모든 것은 정확하고 주어지는 것이지만, 유형의 모든 것은 다소 모호하다.[21]

유형학적 접근이라고 해서 수닪은 대상들의 공통적 보편성에 초점을 맞추는 것은 아니다. 건축가로서 중요한 관심은 재실에는 어떤 종류가 있고, 언제 어떻게 발생하여 변화되는가 하는 역사적 과정이 아니다. 그 배경적 사실을 바탕 삼아 실제로 만들어진 재실의 구성과 공간적 가치를 음미하는 일이다. 따라서 여기에 소개된 건축물들을 재실이라는 형식의 한 예로서 보기보다는, 개별적이고 독자적인 건물로서 대하고 하나하나의 개별성에 관심을 둘 일이다. 기능은 시대에 따라 변하거나 소멸되기도 한다.[22] 그러나 재사건축에서 발견할 수 있는 두 마루면의 역동적 관계와 순환통로의 통합성은 항상 새로운 발견으로 다가올 것이다.

주목할 만한
재사건축들

앞서 소개한 3개의 재사건축들은 누와 대청의 유형학적 관계를 살피기 위해 선택된 것들이다. 따라서 다분히 정형적인 대상일 수밖에 없다. 또한 구성과 요소들이 정교하게 만들어진 예들만을 추린 것이다. 미리 말했듯이 이들이 최고의 재사건축이라거나 대표적인 것은 아니다. 몇 개의 다른 예들을 간략히 소개하며, 여기에도 소개 안 된 미지의 재사에서 뛰어난 건축적 감동을 얻기를 기대한다.

태장재사와 능동재사

태장재사台庄齋舍는 안동시 서후면 태장동, 봉정사 가는 길목에 위치한다. 고려 삼태사이며 안동 김씨의 시조인 김선평의 묘제를 위해 1750년 창건되었다. 누마루가 14칸, 참제인실이 20칸 규모로 재실건축으로는 가장 큰 예에 속한다. 서쪽에는 관리인용 주사 건물군을 따로 조성하여 공간적 변화가 다양하며, 공간적 위계도 뚜렷하다. 특히 전면 누마루 부분의 외형은 매우 권위적이며 공공적이다.

능동재사陵洞齋舍는 안동시 서후면 성곡동에 위치하며, 고려 삼태사의 한 사람인 안동 권씨 권행의 묘제를 위해 1653년 창건했다. 14칸 누마루를 중심으로 한 제례 영역, 유사채를 중심으로 한 제사 영역, 그리고 주사 영역으로 세 영역이 뚜렷이 구분된 예다. 태장재사와 함께 대규모 재실군에 속한다.

▶ **능동재사 누각의 내부** 재사 건물로는 드물게 개방적이다.
▶ **금계재사 원경** 왼쪽 긴 지붕이 작은 누각, 오른쪽이 큰 누각으로, 2개의 누각이 나란히 결합되었다.

금계재사와 빈동재사

금계재사金溪齋舍는 숭실재崇實齋라고도 부르며 안동시 서후면 성곡동 능동재사 안쪽 능선에 있다. 류성룡을 배출한 풍산 류씨 가문의 입향조 류중영柳仲郢의 묘제를 위해 1706년 창건되었다. 원래 암자였던 것을 개조하였기 때문에 아직도 참제인실 건물은 암자의 형태를 그대로 가지고 있다. 숭실재의 특징은 2개의 누각이 나란히 놓여 있다는 점이다. 크기는 다르지만 외관으로는 매우 긴 누각 공간으로 나타나고, 내부의 연속된 마루면의 변화는 매우 독특한 건축적 장면을 구성한다.

빈동재사賓洞齋舍는 봉화군 봉화읍 문단리 손골(빈동賓洞)에 있다. 문단리에는 5~6개의 재실들이 산재하므로, '선성 김씨 재실'이라고 성씨를 분명히 해야 찾을 수 있다. 예안 김씨 계통의 이곳 입향조 김담金淡의 묘제를 위해 1753년 창건되었다. 누마루를 서쪽에 둠으로써 또 다른 공간적 변화를 느낄 수 있다. 특히 누마루 쪽의 충고에 대응하여 구성된 동쪽 날개채의 입체적인 쓰임새가 볼 만하다.

부록

건축 읽기에 도움이 되는 용어해설
도면 목록
찾아보기

건축 읽기에 도움이 되는 용어해설

칸과 기둥

칸의 개념

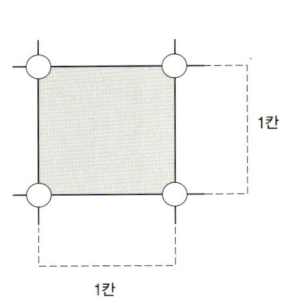
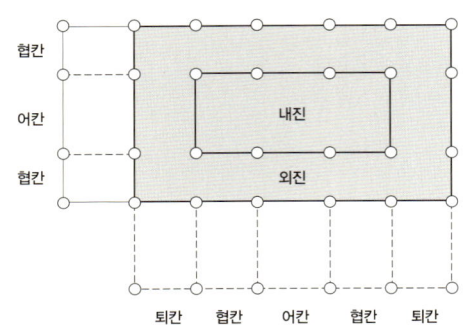

한국건축에서는 일반적으로 건물의 규모를 이야기할 때 '몇 칸(間) 집이다'라는 말을 자주 사용한다. 이때 '한 칸'은 기둥과 기둥 사이를 말한다. '칸'은 건물의 평면구성을 파악하고, 건물의 길이와 면적을 측정하는 데 기본 단위가 된다. 건물의 칸은 보통 정중앙의 칸이 약간 넓고 그 양쪽 칸은 약간 좁은데, 그래서 정 중앙의 칸을 어칸(御間), 그 양쪽의 칸을 협칸(夾間), 그리고 건물의 가장 모퉁이 칸을 퇴칸(退間)이라고 한다. 면적 개념으로 1칸은 가로 세로가 1칸으로 구성된 단위 면적을 가리키며, 따라서 정면 3칸 측면 2칸 집은 3×2=6칸 집이라 말한다.

**외진평주 · 우주
내진고주 · 사천주**

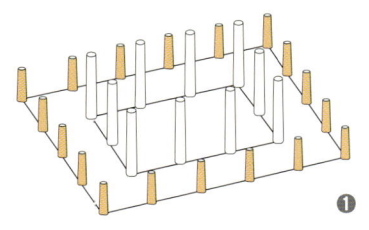
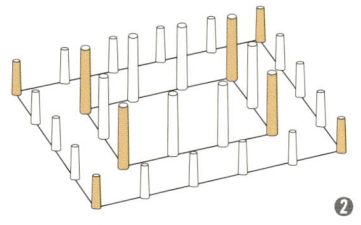
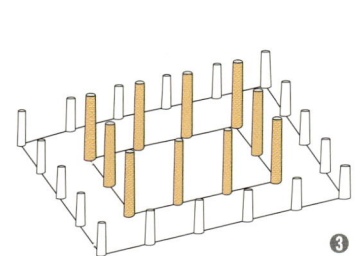
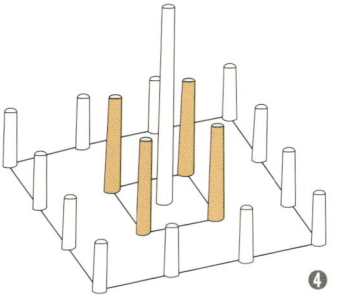

평주平柱는 건물 외곽을 감싸고 있는 기둥을 말하며, 외진外陣칸을 둘러싸고 있기 때문에 외진평주外陣平柱(❶)라고도 부른다. 또한 고주高柱는 건물 내부의 내진內陣칸을 둘러싸고 있는 기둥으로, 대개 외곽 기둥보다 높기 때문에 고주라 부른다. 또한 내진칸을 둘러싸고 있기 때문에 내진고주(❸)라고도 한다. 외진칸이건 내진칸이건, 모퉁이에 세워진 기둥은 특별히 우주隅柱(❷)라고 한다. 사천주四天柱(❹)는 심주心柱라 불리는 가운데 기둥을 중심으로 네 모서리에 배열된 기둥을 가리킨다.

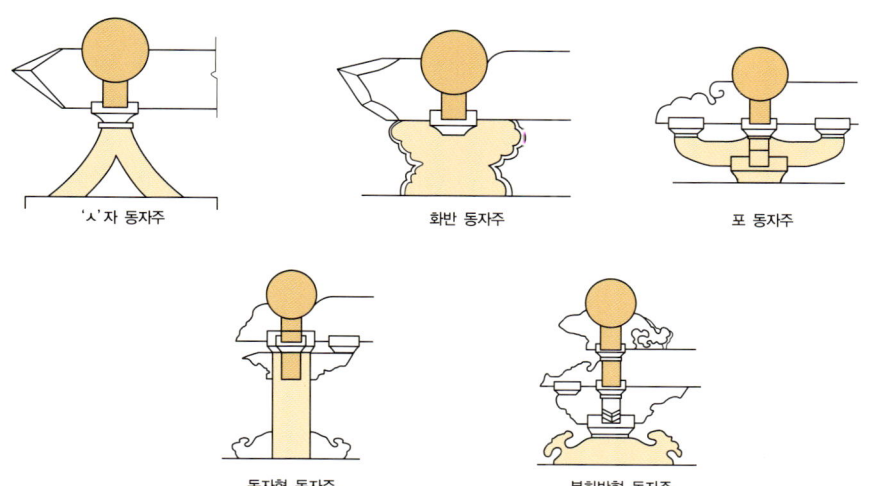

'ㅅ'자 동자주 화반 동자주 포 동자주

동자형 동자주 복화반형 동자주

동자주 대들보나 중보 위에 올라가는 짧은 기둥. 모양은 방형으로 만드는 것이 일반적인데, 다른 동자주와 구별하기 위해 방형 동자주를 동자형 동자주라고 부른다. 그 외에 모양에 따라 ㅅ자형 동자주, 화반 동자주, 포 동자주, 복화반형 동자주 등 다양한 명칭으로 부른다. 한옥에서는 대개 전면에 퇴칸을 만드는 경우가 많은데 이 경우 내부의 고주는 전면 쪽에만 오게 된다. 그리고 전면 평주에서 고주 사이에는 퇴보가 올라가고 고주와 후면 기둥 사이에는 대들보가 걸린다. 대들보 위에 종보를 올릴 경우, 종보의 한쪽은 고주의 머리에 얹고, 다른 한쪽에는 대들보 위에 짧은 기둥을 세워 얹게 되는데, 이를 동자주라 한다.

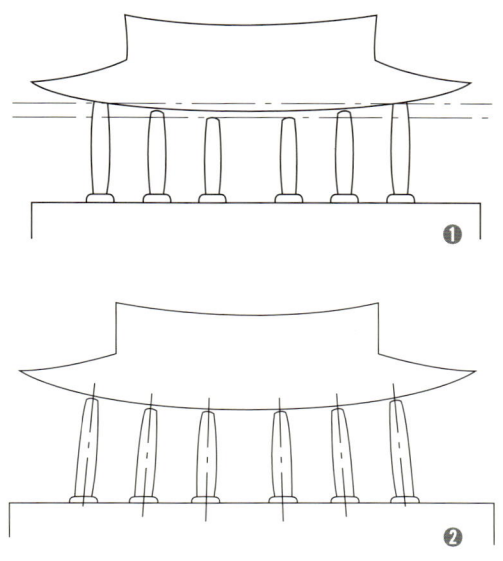

❶

❷

귀솟음과 안쏠림

귀솟음은(❶) 건물을 앞에서 바라볼 때, 가운데 기둥의 높이를 가장 낮게 그리고 양쪽 추녀 쪽으로 갈수록 기둥의 높이를 조금씩 높여주는 기법을 말한다. 안쏠림(❷)은 기둥머리를 건물 안쪽으로 약간씩 기울여주는 기법이다. 귀솟음과 안쏠림은 모두 건물에 시각적인 안정감을 주고, 동시에 하중을 가장 많이 받게 되는 퇴기둥을 높여 줌으로써 구조적 안정감을 주기 위한 방법이다.

포작 형식

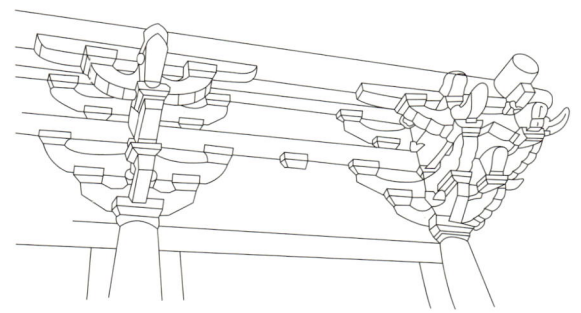
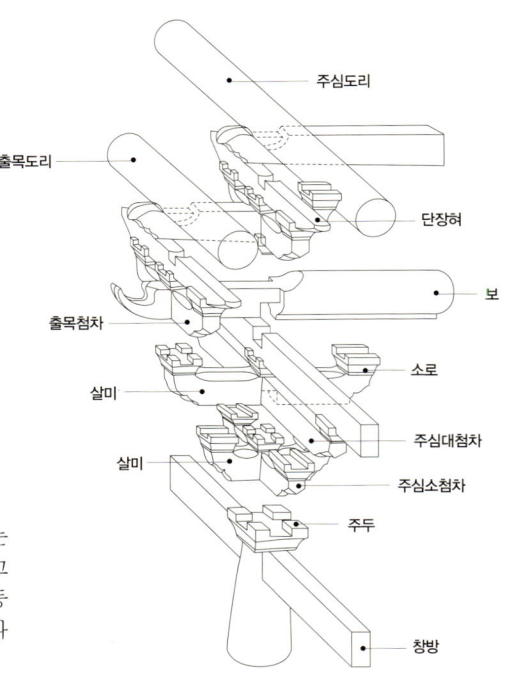

주심포형식

공포栱包는 기둥 위에 놓여 지붕의 하중을 기둥에 원활히 전달하는 역할을 하는 건축 구조물이다. 공포 위에는 보와 도리, 장혀 등의 부재가 올라가 이들을 타고 내려온 지붕의 하중이 합리적으로 기둥에 전달되도록 한다. 공포의 분류는 기둥 윗부분에서 주두와 소로, 첨차, 살미 등의 부재들이 어떻게 조합되었느냐에 따라 이루어진다. 주심포柱心包형식은 기둥 위에만 포가 놓인 공포 형식이다.

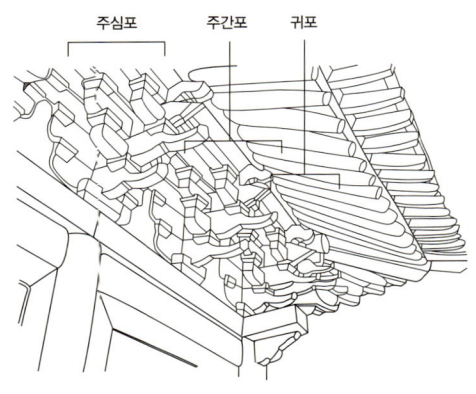
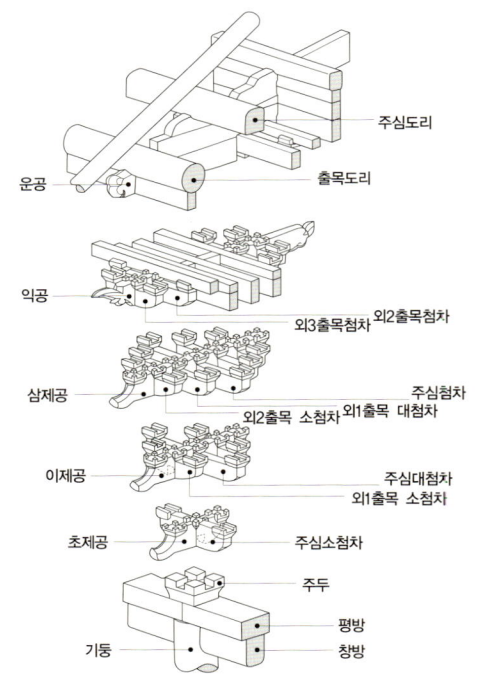

다포형식

다포多包형식은 기둥과 기둥 사이에도 포가 놓이는 공포 형식이다. 이때 기둥 위에 놓인 포를 주심포, 기둥 사이에 놓인 포를 주간포柱間包라 한다. 다포형식은 주심포형식에 비해 외관상 화려해 보이는 측면도 있지만, 부재의 규격화와 구조의 합리화에 따라 나타난 형식이라 할 수 있다. 고려시대부터 나타났으나 주로 조선시대에 와서 사용되었고, 익공형식에 비해 주로 격이 높은 건물에 사용되었다.

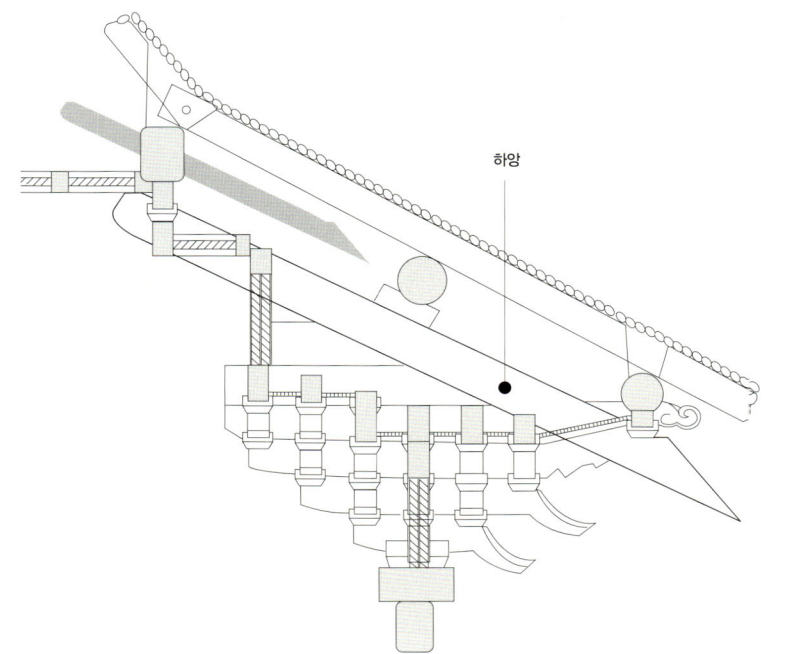

하앙식

포작형식 중에서 특수한 예로, 국내에서는 완주 화암사 극락전에 유일한 예가 남아 있다. 하앙식이란 하앙이라 부르는 살미 부재가 서까래와 같은 경사를 가지고 처마도리와 중도리를 지렛대 형식으로 받치고 있는 공포 형식을 말한다. 우리나라에서는 화암사 극락전의 다포형식에서 보이지만, 중국에서는 주심포형식의 건물에서도 하앙식 공포 유형을 많이 볼 수 있다.

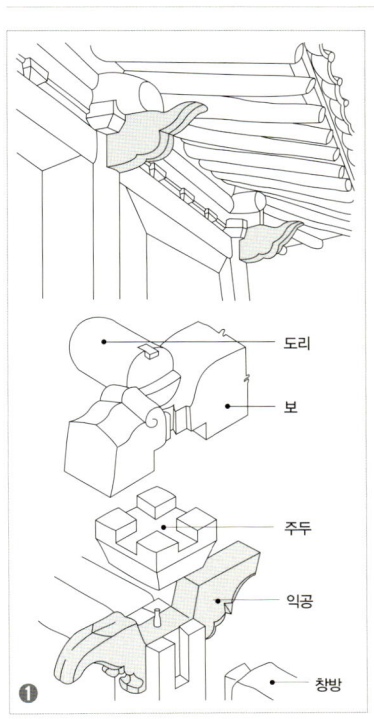
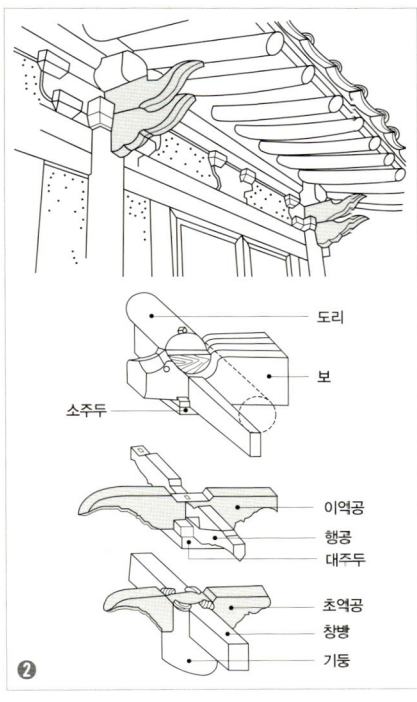

익공형식

살미 부재가 새 날개 모양의 익공翼工 형태로 만들어진 공포 형식을 말한다. 이때 보 방향으로 놓인 익공의 개수와 모양에 따라 익공이라는 부재가 한 개면 초익공, 두 개면 이익공, 끝이 새 날개 모양처럼 뾰족하지 않고 둥그스름하면 물익공이라 한다. ❶은 초익공형식, ❷는 이익공형식이다.

공포와 가구

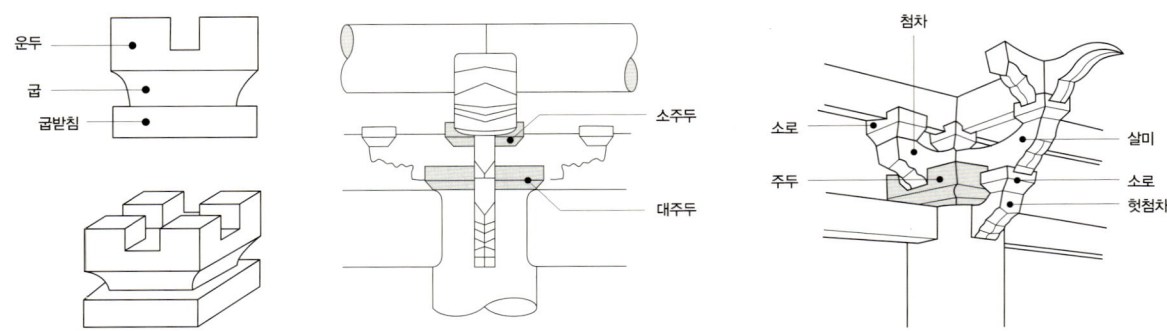

주두   주두柱頭는 공포의 가장 밑에 놓이는 정방형 목침 형태의 부재로, 기둥 위에 놓여 공포를 타고 내려온 하중을 기둥에 직접 전달하는 역할을 한다. 부재의 위에서 볼 때 십자형 홈이 파여 있어 여기에 첨차와 살미 부재가 끼워지게 된다. 주심포형식에서는 기둥 위에 바로 놓이게 되고, 다포형식에서는 주간포의 아래에 평방이라는 넓적한 부재 위에 놓이게 된다.

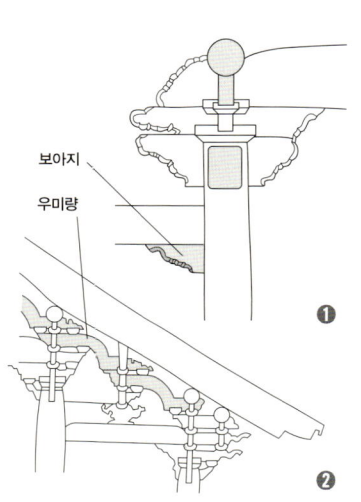

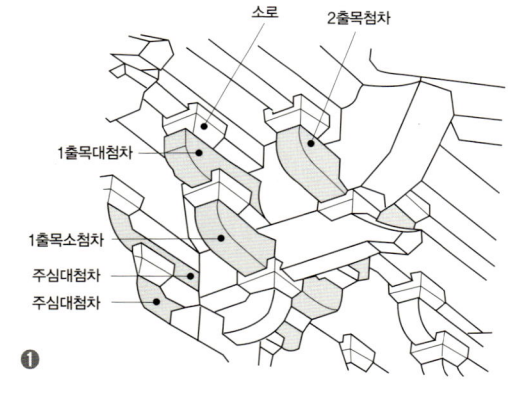

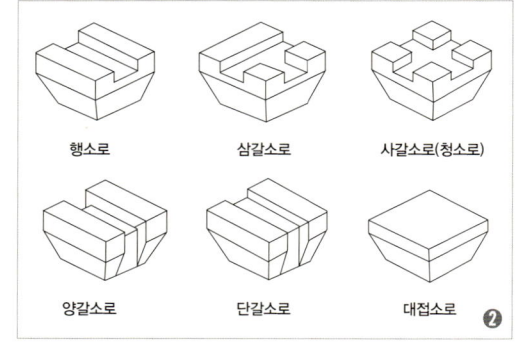

첨차와 소로

첨차檐遮(❶)는 살미와 십자로 짜여지는 도리 방향 공포부재를 말한다. 기둥을 중심으로 위치와 크기에 따라 명칭을 달리한다. 기둥 바로 위쪽에 있는 첨차 가운데 긴 것을 주심대첨차, 짧은 것을 주심소첨차라고 하고, 기둥열 밖으로 튀어나온 부분에 위치한 첨차 가운데 긴 것을 출목대첨차, 짧은 것을 출목소첨차라고 한다. 이때 주심에서 가까운 출목첨차로부터 순서를 매겨 1출목첨차, 2출목첨차 등의 순으로 부르게 된다. 소로〔小櫨〕(❷)는 주두와 유사한 모양으로 공포의 첨차와 첨차, 살미와 살미 사이에 놓여서 각 부재를 연결하고 각 부재를 타고 내려오는 하중을 밑으로 전달해준다.

우미량과 보아지

우미량牛尾樑(❷)은 소꼬리처럼 생긴 곡선의 부재로, 조선 초기까지 주심포형식 건물에서 주로 보인다. 위에 있는 도리와 밑에 있는 도리를 연결하는 역할을 한다. 보아지(❶)는 대들보나 퇴보 밑을 받치는 돌을새김의 부재를 말한다.

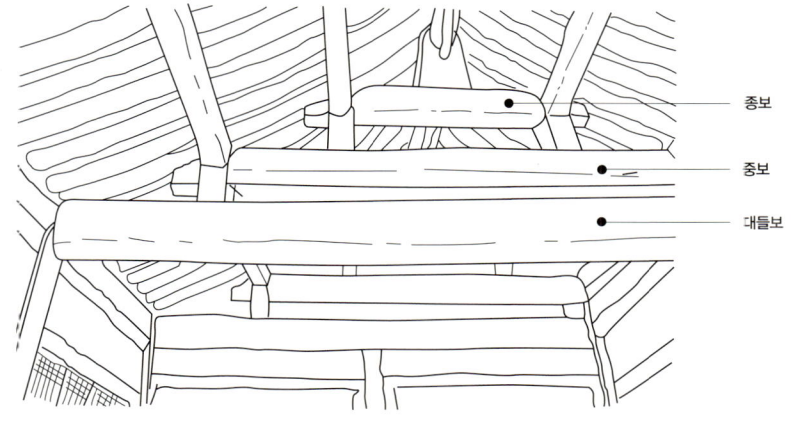

보

건물의 전면, 후면 기둥을 연결해주는 수평의 구조부재이다. 서까래와 도리를 타고 내려온 지붕의 하중은 보를 통해 기둥에 전달된다. 수직 구조재인 기둥과 수평 구조재인 보가 건물의 가장 기본적인 뼈대가 되는 것이다. 구조가 복잡해질수록 한 건물에도 다양한 보가 사용된다. 건물의 앞뒤 기둥을 연결하는 보를 대들보라 하고, 대들보 위의 양쪽 1/4 지점에 동자주를 세우고 이를 연결하는 보를 얹는데 이를 종보라고 한다.

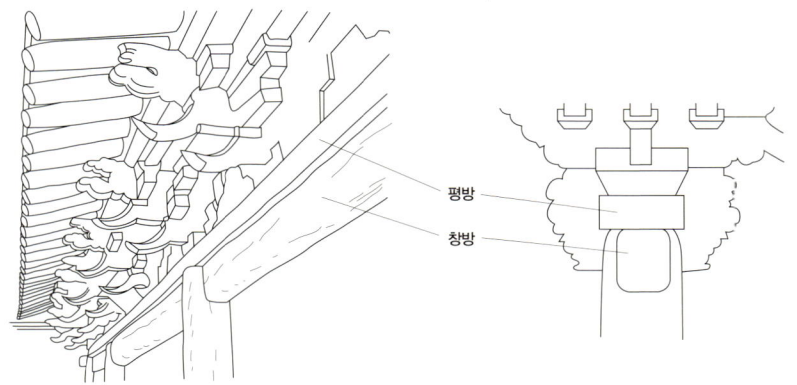

창방과 평방

창방昌防은 외진기둥을 한바퀴 돌아가면서 기둥머리를 연결하는 부재이다. 다포형식에서는 창방만으로 주간포의 하중을 받치기 어려우므로 창방 위에 평방平防이 하나 더 올라가게 된다.

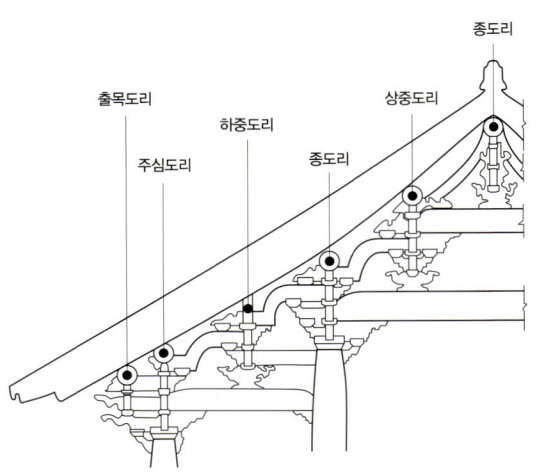

도리

도리道里는 구조부재 중에서 가장 위에 놓이는 부재로 서까래를 받친다. 가구의 구조를 표현하는 기준이 되며 도리의 높낮이에 따라 지붕의 물매가 결정된다. 지붕 하중이 최초로 전달되는 부재이며, 그 다음 보와 기둥으로 전달된다. 형태에 따라서 원형이면 굴도리, 방형이면 납도리라고 부른다. 외진주, 내진주, 대들보와 종보를 중심으로 놓인 도리의 명칭을 도면에서와 같이 각각 출목도리, 주심도리, 하중도리, 중도리, 상중도리, 종도리 등으로 부른다.

지붕과 처마

맞배지붕

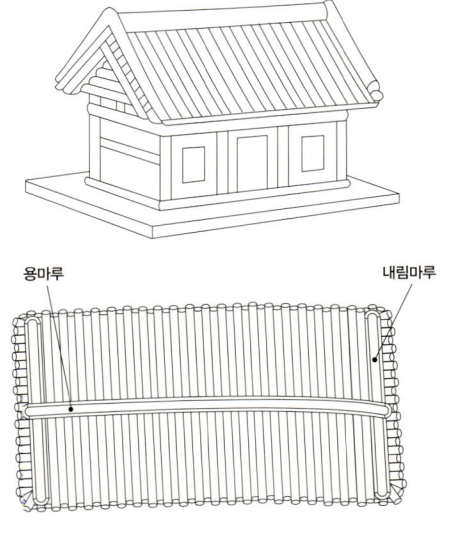

우진각지붕

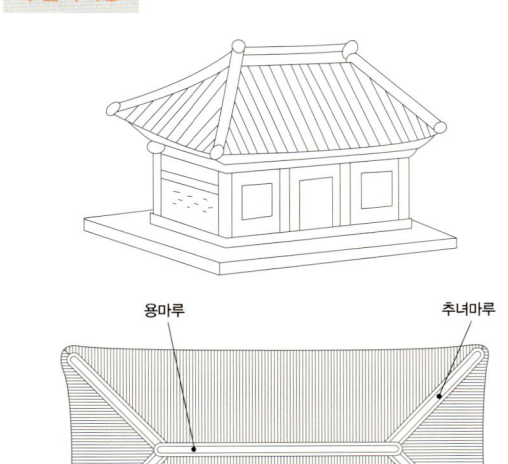

팔작지붕

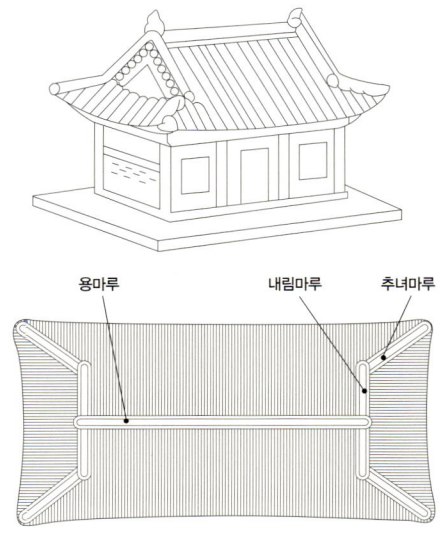

모임지붕

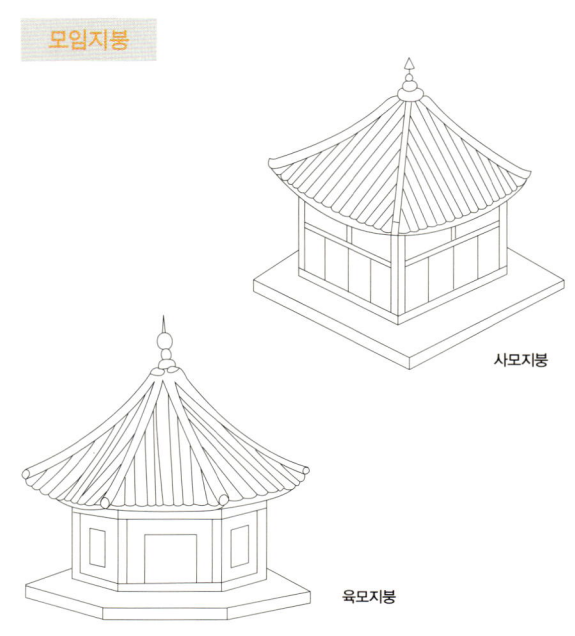

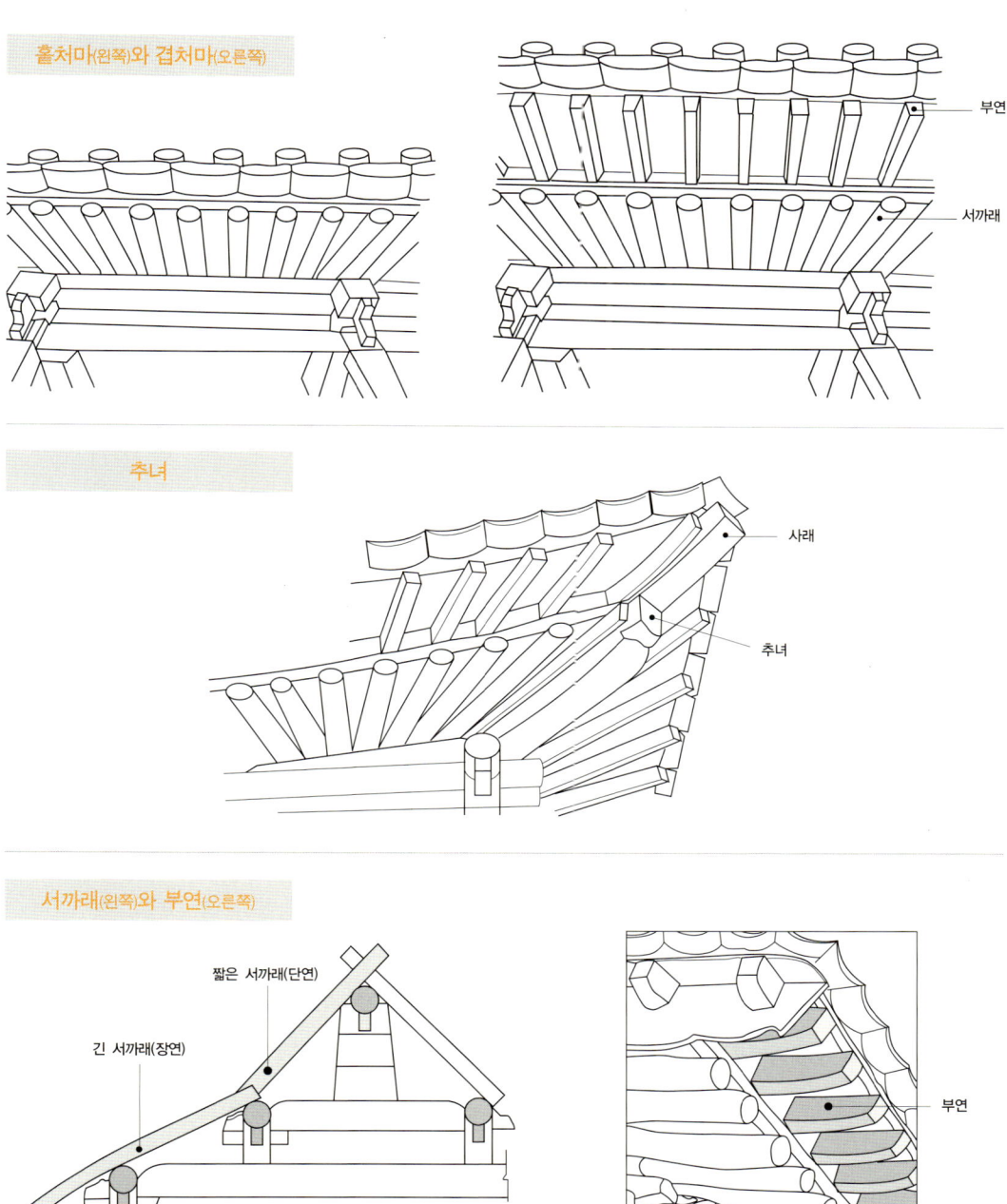

* 부록 '건축 읽기에 도움이 되는 용어해설' 편은 명지대학교 김왕직 선생님의 『그림으로 읽는 한국건축 용어해설』을 참조하여 재구성한 것입니다. 자료 활용을 흔쾌히 허락해주신 김왕직 선생님께 진심으로 감사드립니다.

도면 목록

1 집합이 건축이다, 병산서원

- 병산서원 지형도
- 병산서원 투상도 김봉렬 도면
- 병산서원 배치도 김봉렬 도면
- 병산서원 단면도 김봉렬 도면
- 병산서원 풍수형국도 김봉렬 작성
- 영역군의 집합 김봉렬 도면
- 영역군의 집합 방법 김봉렬 도면
- 입교당과 사당의 집합적 형태 김봉렬 도면
- 병산서원 외부 공간 조직도 김봉렬 도면
- 서원건축의 전개 과정 김봉렬 도면

2 한국건축의 창조 과정, 부석사

- 부석사 투상도 김봉렬 도면
- 부석사 대지 종단면도 김봉렬 도면
- 부석사 배치도 김봉렬 도면
- 부석사 광역 지세도 및 2개의 안대 이원교 작성
- 부석사 지리체계 개념도 이원교 작성
- 부석사 석단의 구성 김봉렬 도면
- 부석사 조사당 정면도 문화재연구소 도면
- 부석사 조사당 단면도 문화재연구소 도면
- 부석사 무량수전 평면도 문화재연구소 도면
- 부석사 무량수전 단면도 문화재연구소 도면

3 성리학의 건축적 담론, 도동서원

- 도동서원 배치도 문화재관리국 도면
- 도동서원 집합 입면도 문화재관리국 도면
- 도동서원 동측 입면도 문화재관리국 도면
- 도동서원 주축 단면도 문화재관리국 도면
- 도동서원 지형 투상도 김봉렬 도면
- 도동서원 투상도 김봉렬 도면
- 강당 정면도 문화재관리국 도면
- 도동서원의 제례용 설비
- 제일강산 이로정 평면도 문화재관리국 도면

4 불교적 건축이론, 통도사

- 통도사 전경
- 통도사 배치 평면도 울산대학교 도면
- 하로전 일곽 단면도 울산대학교 도면
- 하로전 배치 평면도 울산대학교 도면
- 중로전 일곽 배치 평면도 울산대학교 도면
- 중로전 일곽 단면도 울산대학교 도면
- 중로전 일곽 입면도 울산대학교 도면
- 상로전 일곽 배치 평면도 울산대학교 도면
- 상로전 일곽 단면도 울산대학교 도면
- 통도사 가람의 지할 설정과 구성 축들 임충신 도면
- 통도사의 집합적 구성

5 최소의 구조, 최대의 건축, 도산서당과 도산서원

- 도산서당과 자연경관 영남대학교 도면
- 도산서당의 아이소노메트릭 김동욱 도면
- 도산서당 정면도 영남대학교 도면
- 도산서당 평면도 영남대학교 도면
- 퇴계 창건 당시의 도산서당 일곽 추정도
- 농운정사 횡단면도 영남대학교 도면
- 도산서원 전체 종단면도 영남대학교 도면

- 도산서원 횡단면도 영남대학교 도면
- 도산서원 전체 배치도 김봉렬 도면
- 도산서원 기단과 지형 투상도 김봉렬 도면
- 도산서원 강당과 사당, 장판각의 단면도 영남대학교 도면
- 안동 번남댁 평면도 울산대학교 도면
- 안동 번남댁 사랑채와 안채 입면도 울산대학교 도면

6 목구조 형식의 시대사, 봉정사

- 봉정사와 개목사 건물들의 공포 형식
- 봉정사 현황 배치도 문화재연구소 도면
- 1930년대 봉정사의 배치 약도 후지시마 도면
- 봉정사 전체 횡단면도 문화재연구소 도면
- 봉정사 전체 종단면도 문화재연구소 도면
- 봉정사 투상도 김봉렬 도면
- 봉정사 극락전 단면도 문화재연구소 도면
- 봉정사 극락전 닫집 입면도 문화재연구소 도면
- 봉정사 대웅전 단면도 문화재연구소 도면
- 봉정사 화엄강당 단면도 문화재연구소 도면
- 봉정사 영선암 단면도 김봉렬 도면
- 봉정사 영선암 투상도 김봉렬 도면
- 봉정사 영선암 평면 투상도 김봉렬 도면
- 개목사 원통전 단면도 문화재연구소 도면

7 순환동선과 두 면의 유형학, 안동의 재사들

- 남흥재사 횡단면도 김봉렬 도면
- 남흥재사 종단면도 김봉렬 도면
- 남흥재사 평면도 김봉렬 도면
- 서지재사 종단면도 김봉렬 도면

- 서지재사 입면도 김봉렬 도면
- 서지재사 1층 평면도 김봉렬 도면
- 서지재사 2층 평면도 김봉렬 도면
- 서지재사 투상도 김봉렬 도면
- 가창재사 배치 평면도 김봉렬 도면
- 가창재사 단면도 김봉렬 도면
- 가창재사 입면도 김봉렬 도면
- 가창재사 측면도 김봉렬 도면
- 가창재사 평면도 김봉렬 도면
- 가창재사 투상도 김봉렬 도면

찾아보기

ㄱ

가구식架構式 93
가구식架構式 구조 249, 250
가람각伽藍閣 169, 172, 173
가범家範 118
가섭迦葉 181, 213
가창재사可倉齋舍 319~327
각閣 260
갈래사葛來寺 166, 167
강당 영역 18, 20, 21, 54
〈강심월일주〉江心月一舟 138
강장講長 31
강회講會 39, 47
개목사開目寺 252, 259, 286, 288
개목사 원통전 253, 286, 287, 288
개산조당開山祖堂 162, 169, 176, 178, 191, 197, 198, 200
거경궁리居敬窮理 137, 213, 215
거의재居義齋 108, 110, 129
거인재居仁齋 108, 110, 129
겸암정謙菴亭 58
겸암정사謙菴精舍 56
경각經閣 33
경류정慶流亭 240, 241
경문왕景文王 68
경의재敬義齋 45
경판각經板閣 33
계남서재溪南書齋 207

고골관枯骨觀 164
고금당古今堂 258
고금당古金堂 252, 253, 258, 260, 261, 262, 264, 274, 275
고방庫房 303, 308, 315
고봉高峰 기대승奇大升 209
고직사庫直舍 44, 209, 227, 228, 234, 239
고직이 방 303, 323
곡구암谷口巖 208, 218
공간적 띠(spatial layer) 39
공민왕恭愍王 29, 30, 157, 256, 257, 259, 263, 264, 270, 300, 307
〈공양도〉供養圖 201
공포栱包 52, 88, 92, 94, 96, 135, 157, 202, 250, 251~269, 271, 272, 273, 274, 275, 277, 278, 336, 337, 338
곽재우郭再祐 122
관수정觀水亭 144
관음전觀音殿 169, 176~179, 190, 191, 196, 197
관촉사灌燭寺 181
광교원廣教院 159
광창光窓 269
괘불대掛佛臺 79
《교남명승첩》嶠南名勝帖 79
교직사校直舍 44
구룡지九龍池 169, 191, 192

9층목탑 166, 201
구품왕생 74
권율權慄 28
권종이부權宗異部 67, 68
귀솟음 92, 98, 135, 138, 335
극락보전極樂寶殿 169, 173, 174, 175, 176, 189, 201
극락암極樂庵 201
극락왕생 74, 75, 93
금강계단金剛戒壇 164, 166, 167, 168, 170, 181, 182, 183, 186, 188, 192, 193, 195
금계재사金溪齋舍 56, 294, 331
금산사金山寺 159, 181
금인金人 274
〈기마도강도〉騎馬渡江圖 257
기일제忌日祭 301
기철奇轍 256, 257
김굉필金宏弼 106, 114, 116, 117, 118, 121, 122, 144, 146, 147
김뉴金紐 117
김대성金大城 151
김성일金誠一 223, 314, 316
김안국金安國 118
김애선金愛先 93
김종직金宗直 118
김중곤金中坤 116
김홍도金弘道 112

꽃빗살 98
꽃의 형국 34

ㄴ

나한羅漢 175
〈나한도〉羅漢圖 201
나한전羅漢殿 98
낙고재落皐齋 142, 144
낙산사洛山寺 66, 67, 68, 73
낙수대落水臺 259, 260, 289
낙타혹(타봉駝峯)형 화반 267
날개채 47, 74, 237, 241, 316, 322, 331
남휘주南暉珠 307
남흥사南興寺 307
남흥재사南興齋舍 307~310, 312, 313, 318
내력벽耐力壁 269
내민보(cantilever beam) 250
내진內陳 94, 95, 334
내향적 경관(off site view) 107
너들대벽 34, 35
네이브nave(회중석會衆席) 94
〈노국대장공주진〉魯國大長公主眞 257
노송정종택老松亭宗宅 241
노전 승방 183
노전爐殿채 274
농운정사隴雲精舍 208, 209, 210, 217, 219, 221, 222, 224, 226, 229, 233, 237, 238, 239
능동재사陵洞齋舍 256, 294, 330, 331
능인能仁 258, 264

ㄷ

〈다보탑〉多寶塔 157, 200, 201
다포多包식 251
단양팔경丹陽八景 208
달집 165, 256, 270
당간지주幢竿支柱 71, 100
당堂 132
대공 95, 232
대광명전大光明殿 160, 176, 177, 178
대니산戴尼山 117, 125, 144
대들보 92, 95, 164, 199, 277, 335, 338, 339
대사구大寺區 159
대웅전大雄殿 47, 52, 97, 109, 160, 168 ~171, 178, 181~185, 189, 190~193, 195, 199, 202, 252, 253, 254, 256, 258~260, 263, 264, 265, 267, 270~275, 278
대장전大藏殿 258, 259
『대학』大學 137
덕휘루德輝樓 253, 254, 260, 264, 265, 281
덤벙주초 135, 138
도동서원道東書院 16, 20, 54, 103, 105 ~112, 114, 115, 117, 120~128, 130, 131, 132, 134, 137~141, 143, 144, 147
도릭 오더Doric order 251
도산구곡陶山九曲 113
도산서원陶山書院 20, 37, 54, 129, 144, 205, 207, 208, 209, 210, 223, 225, 226, 227, 229, 231, 233, 234, 235, 236, 242, 243, 244, 313
「도산서원영건기사」陶山書院營建記事 211
『도산잡영』陶山雜詠 113, 208, 217, 218, 225
「도산잡영병기」陶山雜詠幷記 211

도투마리집 211
도편수 151
돈암서원遯巖書院 105
동東·서광명실西光明室 228, 229, 230
동계洞契 119
동방오현東方五賢 106, 122
두공斗栱 92, 250, 252
등명락가사燈明洛加寺 166, 167
뜬 돌(부석浮石) 68
뜰집 38, 44, 305, 309, 316, 317

ㄹ

라파엘 모네오Rafael Moneo 297
레온 바티스타 알베르티Leon Battista Alberti 151
료寮 132
류성룡柳成龍 30, 34, 56, 58, 133, 223, 314, 331
류운룡柳雲龍 56, 58
류중영柳仲郢 331
류진柳袗 29

ㅁ

마가다Magadha국 162
마크 안톤 로지에Marc-Antonie Laugier 297
막쌓기 88
만다라曼茶羅(mandala) 185
만대루晩對樓 16, 21, 25, 27, 36, 39, 41, 47, 49, 50, 51
만세루萬歲樓 71, 169, 171, 173, 174, 258, 264
만월당滿月堂 71
망해사望海寺 68

맞배지붕　86, 87, 88, 96, 98, 117, 126, 135, 138, 143, 213, 233, 271, 274, 277, 286
맹사성孟思誠　286
명부전冥府殿　158, 169, 182, 183, 191, 195, 196
명성재明誠齋　45
명옥대鳴玉臺　289
목은牧隱 이색李穡　111, 185
몽천蒙泉　218
묘廟　132, 295
『묘법연화경』妙法蓮華經　157, 162
묘제墓祭　295, 299, 300, 301, 302, 303, 304, 305, 314, 321, 324, 330, 331
『무량수경』無量壽經　74, 94
무량수전無量壽殿　64, 68, 69, 70, 71, 74,~78, 80, 83, 84, 85, 88, 90~96, 267, 271, 274
무량해회無量海會　253
무오사화戊午士禍　118
무위사無爲寺의〈관음도〉　201
무이구곡武夷九曲　113
「무이정사잡영병기」武夷精舍雜詠幷記　113
문수원文殊院　153
문인화文人畵　112, 138
물도리(하회河回)　108
미륵대원彌勒大院　181, 278
미제彌祭　301
밀개형　35

ㅂ

박자청朴子靑　151
〈반야용선도〉般若龍船圖　157, 158, 201

배흘림　92
배흘림기둥　90
백록동서원白鹿洞書院　99, 113, 120
「백록동서원게시」白鹿洞書院揭示　113
백운동서원白雲洞書院　53
「백운동서원규」白雲洞書院規　113
「백제성루」白帝城樓　49
번남댁〔樊南宅〕　243, 244, 245
범어사梵魚寺　73
범종각梵鐘閣　64, 70, 71, 74, 76, 77, 79, 82, 83, 86, 87, 169, 174, 189, 190
법련法蓮　209, 211, 219
법주사法住寺　181, 197, 263
변용(adaptation)　53, 65, 227, 318
병산瓶山　255
병산서원屛山書院　13, 15~22, 25~37, 39, 42, 44, 47, 49, 50, 54, 56, 57, 58, 105, 129, 133, 134, 227
병호시비屛虎是非　30
보〔樑〕　95
보뺄목　267
복향複享　30
봉당封堂　219, 234
봉발탑奉鉢塔　169, 178, 180, 181
봉정사鳳停寺　17, 56, 90, 92, 156, 247, 252, 254~259, 261, 263, 264, 266, 267, 270, 272, 273, 275, 276, 278, 279, 282, 284, 289
봉천원奉天院　159
부석사浮石寺　61, 64~77, 79, 83, 89, 91, 92, 98
부용대芙蓉臺　28, 56, 57, 58
북극전北極殿　202
「분재기」分財記　133
분정分定　301
분향례焚香禮　139

불국사佛國寺　81, 197, 313
불국토佛國土　162, 170, 175, 176, 189
불보佛寶사찰　154, 162, 164
불이문不二門　169, 170, 171, 172, 174, 176, 188, 189, 190, 199
비로자나불　73, 79, 97, 177, 179
빈동재賓洞齋舍　331
빈연정사賓淵精舍　58

ㅅ

사단칠정론四端七情論　209
사당 영역　20, 37, 129, 131, 138, 227, 242
사대부士大夫　38, 44, 107, 115, 116, 152, 259, 298
4동중정형　171, 173, 176
사림士林　34, 106, 116, 118
사명대사泗溟大師　88
사묘祠廟　120
사물四勿과 삼성三省　142
사祠　132
사성평등四姓平等　155
사시제四時祭　301
사액서원　30, 32, 120, 121, 122, 221
사정전思政殿　52
사천왕천四天王天　172
삭망천신제朔望薦新祭　301
산령각山靈閣　169, 178, 182, 183
삼간지제三間之制　213
『삼국유사』三國遺事　166
삼로전제三爐殿制　160, 186
삼문三門　132, 197, 233
삼배구품三輩九品　73, 74
삼배구품설三輩九品說　74
삼보三寶　163

삼성각三聖閣　76, 169, 178, 182, 183, 191, 192, 258, 264, 280, 281, 282, 283, 284
3층석탑　70, 71, 75, 76, 85, 97, 98
삼칸제도(삼간지제三間之制)　213
상고직사上庫直舍　226, 234, 236, 237, 238, 239
상덕사尙德祠　226, 227, 233
상相　65, 80, 81
생단牲壇　140, 141
서까래　198, 250, 274, 337, 339, 341
서애西厓 류성룡柳成龍　28
서운암瑞雲庵　202
서원노書院奴　31
서원폐書院弊　121
서지재사西枝齋舍　294, 313, 314, 315, 316, 317, 318, 325
〈석가출산상〉釋迦出山像　257
석남사石南寺　166
석종石鐘　166
석종형 부도　183
선묘善妙　67, 68
선암사仙巖寺　197
선조제先祖祭　301
〈설로장송〉雪路長松　138
설법전說法殿　168, 169, 183
성균관成均館　31
성세창成世昌　118
성혈사聖穴寺　97, 98, 99
세존비각世尊碑閣　169, 176, 178, 182, 183, 190
소로〔小累〕　92, 336, 338
소맷돌　81, 143, 144
소쇄원瀟灑園　153
소수서원紹修書院　53, 54, 97, 99, 100, 101, 105, 113, 219, 221

속악俗樂　112
속절제俗節祭　301
손골(빈동賓洞)　331
솟을삼문　197
솟을합장재　268
『송고승전』宋高僧傳　67
수다사水多寺　166, 167
수마노탑　166, 167
수암修巖 류진柳袗　30
수원화성　52
수월루　108, 110, 122, 123, 124, 125, 126, 127, 129, 139, 141, 142, 143
수월루水月樓　107
숙수사宿水寺　99, 100
『순흥읍지』順興邑誌　79
숭교당崇敎堂　45
숭실재崇室齋　56, 256, 331
승화承華 공간　183
시각적 틀(picture frame)　51
시사단試士壇　208, 242, 243
시제時祭　301
시조제始祖祭　301
신림神林　68, 69
신중각神衆閣　202
심원사心源寺 보광전普光殿　270
『십지론』十地論　73
쌍계서원雙溪書院　122

ㅇ

『아미타경』阿彌陀經　201
안대案帶　69, 77, 78, 79
안산案山　35, 78
안쏠림　92, 93, 98, 335
안양루安養樓　64, 74, 75, 76, 77, 79, 80, 82, 84, 85, 86

안양암安養庵　187, 201, 202
안향安珦　120
안허리곡　92
알도 로씨Aldo Rossi　297
암서헌巖栖軒　208, 216, 218
압유사鴨遊寺　166
약사전藥師殿　169, 173, 174, 175, 176
양로예養老禮　119
〈양류관음도〉楊柳觀音圖　201
양몽재養蒙齋　123
양진당養眞堂　56, 58
양진암養眞菴　207
여강서원廬江書院　30, 53
역락재亦樂齋　208, 209, 210, 217, 219, 221, 226
연좌루燕座樓　56, 57
열주列柱　39
영가단　94
영산암靈山庵　278
〈영산회상도〉　162
영산회상靈山會相　162, 163, 175
영선암靈仙庵　254, 278, 279, 280, 281, 282, 283, 284, 286
영쌍창欞雙窓　48, 232, 307
영조법식營造法式　151
예학禮學　29, 30, 37, 48, 55, 122, 125, 127, 130, 139, 212, 213, 301
「옥사도」屋舍圖　208
「옥사도자」屋舍圖子　208
옥산玉山　20, 105
옥연정사玉淵精舍　28, 56, 58, 59
완락재玩樂齋　208, 216, 217
외진外陳　94, 334
외향적 경관(on site view) 구조　107
용마루　38, 86, 199, 287, 340
용화전龍華殿　169, 176, 177, 178, 179,

180, 181, 197
우복愚伏 정경세鄭經世 29, 227
우암尤庵 송시열宋時烈 213
우화루雨花樓 259, 260, 262, 280, 281, 282, 283, 284
원녕사元寧寺 164, 166
원당願堂 197, 198
원원사遠願寺 68
원융圓融 70
원응圓應 70
원이院貳 31
원장院長 31, 45, 107
원지정사遠志精舍 56 57, 58
원통전圓通殿 252, 253, 286, 287, 288
월정사月精寺 166
월천月川 조목趙穆 223, 227
유사有司 31, 48, 301
유향소留鄕所 119
은해사銀海寺 거조암居祖庵 영산전靈山殿 266
음복례飮福禮 301, 302, 304
음양오행설陰陽五行說 113
응진전應眞殿 70, 76, 88, 96, 169, 182, 183, 280, 281, 282, 283, 284, 285
의상義湘 66, 66, 67, 68, 69, 70, 72, 73, 75, 97, 100, 152, 186, 258, 264, 286
이계양李繼陽 241
이기론理氣論 65, 209
이문량李文樑 211
이산서원伊山書院 53
이색李穡 115
이순신李舜臣 28
이오니아 오더Ionic order 251
이자수李子脩 240, 321
이장곤李長坤 118
이제현李齊賢 257

이황李滉 122, 314
익공翼工식 251
인방재引枋材 201
인왕역사仁王力士 196
人자대공 267
일로향각一爐香閣 168, 169, 182, 183
일승一乘 아미타불 75
일신재日新齋 54, 100
일주문一柱門 70, 71, 74, 76, 83, 168, 169, 172, 188, 189
임제종臨濟宗 159
입교당立教堂 16, 18, 26, 39, 45, 47, 49, 50, 51, 57
「입법계품」入法界品 73

ㅈ

자인당慈忍堂 70, 71, 76, 88, 96, 97
자장慈藏 66, 163, 164, 165, 166, 167, 179, 183, 185, 198
자장암慈藏庵 202, 203
자장율사慈藏律師 154, 162, 167, 197
작산재사鵲山齋舍 319, 328
작산정사鵲山精舍 320, 321, 327
장경판고藏經板庫 91
장의掌議 31
장판각藏板閣 26, 32, 33, 42, 50, 53, 54, 110, 125, 226, 227, 235, 236
장판고藏版庫 33
재각齋閣 295, 300
재궁齋宮 295, 300
재사齋舍 144, 291, 293, 294, 295, 297, 300, 302, 304, 305, 306, 309, 310, 313, 314, 316, 317, 318, 321, 323, 324, 325, 327, 329, 330
재유사齋有司 32

재장齋長 31
적멸보궁寂滅寶宮 193, 195
전殿 132
전교당典教堂 226, 228, 229, 230, 231, 232
전당후재형前堂後齋型 55
전사청典祀廳 26, 42, 43, 54, 110, 111, 130, 131, 226, 228, 233, 234, 235, 237, 239, 301, 303, 322, 323
절우사節友社 217, 218, 236
정구鄭逑 30, 125, 139
정료대庭寮台 108, 140
정사精舍 56, 57, 59, 113, 120, 208, 219, 227, 239
정수암淨水菴 144
정암사淨巖寺 166
정약용丁若鏞 151
정여창鄭汝昌 106
정우당淨友塘 208, 218
정유리정토淨琉璃淨土 176
정일淨一 209
정지헌鄭芝軒 221
정토신앙淨土信仰 72, 73, 74, 170, 172, 176
정평주초 138
정혈(正穴 또는 花穴) 34
제기고祭器庫 234
제수祭需 234, 301
제일강산第一江山 이로정二老亭 146, 147
제일강산정第一江山亭 이로당二老堂 106
조계종曹溪宗 159, 186, 264
조광조趙光祖 118, 122
조동종曹洞宗 159
조목趙穆 223

조산祖山　34, 35
조한정照寒亭　122, 142
존덕사尊德祠　26, 30
주두柱頭　92, 251, 267, 338
『주례』周禮「고공기」考工記　112
주사廚舍　44, 330
주세붕周世鵬　99, 113, 120, 221
주소廚所　37, 38, 42, , 44, 321, 328
주소 영역　37
주심포柱心包　88, 89, 90, 135, 251, 252, 253, 267, 270, 271, 274, 275, 336, 338
주심포양식　92, 251, 252, 266
『주역』周易　30, 106
주자朱子　113, 115
『주자가례』朱子家禮　37, 132, 301
주청主廳　234
줄마루　214, 215, 216
중건重建(다시 지음)　30, 70, 71, 88, 90, 96, 98, 122, 123, 125, 126, 131, 135, 144, 183, 195, 199, 200, 261, 278
중수重修(대대적인 수리)　15, 70, 71, 256, 259, 274, 321
중시조中始祖　299, 301, 314, 321, 325
중정당中正堂　107, 109, 110, 112, 122, 123, 126, 127, 129, 140
증반소蒸飯所　110, 125, 138
지락재至樂齋　54, 100
지산정사芝山精舍　207
지할(site layout)　171, 187
직방재直方齋　100
직절直切　267
진도문眞道門　226, 227, 228, 229, 230, 232
진여문眞如門　256, 259, 260, 262
집강執綱　31

집합적 건축　18
『징비록』懲毖錄　29, 58, 59

ㅊ

차次　140
차연差延(difference)　65
참제인參祭人　301, 302, 303, 308, 315, 321, 322, 323, 330
창방昌防　95, 336, 337, 339
처마도리　250, 268, 337
천등산天燈山　156, 255, 285, 286
〈천산대렵도〉天山大獵圖　257
천연대天淵臺　208, 218
천왕문天王門　70, 71, 74, 76, 81, 82, 83, 86, 169, 172, 173, 188, 189, 190
천인합일天人合一 사상　106
천축양天竺樣　252, 288
첨차檐遮　92, 96, 98, 336, 338
첩설疊設 현상　121
체體　65, 72, 80, 138, 216
초암사草庵寺　97, 98
초헌관初獻官　303
최영崔瑩　115, 257
추월한수정秋月寒水亭　242
충효당忠孝堂　28, 32, 56, 58, 133
취서암就瑞庵　202
취원루聚遠樓　71, 88

ㅋ

코린트 오더Corinthian order　251

ㅌ

탁영담濯纓潭　208, 218

탁영대濯纓臺　236
태장재사台庄齋舍　255, 256, 293, 294, 330
태화사太和寺,　166
통도사通度寺　52, 149, 154, 155, 157, 158, 160, 162~173, 175, 176, 181, 185~189, 193, 195, 196, 197, 200, 201, 203
통불교성通佛敎性　159
퇴계退溪 이황李滉　28, 120, 207, 321
『퇴계정전』　207
퇴계종택退溪宗宅　242
퇴계태실退溪胎室　241, 242
퇴계학파　29, 30, 53
퇴기둥　213, 240, 241, 335
퇴칸〔退間〕　216, 287, 334
툇마루　39, 45, 57, 59, 134, 241, 260, 274, 281
트러스truss　250
튼 ㅁ자형　173

ㅍ

파시조派始祖　325
판장문坂藏門　195, 196
팔각기둥　214, 216
〈팔상도〉八相圖　200
팔작지붕　86, 87, 96, 126, 185, 231, 233, 271, 340
포작包作　135, 250, 336, 337
표훈表訓　258
표훈사表訓寺　258
풍속화風俗畵　112
풍수형국도　35, 36
풍악서당豊岳書堂　29, 30
필암서원筆巖書院　54

ㅎ

하고직사下庫直舍　209, 217, 219, 226, 236, 237, 238, 239
학가산鶴架山　34, 35
학구재學求齋　54, 100
학봉파　29, 30, 318
학봉鶴峰 김성일金誠一　28
한강寒岡 정구鄭逑　106, 122
한서암寒栖庵　207
한훤당寒暄堂 김굉필金宏弼　106, 116
함벽당涵碧堂　288
함입형陷入形 닫집　273, 274
해인사海印寺　91
해장보각海藏寶閣　169, 176, 178, 197, 198, 200
향단香壇　25
향사享祀　44, 55, 57, 131, 138, 139, 140, 225
향약鄕約　119
향음鄕飮　119
헌헌軒　132
헛첨차　92
호계서원虎溪書院　30, 31
호류지가쿠法隆寺學　168
호석護石　156
홀기笏記　301
화반花盤　92, 232, 277
화사석火舍石　140
화산花山　19, 34, 35, 38
화엄강당華嚴講堂　252, 253, 254, 260, 262, 264, 275, 276, 277
『화엄경』華嚴經　66, 72, 73, 75, 157
화엄사華嚴寺 각황전覺皇殿　325
화엄십찰華嚴十刹　66, 73
화엄종華嚴宗　66, 71, 73, 159, 179, 186, 264

화천서원花川書院　58
환주문喚主門　107, 108, 110, 122, 123, 125, 126, 127, 129, 139, 142, 143
황룡사皇龍寺　52, 161, 165, 166, 167, 201
황복사皇福寺　66, 67
회랑回廊　39, 167, 183, 185, 252
회암사檜巖寺　111
회절형回折型 공간　183
회통성會通性　159
희견보살상喜見菩薩像　181

발문

드디어 완간되는 한국건축 연구의 집대성
최준식

발문

드디어 완간되는 한국건축 연구의 집대성

I

일전에 김 교수에게 뭐 좀 받을 게 있어 그의 학교 연구실을 방문했더니, 느닷없이 그의 두번째 연구서인 『한국건축의 재발견 2 - 앎과 삶의 공간』을 자신의 사인과 함께 주었다. 첫번째 권은 그렇게 달라고 해도 주지 않아 할 수 없이 출판기념회 때 돈을 주고 산 터라 낌새가 이상했다. 받은 책을 뒤적이다 보니 맨 끝에 황지우 시인이 쓴 발문이 보였다. "아니 어떻게 이렇게 유명한 분한테 발문을 받았대!" 하니 김 교수가 기다렸다는 듯이 "3권 발문은 형님이 쓰시죠" 하고 말을 뱉었다. 처음에는 김 교수 말이 농담인 줄 알았다. "아니 무슨 소리야, 황 시인처럼 유명한 분이나 이렇게 훌륭한 책에 발문을 쓰는 거지, 나 같은 개털이 어떻게 써?" 하고 대수롭지 않게 말했다. 그랬더니 김 교수는 벌써 출판사 직원이 조금 뒤에 발문용 원고를 가지러 오기로 돼 있으니 선택의 여지가 없다는 것이다. 그제서야 덤터기를 썼다는 것을 직감할 수 있었다.

사실 나는 요즈음(1999년 여름) 우리나라 예술에 관해서 시답지도 않은 책을 쓴다고 일절 다른 글을 사양하던 - 물론 별로 원고청탁도 없지만 - 터라 김 교수의 요구가 선뜻 받아들여지지 않았다. 그러나 평소에 그의 연구를 흠모하던 터라 "정말 내가 당신 책에 발문을 쓴다면 그건 영광이죠. 김 교수가 쓰라면 무조건 씁니다"라고 승낙을 했다. 기실 나는 김 교수에 대해 할 말이 많다. 그동안 같이 세미나를 하면서 정말 많은 것을 배워 항상 그를 경원敬遠했을 뿐만 아니라, 내가 무슨 이야기를 하면 늘 나보고 황당무계하다고 '찐빠'를 자주 주어서 '언젠가는 한번 앙갚음해야지' 하고 벼르고 있었기 때문이다. 또한 나만큼 그의 연구 업적들을 많이 훑은 이도 많지 않을 것 같기도 하고.

그와는 같은 고교를 나왔는데 물리적으로는 내가 그보다 2년 위이지만 학문적으로나 정신적으로나, 다른 모든 면에서 그가 나보다 위다. 그와 같이 있으면 고교 시절 때 공부 잘하던 친구를 보는 것 같아 항상 속으로 주눅이 들곤 했다. 그때도 공부 잘하는 애들을 보면 사람이 어떻게 하면 저렇게 공부를 잘 할 수 있을까 하면서 '하느님도 참 무심하시지' 라고 생각했던 기억이 난다. 김 교수를 보면 고교 때 그 악몽이 되살아나는 것 같아 모진 전생의 업보에 다시 한번 씁쓸해 한다. 나는 김 교수만 만나면 무엇이라도 하나 더 얻어들으려고 안달을 부린다. 그리고 열심히 수첩에 적어둔다. 그래서 '무슨 사람이 뭘 저렇게 많이 알 수 있을까' 라는 생각과 함께 '그럼 나는 그동안 뭘 했대' 하는 깊은 회한에 빠진다. 건축에 대한 이야기는 그렇다 치자. 어차피 그건 김 교수의 전공이니 그가 나보다 잘 아는 것은 당연하다. 그런데 내 전공 분야인 종교 쪽으로 가도 사정이 별로 달라지지 않으니 미칠 지경이다. 그가 불교나 유교에 대한 이야기를 하는 걸 들어보면 물론 가끔 세세한 것이 틀리는 경우는 있지만 '아니 저런 것까지 어떻게 안대?' 하고 놀라는 때가 한두 번이 아니다. 가령 부석사를 설명하는 과정에서 그가 보여준 정토신앙이나 화엄사상에 대한 지식은 매우 정확할 뿐만 아니라, 그것을 가지고 건축에 응용해 설명하는 것은 참으로 대단한 것이었다.

이 글을 쓰면서 이렇게 김 교수를 띄워 올리기만 하니까 글을 읽는 이들은 둘이 다 짜놓고 하는 것 아니냐고 거부감을 느낄지도 모른다. 빈정대기는 나도 누구 못지않아 어떤 사람의 이야기가 시원치 않으면 바로 한 갈굼을 하지 않고는 못 배긴다. 김 교수에 대해서 그렇게 못하는 것은 그의 논문을 처음 읽었을 때 바로 꼬리를 내렸기 때문이다. 사실 나는 몇 년 전까지만 해도 김봉렬이라는 고교 후배가 있는지도 몰랐다. 지금은 정확하게 기억나지 않는데 우리 문화를 공부하자고 모인 '국제한국학회'의 일에 관여하고 있을 당시 울산대학교에 있던 김 교수의 고명高名을 들었던 것 같다. 좌우간 어쩌다 그가 쓴 쿠석사에 대한 논문을 읽었는데 그때 나는 두 손 두 발을 다 들었다. 그때까지 몇 번이나 부석사를 다녀왔지만 그의 논문을 보니 그 이전에 갔다 온 것은 전부 '허탕'이었던 것이다. 김 교수의 글을 읽어보면 '정토종의 구품설에 따라 부석사 대지를 9단으로 나누었다'는 것은 그래도 누구나 주장할 수 있을 것이다. 그러나 부석사의 건축 축이 두 개로 되어 있고, 그것이 약 30도 정도 굴절된 이유를 말할 때는 '참 그거 기막힌 해석이구나' 하고 무릎을 치지 않을 수 없었다. 물론 이 설은 다른 학자의 설이지만, 김 교수는 이를 수용하고 그 부족함을 자신의 이야기로 채워 부석사에 대한 이해를 완결시킨다. 그의 해석은 정말로 그럴듯하다. 원래 학문에서, 특히 인문·사회과학에서는 가장 많은 것을 설명해주고 가장 그럴듯해 보이는 것이 정설이 되는 법이다.

김 교수의 주장이 띠는 이채로움은 여기에서 끝나지 않는다. 부석사를 몇 번이고 올라다녀봤지만 김 교수가 설명하는 것처럼 계단의 설치가 그렇게 오묘했는가 하는 것은 전혀 눈치를 채지 못했다. 아랫계단과 윗계단의 크기를 조절해 안정성을 준다든지 움직임을 자연스럽게 유도한다든지 하면서 그때그때 변화를 만들어낸 것은 전문가가 아니면 도저히 알 수 없는 것들이다. 또 나는 안양루 옆에 있는 석등이 중심에서 조금 비껴 있는지도 몰랐는데 그의 말에 따르면 이는 사람들의 동선을 자연스럽게 오른쪽에 난 무량수전의 입구로 인도하려는 의도 때문이라고 하니, 한편으로는 그게 정말일까 하는 생각도 들면서 그거 참 해석이 절묘하구나 하는 탄복이 나온다. 여기서 끝이 아니다. 무량수전 옆에는 석탑이 있을 자리가 아닌데 한 80도인가 비틀려 석탑이 서 있다. 김 교수에 의하면 이는 조사당으로 유인하기 위한 술책이라는 것이다. 이것 또한 우리 같은 비전문가들이 알 수 없는 일이다. 또한 조사당 가는 길에 돌을 깔아놓은 것도 그곳으로 가면 무언가 중요한 것이 있을 것이라는 암시를 주기 위한 것이라고 하니 다시금 그런가 하고 수긍할 밖에는 다른 도리가 없다.

　　1권부터 3권까지에 실린 그의 모든 글은 다 이런 식이다. 새롭고 재기발랄한 설들로 가득 차 있고 한 번도 생각치 못했던 것, 잘못 알고 있었던 것들에 대한 수정 등 한 편 한 편이 흥미롭기 그지없다. 그래서 그의 논문을 처음 읽어보고 학생들을 시켜 그가 『이상건축』에 연재한 모든 논문을 4만원 이상을 들여-충무로에서 비싼 사진 카피하느라 돈이 많이 들었다-복사해 전부 일독을 했다. 그 결과 김 교수의 광적인 팬이 되었던 것이고 그 공을 인정 받아 이렇게 발문까지 쓰는 영광을 부여잡은 모양이다.

　　다만 부석사에 대한 김 교수의 글을 읽으며 아쉬운 생각이 들었던 것은 자신이 직접 강의를 할 때 이용하는 재미난, 그렇지만 '구라 같은' 표현들이 나타나지 않는다는 점이다. 가령 부석사는 물론 절의 기능도 갖고 있으며 당시 신라의 국경인 죽령을 방어하는 수비소 역할을 한다는 설명이 본문에도 있긴 하지만, 김 교수로부터 직접 설명을 들으면 훨씬 리얼하다. 선묘와 의상과의 로맨스에 대한 그의 설명은 압권이다. 나도 이전에는 그 이야기를 그저 아름다운 사랑 이야기 정도로만 생각했는데 김 교수의 사적인 해석은 영 달랐다. 당시 의상이 머물던 선묘의 집은 그냥 일반 여관이나 여염집이 아니라 지방에 대한 여러 정보들을 모아 중앙 상부에 보고하는 집이었다는 것이다. 그러니까 선묘의 아버지는 정보원이 되는 것이고 그 집은 지금으로 치면 안기부의 지방 분원과 같은 것이 된다는 것이다. 의상은 그런 집을 골라 숙소로 삼았고 더 많은 정보를 캐내기 위해 선묘에게 접근해 사랑을 위장해서 고급 정보를 얻어냈다는 것이다. 당이 신라를 친다는 '탑 씨크릿'을 의상이 입수할 수 있었던 것도 다 그런 경로가 있어 가능했다는 그런 류의 해석이었다.

　　나는 생전 처음 듣는 이야기라 어리둥절하기도 하고 재밌었던 기억이 난다. 이런 이야기는 그 야담성 때문에 글에는 포함시키지 않은 듯한데 이런 것도 객관성을 표방하면서 재미있게 실으면 독자들이 훨씬 흥미롭게 읽을 수 있지 않을까 하는 생각이다. 내가 굳이 이 이야기를 하는 것은 이 책이 태생적으로 갖는 한계 때문이다. 이 책은 건축물에 대한 책이기 때문에 설명되는 대상인 건축물을 직접 가서 보지 않으면 아무리 설명을 잘해도 어쩔 수 없이 이해가 잘 안 된다. 시각적인 것을 언어로 표현하는 데는 아무래도 한계가 있기 때문이다. 말로만 들으면 현장감이 생기지 않는다. 내 경험이 그랬었다. 내가 갔다 온 건축물들에 대해서는 김 교수의 설명이 쏙쏙 들어오는데 그렇지 않은 경우는 당최 그 건물이 어떻게 생겼는지 머리에 들어오지 않았다. 이런 한계를 조금이라도 극복하려면 방금 앞에서 말한 야담 같은 이야기가 들어가면 좋지 않을까, 그래서 독자들이 떨어지는 현장감을 달래면서 책에 대한 흥미를 잃지 않고 계속 읽을 수 있지 않을까 하는 노파심에 한번 해보는 말이다.

김 교수와의 관계에서 또 생각나는 것은 앞에서도 말한 것처럼 그에게서 걸핏하면 '찐빠'를 먹던 일이다. 나는 요즈음 한국학을 한답시고 공연한 애국심에 한국적인 것의 우수성 혹은 한국의 고유한 미를 찾아 불난 절 주지 모양 덤벙덤벙 여기저기 탐문하고 다니는데 김 교수를 만나도 예외가 아니었다. 그동안 귀동냥한 알량한 지식을 가지고 한국건축에 나타나는 한국미에 대해 의견을 피력하면 김 교수는 꼭 '초를 치는' 이야기를 하기가 일쑤였다. "형님을 골려먹는 게 너무 재밌다"는 악동스러운 말을 남기면서 말이다. 뭐 대화는 항상 이런 식이었다. 내가 한국건축의 한국적인 미는 대들보나 기둥을 휘어 있는 대로 그냥 쓰는 자연스러움 혹은 자유분방함에 있고 마찬가지로 초석을 자연석 그대로 쓰고 기둥도 그랭이질을 해 자연스럽게 그냥 초석 위에 올려 놓는 데에 있다고 입에 거품을 물고 이야기를 하면, 그의 반응은 언제나 그런 주제는 아예 관심이 없다는 식이거나 냉소적이었다. "때가 어느 땐데 민족주의 운운하고 있느냐" 뭐 그런 식의 반응이었다. 그리고 나를 한국문화 지상주의를 주장하는 늙은 우익인사처럼 취급하는 눈치였다. 그러다 내가 너무 애처로웠던지 안쓰러운 표정을 하면서 이렇게 설명을 한다. 설명인 즉, 휜 나무를 그냥 쓰는 것은 조선 전기 동안 좋은 나무를 다 써서 할 수 없이 그런 나무를 쓰는 것이지 똑바로 된 나무를 쓰고 싶지 않아서 그런 것이 아니라는 것이다. 또 굳이 공학적으로 보면 휜 나무가 힘을 더 잘 받기 때문에 그런 것이지 무슨 한국적인 미 찾다가 그렇게 된 것이 아니라는 게다. 게다가 그랭이 공법도 우리나라에만 있는 것은 아니기 때문에 거기에서 한국 고유의 미를 찾는 것도 우습다는 것이다. 얘기가 이쯤 되면 나는 할 말을 잃어버린다. 뭐 반박할 만한 '건덕지'가 없기 때문이다.

그러면 나도 지지 않겠다고 "그럼 그런 휜 나무를 쓰는 것이나, 그랭이 공법이 공법상 훌륭한 것이라면 왜 우리나라에서만 많이 발견되느냐? 이게 다 우리나라 사람들의 성정에 맞기 때문에 그런 것 아니냐"고 발악을 한다. 그러면 김 교수는 아예 상대조차 안 한다. 더 이상 말하는 것이 시간낭비라고 생각한 모양이다. 약이 오를 대로 오른 내가 "좋소. 그럼 당신이 생각하는 한국적인 것은 뭐요?"하고 직격탄을 날렸다. 그랬더니 그의 대답 역시 기상천외한 것이었다. 대답이 현란해서 기상천외하다고 한 것이 아니라 너무 단순 간결했기 때문이었다. 그의 대답은 "좋은 것은 한국적인 것이다"라는 극히 간단한 것이었다. '뜨아!!! 아니 뭐라고?' 나는 그 대답에 뒤로 자빠질 뻔했다. 그러나 곧 정신을 차리고 그 표현에 담긴 함축적인 의미를 이해하고 '역시 김 교수구나' 하고 탄복을 하면서 논의를 마쳤다. 요컨대 그의 주장의 요지는 한국문화는 고정불변한 것이 아니라, 시대에 따라 한국인들이 가장 좋다고 생각되는 것들을 외국에서 수입하거나 국내에서 자생시켜 부단하게 우리에게 적절한 문화를 만들어나갔다는 것을 의미했던 것 같다. 이것은 한국 고유의 것이고 저것은 외래의 것이고 하는 논의가 웃긴다는 뜻이다. 사실 어떤 문화든 고유의 것과 아닌 것을 구별하는 것이 어려울 때가 많다.

가령 지난 88올림픽 개막식 때 한 어린이가 굴렁쇠를 몰고 나온 장면을 두고 굉장히 한국적인 것을 시도했다고 칭송이 자자했는데, 실크로드를 공부한 사람들은 "그게 어디 한국적인 거냐, 몽골 어린이들도 다 노는 건데" 하는 시니컬한 반응을 보였다. 그렇다고 그 놀이가 한국적인 것이 아니라는 것은 아니다. 문화란 이렇게 계속적인 교섭 과정에서 우리에게 좋은 것은 살아남고 그렇지 않은 것은 자연히 도태되는 것이지 거기에서 무슨무슨적인 것을 찾는 일은 의미 없는 짓이라는 게 김 교수의 생각이었던 것 같다. 김 교수의 그 발언에 또 닭 쫓던 개 지붕 쳐다보는 식으로 눈만 멀뚱멀뚱 뜨고 있다가 할 말을 잃고 술이나 마시러 가자고 하면서 모임을 파해버렸다. 이렇듯 김 교수의 언사는 간결, 명쾌할 뿐만 아니라 아예 핵심을 찔러버린다. 그리고 도발적이다. 한국회화사를 공부하는 소장학자 가운데 꽤 인정받는다고 하는 오주석 교수도 학식이나 입담으로 하면 문화재급인데 그 역시 비슷한 말을 사석에서 한 적이 있다. 김봉렬 교수가 하는 지적은 자기가 생각해왔던 것을 한순간에 무너뜨려 그와의 대화는 항상 충격적이고 좋다는 말이다.

사실 이런 객쩍은 소리는 그만하고 학문적인 격조 있는 이야기를 해야 이 책의 권위가 살 텐데 그래도 그냥 지나갈 수 없는 일이 있어 언급을 해야겠다. 지난번 김 교수의 첫번째 책이 나와 출판기념회를 할 때였다. 한창 포도주에 취해 수다를 떨고 있는데 느닷없이 비디오 테이프가 돌아가기 시작했다. 내용은 YTN인가 하는 TV 방송국에서 김 교수 책에 대한 소개를 한 것을 녹화해 틀어주는 것이었다. 아나운서의 설명 중 귀를 의심케 하는 말이 흘러나왔다. 내용인 즉, '김봉렬 교수는 일찍이 천재라는 소리를 들었다……" 하는 식이었는데 나는 그 말을 듣고 깜짝 놀랐다. 아니 나 말고 김 교수의 천재(혹은 수재)성을 알아보는 사람이 또 있었단 말인가 하면서 말이다. 뒤에 알아보니 어떤 일본학자가 한 말이라는데 어떤 의미로 천재라고 했는지를 알기 위해서는 그의 지능 수준이나 학식 수준을 알아야 할 터인데 지금은 알 방법이 없다. 비슷한 수준의 사람끼리나 서로를 서로의 수준에 맞추어 생각하는 법이니, 만일 그 일본학자가 일본에서 천재라는 소리를 듣는다면 김 교수도 덩달아 천재가 되는 것이고 그가 별 볼일 없는 사람이라면 그가 말한 천재라는 의미도 퇴색될 것이다. 그래도 천재라는 말은 인류 역사상 극소수의 사람에게만 붙이는 말인데 그런 엄숙한 말이 어떻게 해서 나왔는지 알 길이 없다. 아마 그 일본학자 역시 나처럼 김 교수의 학문에 홀딱 반했던 모양이다. 그날 가장 인상 깊었던 말은 역시 최종현 선생의 마지막 말이었다. 최종현 선생은 오랜 야인 생활을 끝내고 한양대학교로 가셨는데 건축학계에서는 권위 있는 분으로 알고 있다. 그는 지난 20년 동안 김 교수가 행한, 누구도 할 수 없었던 업적을 칭송하면서 "이제 앞으로 중요한 것은 김 교수의 다음 20년이다. 나는 그 20년을 지켜볼 것이다"라는 뼈 있는 언사를 남겼다. 아마 이 말이 현 단계에서 김 교수를 무척 아끼는 우리가 할 수 있는 정확한 말일 것 같다.

II

이제 개인적인 객담은 그만 두고 조금은 점잖게 김 교수가 이번 시리즈에서 행한 연구에 대해 살펴보기로 하자. 그가 이 책을 비롯해서 전 3권으로 낸 한국건축 연구의 결집물은 주지하다시피 월간 『이상건축』에서 광복 50주년 기념의 일환으로서, '우리 건축 되찾기'라는 테마로 3년 이상의 세월 동안 한국의 주요 전통건축에 대해 발표한 글을 가감, 수정해 모은 것이다. 그의 연구는 아마도 한국 전통건축 연구 분야에서 지금까지의 어떤 연구도 추종을 불허하는 탁월한 연구로 평가되고 있는 듯하다. 그의 연구는 여러 가지 면에서 단연 독보적이다. 우선 그는 현재까지 남아 있는 전통건축 가운데 중요한 건물들은 거의 모두 다루었다. 부석사부터 시작해서 봉정사, 병산서원, 통도사로 해서 선암사에 이르기까지 26개의 주요 건축을 다루고 있다. 단 창덕궁에 대한 것이 목차에는 있으면서 빠졌길래 그 이유를 물으니 창덕궁은 너무 어렵다는 것이다. 아마 '건축학 천재'인 김 교수에게도 해독하기 어려운 건축이 있는 모양이다. 어떻든 과문해서 실수를 할런지도 모르지만 김 교수의 연구는 한국 전통건축학사상 초유의 일이 아닐까? 게다가 한 학자가 썼으니 시각이 일관되어 한국건축을 일목요연하게 볼 수 있어 좋다. 더 금상첨화인 것은 글이 쉽게 씌어져 있어 비전문가들이 이해하기에도 전혀 어렵지 않다는 점이다. 쉽기만 한 게 아니라 그의 연구에는 선배 학자들의 그것과 다른 독창적인 그만의 건축 해석법이 있다. 이제 그것을 보자.

그가 한국건축을 연구하면서 행한 접근법 가운데 가장 큰 특징은 무엇보다도 건물을 무정물로 다룬 게 아니라 여러 상황적 조건에 따라 생겨난 유기체처럼 다루는 데 있다. 그러니까 그의 선배 학자들이 대체로 그래 왔듯이 건물만을 대상으로 해서 '이건 주심포형식이다, 저건 다포형식이다' 하는 따위의 설명은 그의 연구에서 설 자리가 없어진다. 나 역시 이런 식으로 건물을 설명하는 데 짜증을 내고 있던 터였다. 정말로 김 교수 말마따나 "공포, 주심포, 다포는 이제 그만!" 하고 외치고 싶다. 그 대신 건물들을 살아 있는 것처럼 대하면서 그 건물이 어떤 구조로 집합되어 있는가라든가, 누가 언제 어떤 생각으로 무엇 때문에 지었는지에 대한 역사적 조건이라든가, 또 그 주변 자연과는 어떤 조화적 관계에 있는지에 대해 참으로 다각도로 접근하고 있다. 그러니까 익공이니 공포니 하는 전문용어를 사용하지 않고도 건축물들을 설명할 수 있게 되었을 뿐만 아니라 훨씬 더 충실한 설명이 가능해진 것이다. 사실 건축만큼 사람들의 일상생활에 밀접해 있는 것도 없을 터인데 그동안의 연구들은, 건축물들을 인간의 삶하고는 관계없는 죽어 있는 물건처럼 취급한 것 같은 인상이 짙게 든다.

그의 이론 가운데 가장 독창적인 것을 들자면 집합이론일 것이다. 그가 예증으로 든 20여 개에 달하는 건물들을 설명함에 있어 가장 많이 의존하는 논의가 바로 이 집합이론이다. 한국을 포함한 동북아의 건축사에 대한 서양 학자들의 비판은 대체로 일정하다고 한다. 한마디로 말해 동북아의 건축은 변화가 없다는 것이다. 중국 한나라 때 형성된 목조건축의 구조나 공포의 형식은 2천 년 후인 청대 건축의 그것과 크게 다를 게 없고, 려말선초에 건축된 봉정사 대웅전이나 조선 말에 지은 경복궁의 사정전은 형식적인 면에서 차이를 발견하기가 어렵다는 것이다. 그러니 동북아의 건축사에는 발전의 개념이 없다는 것이다. 김 교수의 집합이론은 여기에 대한 반론이다. 그에 의하면 한국건축은 건물만 보아서는 안 된다. 한국건축은 서원이나 사찰이나 양반집이나 별 차이가 없다. 건물 하나만을 본다면 한국건축은 불완전할 뿐만 아니라 기괴하기까지 하다. 대신에 한국건축은 "건물과 건물, 건물과 담장, 또는 어떠한 구성의 요소들이 모인 집합체단이 비로소 건축적 자율성을 가진다. 따라서 그 집합되는 방법을 바로 건축의 유형이라 할 수 있다."(본문 16쪽) 그러니까 각 건물들이 어떤 개념에 의거해서 이렇게 짜여져 건축되는가에 한국건축의 독창성이 있는 것이다. 김 교수의 말을 더 들어보자.

"과거의 건축가들이 고심한 것은 건물과 건물, 또는 여타의 부분적 요소들을 무엇을 위해 선택하고 어떻게 조합하는가 하는 집합적 방법이었다."(본문 16쪽)

물론 저자가 말하는 것처럼 한극건축만이 집합적인 성격을 갖는 것은 아니다. 단지 한국건축은 "그 집합의 이론과 방법이 다른 문화권과 다르고, 더욱 중층적이고 유의하다는 점을 주목해야 하며, 그 집합의 범주가 매우 넓다는 점을 깨달아야 한다."(본문 16쪽) 이 인용에서 '중층적' 이라든가 '유의하다' 는 따위의 용어들은 그 개념이 명확히 들어오지 않는다. 김 교수는 다른 논문에서 한국건축의 집합성에 나타나는 중층성과 유의성에 대해 계속 설명하고 있긴 한데 그 개념이 한국건축에만 해당될 수 있을는지는 의문이 남는다. 한국건축이 그런 특징을 갖고 있다면 다른 나라의 건축들은 중층적이지 않고 유의하지 않다는 것일까? 저자의 글에서 그 대답을 부분적으로라도 추출해본다면 이 인용 바로 다음에서 그는 공간을 가지고 다음과 같이 말하고 있다. "건축 내의 공간은 단위 건물의 내부를 지칭하는 것이 아니라 건물 사이, 또는 건물과 담장 등 부분 요소가 맺어지는 외부 공간과의 관계성을 의미한다. 건축의 구성이란 건물 내부의 칸살이가 아니라 배치 계획의 차원에서 작용하게 된다. 나아가 '건축의 역사' 란 '집합의 역사' 로 대체되어야 하고, 정확히는 '집합적 이론의 역사' 로 기술되어야 할 것이다"(본문 17쪽)라고 그는 주장한다.

이 주장은 저자의 고유 학설이라고 할 수 있으니 조금 더 구체적으로 보아야 하겠다. 보통 건축은 4차원의 집합 구조를 갖는다고 한다. 4차원이란 방, 건물, 건물군, 영역군을 말하는데, 영역군이란 건물군 – 즉 건축 – 이 자연과 관계를 맺음으로써 생기게 되는 집합적 구조를 말한다. 물론 모든 건축이

4차원적인 집합 구조를 갖는 것은 아니지만 한국건축은 이 구조에서 중국이나 일본 혹은 현대의 건축들과 다른 구조를 나타낸다. 가령 일본의 살림집들은 영역군적인 차원이 발견되지 않고 자연과의 관계도 그다지 밀접하지 않다. 또 현대건축도 영역군까지 가지 않고 건물군의 차원에서 완결된 건축으로 마감된다. 반복되는 이야기이기는 하지만 중요한 주장이니 다시 김 교수의 말을 직접 들어보자.

"집합적 관점은 다른 문화권과의 비교나, 현대건축이 갖고 있지 않은 한국적 가치를 인식하는 유용한 관점이기도 하다. 이러한 점에서 다시 한번 "한국건축은 곧 집합"이다."(본문 22쪽)

이 주장이 이해는 되지만 다른 문화나 다른 시대의 건축과 면밀한 비교가 없기 때문에 과연 구체적으로 우리나라 건축이 어떻게 다를까 하는 것이 확실하게 들어오지는 않는다. 김 교수에게 앞으로 부탁하고 싶은 것은 구체적으로 중국이나 일본의 대표적인 건물이나 현대의 대표적인 건물과 우리나라 건물을 직접 비교해가면서 한국건축의 특질을 설명해주었으면 하는 것이다.

그의 학설이 선학들의 그것을 능가하는 점은 다른 해석에서도 발견된다. 우리는 지금까지 많은 건축학자들이 한국건축의 특성을 '자연과의 조화'로 꼽는 경우를 많이 보아왔는데 김 교수는 이런 견해를 '차원이 낮은' 설명 정도로 보는 것 같다. 이것을 다시 병산서원을 예로 들어 설명하면, 병산서원의 자연풍광은 대단히 아름다운 것으로 정평이 나 있다. 지금까지 다른 학자들의 설명은 서원의 건물이 부근 자연환경과 잘 어울린다는 것이 고작이었다. 김 교수에 의하면 병산서원의 건축학적인 우수함은 그런 정도가 아니다. 뛰어난 경치야 전국적으로 널려 있지만 병산서원에서처럼 자연의 아름다움에서 오는 감동을 건축적 감흥으로 치환시킨 곳은 몇 되지 않는다. 이를 위해서는 정교한 건축적 개념과 방법이 수반되어야 하고, 이것이 성공적으로 되었을 때 주변의 자연이 서원이라는 인공적 장치를 통해 건축화되어 인간에게 감성적으로 전달되는 것이다. 그러니까 이전의 해석은 너무 소극적인 것이라는 말이다. 병산서원에서 보이는 건축적 해석은 자연을 적극적으로 건축화하는 능동적인 가치이다.

이런 해석을 뒷받침해주는 건물이 병산서원의 만대루晚對樓이다. 만대루는 7칸의 텅 빈 누각으로 김 교수의 해석에 의하면 병산서원은 이 만대루를 통해 주변의 자연 공간과 매개가 되는데 이는 이 건물이 외부 경관에 대한 시각적 틀(picture frame)과 같은 역할을 하기 때문이다. 강당의 원장 자리에 앉아 보면 서원 앞에 흐르는 낙동강은 만대루에 의해 7폭의 병풍을 통해 보는 것처럼 수직·수평적으로 분할된다. 만대루의 지붕과 마루 사이로는 낙동강만이 보이지만 지붕 위로는 병산이 독립된 배경으로 나타나고 마루 밑으로는 대문이 있어 사람들의 움직이는 모습이 들어온다. 그러니까 정확한 계산에 따라 사람의 통행과 강물의 흐름과 산의 우뚝함이 독자적으로 드러나게 되고 이것이 수직·수평적으로 분할된다는 뜻이다. 앞에서 말한 "한국건축에서는 능동적으로, 자연을 건축이라는 인공적 장치로 건축화시켰다"는 것은 바로 이것을 뜻한다. 내가 이 주장의 타당성 여부에 대해 판단을 내릴 입장은 아니지만 김 교수의 이론은 지금까지의 연구에서는 보이지 않았던 매우 심화된 이론임에 틀림이 없다. 이러한 탁월한 분석력은 다른 20여 개의 건축물에 대한 분석에서도 그대로 이어진다. 여기서 모두 다룰 수는 없는 것이고 다만 독자들에게 그의 책을 일독할 것을 권할 뿐이다.

III

지금까지 김 교수의 건축이론 혹은 건축에 대한 설명을 검토해보았지만 마지막으로 드는 생각이 있어 적어보아야겠다. 그를 따라 답사를 가보거나 그의 건축론을 듣고 있노라면 항상 마음에 떠오르는 생각은 '과연 그 건물을 지은 사람들도 그렇게 생각했을까' 같은 것이다. 가령 부석사의 무량수전 앞에 있는 석등이 사람들을 자연스럽게 오른쪽으로 유도하기 위해 왼쪽으로 살짝 비켜놓은 것인지, 또 조사당으로 가는 길에 돌을 깔아놓은 것 역시 사람들을 조사당으로 유인하려고 한 것인지 하는 등등이 전부 당시 장인들의 생각과 일치하는 것인지 궁금하기가 짝이 없다. 그래서 나는 김 교수와 답사를 갈 때마다 뒤를 졸졸 따라다니며 "정말 당시 목수들이 의도적으로 그렇게 한 거요?" 하고 몇 번이고 물어보곤 했다. 내 생각으로는 만일 당시 직접 시공했던 목수가 살아나와 김 교수의 설명을 들으면 '그래요? 나는 한 번도 그런 생각을 안 해 봤는데 듣고 보니 그럴듯하네요. 어떻게 나보다 내 생각을 더 잘 아시는지 신기하군요'라고 말할 것만 같다.

원래 해석이라는 게 다 그런 것 아닌가. 해석(학)에 능한 사람은 원 텍스트를 쓴 작가 자신조차 감지하지 못했던 무의식적인 생각을 읽어낼 줄 안다. 또 거기에서 더 나아가 완전히 새로운 해석을 하는 경우도 있다. 그래서 해석은 끝이 없다. 그런 까닭에 해석은 항상 '열린 듯 닫혀 있고 닫힌 듯 열려 있다'(open-ended)고 하지 않던가. 끊임없는 새로운 해석 속에 우리의 현실(혹은 실재)에 대한 이해의 지평은 더 넓어져간다. 그래서 해석은 어떤 것이든 다 틀리거나 다 맞는 게 없다. 해석은 그저 그럴듯하면 되고 더 많은 것을 설명해 주면 된다.

그런데 김 교수의 해석은 그럴듯한 게 아주 많다. 또 내적인 모순도 거의 발견되지 않는다. 그러면 된 거다. 그의 뛰어난 점은 남보다 그럴듯한 해석을 잘하는 데 있다. 지난 제2권의 발문에서 황지우 시인은 김 교수를 천하의 잡놈이라고 풀었다. 나도 김 교수와 두어 번 놀아봐서 아는데 김 교수가 잡놈이라는 생각은 들지 않았다. 오히려 내가 너무 노는 것을 밝힌다고 김 교수에게서 핀잔을 받고 있는 터였다. 나는 그를 천하의 잡놈이라기보다는 도무지 대책이 안 서는 괴물이라고 생각한다. 그가 하는 해석을 보면 그런 생각이 든다. '어떻게 사람이 돼 가지고 저렇게 그럴듯하게 설명할 수 있을까' 하는 생각 때문이다.

나는 요즈음 김 교수를 만날 때마다 책이 얼마나 팔렸냐고 물어보는데 그 반응이 시원찮다. 나도 책에 대해서는 조금 알기 때문에 대체로 팔린 부수가 짐작이 가는데 그의 반응은 공연한 겸손이 아닌 것 같다. 그렇다면 우리나라 독서계가 문제이다. '뭐할 각오로 쓴 어쩌구' 같은 것이나 '누가 죽어야 뭐가 잘 되느니' 하는 따위의 선정적인 책은 그렇게 많이 팔리면서 그의 책이 잘 안 팔린다면 이건 큰 문제이다. 사실 공연한 노파심이긴 하지만 그를 만나면 "아니 당신이 이렇게 연구 다 해놓으면 후학들은 뭘 연구해?" 하고 늙수그레한 농을 던진다. 물론 우리의 영민한 후학들이 더 찬란한 연구를 할 테지만 내 말이 꼭 농만은 아니다. 내가 가능한 한 객관적으로 볼 때 분명 김 교수의 이 연구는 한국건축 연구에서 분수령과 같은 것일 것이다. 이렇게 생각하는 이유는 간단하다. 지금까지 이런 마스터피스masterpiece 같은 연구가 나오지 않았기 때문이다. 이런 책이 잘 안 팔리는 나라. 우리는 정녕 이 정도밖에는 되지 않는다는 말인가?

사실 김 교수의 책은 일전에 백간 부 이상이 팔렸다는 어떤 유적 답사 관련 책과 비교해볼 때 성격은 비슷하면서 전문성의 면으로 볼 때 비할 바가 아니다(물론 김 교수의 책이 훨씬 더 전문적이다). 게다가 상당한 대중성도 있다. 우리 문화에 관심 있는 사람이라면 누구든 조금만 정신을 집중하면 읽을 수 있고 엄청난 지식을 얻을 수 있다. 김 교수의 인세 수입을 위해서가 아니라 우리 문화를 제대로 알리는 좋은 기회로 생각하고 한 권이라도 그의 책을 더 팔아야 한다. 그래서 나도 개인적으로든 방송에서든 책을 홍보할 기회가 있으면 이 책을 선전하고 다닌다. 사실 이 정도 책이 나오면 이 책을 갖고 공부하는 젊은 이들의 모임이 생기기도 하고 답사만 가는 전문적인 모임도 생겨야 한다. 기다려는 봐야겠지만 그렇게 하기 위해서라도 우선 이 책이 많이 알려져야 한다.

한국문화의 르네상스를 꿈꾸며, 4332(1999)년 처서쯤 해서
최준식 삼가 씀